建筑业职业技能岗位培训教材

管 道 工

主 编 孟繁晋 李全收

副主编 陈瑞波 邵 良

中国环境出版社·北京

图书在版编目（CIP）数据

管道工/孟繁晋，李全收主编. —2 版. —北京：中国
环境出版社，2014.4 (2015.6 重印)
建筑业职业技能岗位培训教材
ISBN 978-7-5111-1801-1

Ⅰ．①管… Ⅱ．①孟…②李… Ⅲ．①管道工程—
岗位培训—教材 Ⅳ．①TU81

中国版本图书馆 CIP 数据核字（2014）第 063897 号

出 版 人	王新程
责任编辑	张于嫣
文字加工	辛　静
责任校对	扣志红
封面设计	中通世奥

出版发行	中国环境出版社
	（100062　北京东城区广渠门内大街 16 号）
	网　　址：http://www.cesp.com.cn
	联系电话：010-67112765（编辑管理部）
	010-67112739（建筑图书事业部）
	发行热线：010-67125803，010-67113405（传真）
印　　刷	北京市联华印刷厂
经　　销	各地新华书店
版　　次	2014 年 4 月第 2 版
印　　次	2015 年 6 月第 2 次印刷
开　　本	850×1168　1/32
印　　张	16.125
字　　数	425 千字
定　　价	40.00 元

编 委 会

序　言

　　十分高兴看到新一版的建筑业技能培训教材的及时出版。这套涵盖了建筑业主要技能内容的教材，不仅凝聚了各位编者的智慧和辛勤汗水，更是在建筑业"十二五"规划开局之年为建筑业一线操作技术人员技能水平的提高吹响了新的号角。

　　建筑业一线操作人员的技能水平是建筑工程质量和施工安全的保障基础。近年来，伴随着建筑业一线操作人员技能培训与鉴定工作的全面展开和不断深化，建筑业新技术、新工法、新材料和新产品也不断涌现、日益丰富。以山东省为例，为加大建筑业新技术、新产品、新材料的推广力度，仅在 2010 年，山东省建筑业就评审确定了省级工法 296 项和建筑业新技术应用示范工程 269 项。面向全国，面向世界，丰富多彩的新技术、新工艺为建筑业的发展注入了新的活力，也为建筑业技能培训和鉴定工作提出了新要求。建筑业技能培训的内容只有不断更新，一线操作人员的技能水平才能跟上时代的要求。

　　本套教材紧紧围绕国家职业技能鉴定的基本要求，一方面着力突出了新材料、新技术对技能培训与鉴定的新要求；另一方面，从学习和教学角度编排内容和练习题目，以方便操作人员的学习和训练。相信这套教材的出版会让我们建筑

业的技能培训与鉴定工作与时俱进、相信进一步的培训与开
发定会为促进产业发展作出基础性的贡献。

宋瑞乾

2011 年 11 月

前　言

随着建设行业各工种专业的技能水平不断提高，影响和促进建筑业技能发展的新材料、新工艺和新技术也日益丰富。为了促进建筑业技能培训与鉴定工作赶上时代的步伐，根据原建设部颁布的《建设行业职业技能标准》与住房和城乡建设部制定的《建筑工程职业技能标准（征求意见稿）》的具体精神和要求，结合近年来出现的新技术、新技能以及建筑业工作的实际需要，山东省建筑工程管理局技能开发管理办公室组织编写了本书。

全书共分 11 章，包括管道工的基本知识及基本操作技术、室内管道系统安装、室内卫生器具安装、室内采暖系统安装、常用测量仪表、水泵的安装、室外管道安装、供热锅炉及辅助设备安装、管道的防腐与保温、施工组织与班组管理等内容。

本书充分体现了实用和新颖两大特点。一是编写形式图文并茂，示例多样，强调语言叙述通俗易懂、内容布局循序渐进，内容选择紧密结合建筑工地实际，尽量满足不同文化层次的建筑工人的实际工作需要，培养具有熟练操作技能的技术工人；二是强调突出了新材料、新工艺和新技能要求，促进了建筑安装工程施工新技术、新工艺、新材料的推广与应用。是建筑行业开展职业技能岗位培训与鉴定的理想教材，也是建筑业干部与职工学习技能、提高业务水平的重要参考读物。

本书由孟繁晋主编，第二章、第三章、第四章、第五章、第八章、第九章由孟繁晋编写；第七章由陈瑞波编写；第一章、第十一章由宋克农编写；第六章由李卫华编写；第十章由曹永先、周海妮编写；由孟繁晋对全书进行了统稿。

本书在编写过程中，参考了多部著作，得到了国内同行，部分高校教师的大力支持和帮助，在此，对他们表示衷心的感谢！由于编写时间仓促，加之编者水平所限，书中难免存在疏漏，敬请读者批评指正。

编　者

2011 年 5 月

目 录

第一章 概 述

第一节 流体力学与热工学基础知识

一、流体力学

1. 流体的主要性质

（1）流动性：是流体区别于固体的基本力学特征。流体与固体相比分子间距较大，引力较小，没有固定形状，几乎不能承受拉力和切力。

（2）惯性和重力特性：

1）惯性是指物体维持原有静止或运动状态的能力。物体质量越大，惯性越大。

2）重力特性是指流体受地球引力作用的特性。

（3）黏滞性：流体内部质点或流层间，发生相对运动时会产生内摩擦力以抵抗相对运动的性质，称为黏滞性。

流体主要的特点就是流动性，不同流体的流动难易程度不同，其原因是：流体内部抗拒流动剪切变形的程度不同，黏滞性就是抗拒变形的一种力学性质。

黏滞性大小常用黏度表示，水的黏度随着温度升高而减小，空气的黏度随着温度的升高而增大。这是因为流体的黏滞性是分子间吸引力和分子热运动产生动量交换的结果，温度升高，分子间距增大，吸引力减小，动量增大；温度降低，分子间距减小，吸引力增大，动量减小。对于液体，分子间吸引力是决定性因素，所以温度升高黏度减小；对于气体分子间热运动产生的动量交换是决定性因素，所以温度升高黏度增大。

（4）压缩性和热胀性：在温度不变的情况下，流体受压，体积减小，密度增大的性质，称为流体的压缩性。在压力不变的情况下，流体受热，体积增大，密度减小的性质，称为流体的热胀性。

液体的压缩性很小，在工程中，液体的压缩性可以忽略不计，管路中发生水击等现象时除外。水的热胀性也很小，一般情况下可以忽略不计，只有在热水采暖等特殊情况时才考虑水的热胀性。跟液体相比，气体压缩性和热胀性都比较显著。温度和压强的变化对气体体积的影响都很大。

2. 流体静力学

流体静力学研究静止或者相对静止流体内部压强分布规律，以及这些规律在工程实际中的应用。

（1）流体静压强：作用在整个面积上的静压力称为流体静压力，作用在受压面单位面积上的流体静压力，称为流体静压强。

（2）绝对压强和相对压强：压强的两种计量基准是绝对压强和相对压强。

以没有气体分子存在的绝对真空为零点起算的压强，称为绝对压强。以同高程的当地大气压作为零点起算的压强，称为相对压强。流体中某点绝对压强小于当地大气压时，则该点处于真空状态，真空程度的大小以当地大气压与该点绝对压强差来度量，称为真空度。其三者关系如图 1-1 所示。

3. 流体动力学

（1）沿程阻力损失与局部阻力损失：流体在管道内流动，在边界（边壁的形状、尺寸、流动方向均无变化）无变化的均匀流段上，产生的流动阻力称为沿程阻力，由于沿程阻力做功而引起的水头损失称为沿程水头损失。在边界沿程急剧变化，流速分布发生变化的局部区段上，集中产生的流动阻力称为局部阻力，由局部阻力引起的水头损失称为局部阻力损失。

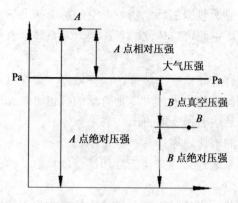

图 1-1　几种压强之间的关系

沿程阻力和沿程能量损失：也称长度损失。

局部阻力和局部能量损失：产生局部阻力的原因是旋涡区的产生和流体流动速度大小和方向的改变。

（2）水击：有压管道中，液体流速发生急剧变化所引起的压强大幅度波动的现象。管道系统中闸门急剧启闭，输水管水泵突然停机，水轮机启闭导水叶，室内卫生用具关闭水龙头，都会产生水击。水击引起的压强升高可以达到正常工作压强的几十倍甚至上百倍，具有极大的破坏力，往往造成阀门损坏、管道接头断开甚至管道爆裂的重大事故，因此在工程中应尽量减弱水击危害。

二、热工学基础知识

热工学是研究热与功转换以及热量传递的基本规律，以提高热能利用经济性的学科。它有两方面的内容，以热力学的两个基本定律为基础分析能量的数量和质量并从而获得能量利用的经济性情况，这方面的内容称为工程热力学；以传热的基本规律为基础分析热量传递的情况以及传热设备的经济性或防止热损失的技术措施的合理性，这部分的内容称为传热学。

1. 热力学系统

把某种边界所包围的特定物质或空间称为热力学系统，简称热力系统或系统。由此可以建立热量、功以及系统本身能量在数量上相互转化的关系。

上述的边界就是系统的边界，简称边界。边界可以是实际的边界，也可以是假象的边界；可以是有形的，也可是无形的；可以是固定的，也可是运动和变形的。

系统以外的一切均称外界。

根据热力系统与外界交换能量和质量的情况，热力系统可分为各种不同的类型。

（1）一个热力系统如果与外界只有能量交换而无物质交换，则此系统称闭口系统。

（2）如果热力系统与外界不仅有能量交换，还有物质交换，这样的系统就叫开口系统。

（3）当一个热力系统与外界之间无热量交换时，这个系统称为绝热系统。

（4）如果热力系统与外界之间既无能量交换，又无物质交换，这样的系统就是孤立系统。

2. 状态参数

基本状态参数：是指可以直接或用仪表测定的状态参数，分别为比体积、温度和压力。其他的状态参数可以以一定的规则由基本状态参数来确定。

（1）比体积：当用质量来确定物质的数量时，单位物量的物质所占有的体积。

$$v = \frac{V}{m} \tag{1-1}$$

式中，v ——比体积，m^3/kg；

V——体积，m^3；

M——质量，kg。

（2）温度：是表示冷热程度的指标，其数值称温标，它的单位是 K 和℃，这两种单位间的换算关系为

$$T(K) = t + 273.15 \qquad (1-2)$$

摄氏温标和华氏温标的关系为

$$t_F = \frac{9}{5}t + 32 \qquad (1-3)$$

式中，T——热力学温标，K；

t——摄氏温标（度），℃；

t_F——华氏温标（度），℉。

（3）压力：垂直于单位面积所受到的作用力，在工程热力学中，压强常被简称为压力。

$$p = \frac{F}{A} \qquad (1-4)$$

式中，p——压力，N/m^2；

F——作用力，N；

A——面积，m^2。

压力的单位称"帕"，符号"Pa"。1 标准大气压的数值为 101 325Pa（N/m^2），故 Pa 是一个很小的单位，工程上常用千帕（kPa）、兆帕（MPa）表示。

$$1MPa = 10^3 kPa = 10^6 Pa$$

3. 功和热量

（1）功：是在力的推动下，通过宏观有序（有规则）运动的方式所传递的能量，其效果以举起重物为标志。在力学中，功被定义为力与力作用方向上的位移的乘积。

系统对外做功时功取正值，而外界对系统做功时功取负值。功的单位是焦耳（J）。单位时间内完成的功称为功率，单位瓦（W，J/s）。一般地，工程热力学中，热与功之间的转换常常通过气体的容积变化来实现的，称为膨胀功或压缩功。当热力过程为可逆或准平衡时，系统与外界之间的膨胀功可以由系统内容积变化的规律求出。

1）轴功：所谓轴功是指热力系统通过轴和外界之间交换的功量或机械功。

2）流动功：在开口系统中工质流入和离开要有一定的外加条件，即状态参数是均匀的，当此处工质的状态不发生改变时，对 1kg 工质而言，则由此进入系统的 pv 项被形象地称为推动功。同样原因，当工质离开系统时，需要有推动功。从前述对功的正负号规定，进入系统的为正值，离开的为负值。我们将维持工质流动所必须支付的功称为流动功，它是开口系统流入和流出工质推动功的代数和。

3）技术功：技术功是指在工程上可资利用的功，它包括工质的膨胀功、工质流入和流出系统时的流动功以及动能差和位能差，这里要注意的是，技术功中只有膨胀功是热能通过热力过程中转化的，其他部分均是原来的机械功，即能量的形态在过程中未发生变化。

（2）热量：热量是指系统与外界之间因温差的原因而传递的能量。热量是热力过程中的过程量，不是系统的状态，我们不能用"某系统有热量若干"描述系统。

功和热量都是过程量，但它们之间又有不同点，功是有规则的宏观运动能量传递，热量则是大量微观粒子杂乱热运动的能量传递，因此同等数量的功和热量具有不可比性。

4．导热（热传导）

物体内有温度差或两个温度不同的物体相互接触时发生的传热现象称导热，也称热传导。在导热过程中，热量的传递是依靠导热体内物质微观粒子的热运动进行的。

导热现象不仅仅存在于固体内部，实际上在液体和气体中同样也存在导热，不过在大多数情况下，由于流体的运动，使我们不容易直接观察到这样的导热现象。

5. 热对流

流体中，温度不同的各部分之间发生相对位移时所引起的热量传递现象称热对流，或简称对流。

热量的这种传递方式只是通过流体的宏观运动才将热量由一个地方传递到另一个地方。从表面上看，可以通过计算流体焓值的方法求得所传递的热量，但严格地说，这样的传递仅是热能而不是热量。同时也应看到流体中本身就存在温度差必定会有导热现象伴随其中，使情况变得很复杂。

6. 热辐射

任何物体都会因为温度的原因而向外发射电磁波，这种电磁波被称为热射线，物体发射热射线的现象称热辐射。物体的温度越高，发射热射线的能力越强；物体的种类不同，表面状况不同，则其辐射能力也不同。

热辐射不像导热和热对流，这种过程无须中间介质的参与，即使在真空中，热辐射也能进行，同时还有能量形态的转换。

第二节　水暖施工图识读

一、给排水施工图识读

1. 给排水施工图作用

建筑给排水施工图是建筑给水排水工程施工的依据和必须遵守的文件。它主要用于解决给水及排水方式，所用材料及设备的型号、安装方式、安装要求，给排水设施在房屋中的位置及建筑结构的关系，与建筑物中其他设施的关系，施工操作要求等一系列内容，是重要的技术文件。

2．给排水施工图组成

（1）平面图：在设计图纸中，根据建筑规划，用水设备的种类、数量，要求的水质、水量，均要在给水和排水管道平面布置图中表示；各种功能管道、管道附件、卫生器具、用水设备，如消火栓箱、喷头等，均应用各种图例表示；各种横干管、立管、支管的管径、坡度等，均应标出。平面图上管道都用单线绘出，沿墙敷设标注管道距墙面距离。

通常一张平面图上可以绘制几种类型管道，对于给水和排水管道可以在一起绘制。若图纸管线复杂，也可以分别绘制，以图纸能清楚表达设计意图而图纸数量又很少为原则。

建筑内部给水排水，以选用的给水方式来确定平面布置图的张数；底层及地下室必绘；顶层若有高位水箱等设备，也必须单独绘出。建筑中间各层，如卫生设备或用水设备的种类、数量和位置都相同，绘一张标准层平面布置图即可；否则，应逐层绘制。各层图面若给水、排水管垂直相重，平面布置可错开表示。平面布置图的比例，一般与建筑图相同。常用的比例尺为 1：100；施工详图可取 1：50～1：20。

在各层平面布置图上，各种管道、立管应编号标明。

（2）系统图：系统图，又称"轴测图"，其绘法取水平、轴测、垂直方向，完全与平面布置图比例相同。系统图上不仅应标明管道的管径、坡度，标出支管与立管的连接处，还应标明管道各种附件的安装标高，标高的±0.000 应与建筑图一致。系统图上各种立管的编号，应与平面布置图相一致。为方便施工安装和概预算应用，系统图均应按给水、排水、热水等各系统单独绘制，系统图中对用水设备及卫生器具的种类、数量和位置完全相同的支管、立管，可不重复完全绘出，但应用文字标明。当系统图立管、支管在轴测方向重复交叉影响识图时，可断开移到图面空白处绘制。

建筑居住小区给水排水管道，一般不绘系统图，但应绘管道纵断面图。

（3）详图：当某些设备的构造或管道之间的连接情况在平面图或系统图上表示不清楚又无法用文字说明时，将这些部位进行放大的图称作详图。详图表示某些给水排水设备及管道节点的详细构造及安装要求。有些详图可直接查阅标准图集或室内给水排水设计手册等。

（4）设计说明：设计说明是指用文字来说明设计图样上用图形、图线或符号表达不清楚的问题，主要包括：采用的管材及接口方式；管道的防腐、防冻、防结露的方法；卫生器具的类型及安装方式；所采用的标准图号及名称；施工注意事项；施工验收应达到的质量要求；系统的管道水压试验要求及有关图例等。

设计说明可直接写在图样上，工程较大、内容较多时，则要另用专页进行编写。如果有水泵、水箱等设备，还须写明其型号规格及运行管理要求等。

（5）设备及材料明细表：为了能使施工准备的材料和设备符合图样要求，应对重要工程中的材料和设备，编制设备及材料明细表，以便做出预算施工备料。

1）设备及材料明细表应包括：编号、名称、型号规格、单位、数量、质量及附注等项目。

2）施工图中涉及的管材、阀门、仪表、设备等均需列入表中，不影响工程进度和质量的零星材料，允许施工单位自行决定时可不列入表中。

3）施工图中选定的设备对生产厂家有明确要求时，应将生产厂家的厂名写在明细表的附注里。

4）施工图还应绘出工程图所用图例。

5）所有以上图纸及施工说明等应编排有序，写出图纸目录。

3．给水排水施工图的识读内容

阅读主要图纸之前，应首先看说明和设备材料表，然后以系统为线索深入阅读平面图和系统图及详图。阅读时，应将三种图相互对照一起看。先看系统图，对各系统做到大致了解。看给水系统图时，可由建筑的给水引入管开始，沿水流方向经干管、立管、支管到用水设备；看排水系统图时，可由排水设备开始，沿排水方向经支管、横管、立管、干管到排出管。

（1）平面图的识读：施工图纸中最基本和最重要的图纸是建筑给水排水管道平面图。常用的比例是 1：100 和 1：50 两种。它主要表明建筑物内给水排水管道及卫生器具和用水设备的平面布置。图上的线条都是示意性的，同时管配件如活接头、补芯、管箍等也不需画出来，所以在识读图纸时还必须熟悉给水排水管道的施工工艺。

（2）系统图的识读：给排水管道系统图主要表明管道系统的立体走向。在给水系统图上，卫生器具不画出来，只须画出龙头、淋浴器莲蓬头、冲洗水箱等符号；用水设备，则应画出示意性的立体图，并在旁边注以文字说明。在排水系统图上也只画出相应的卫生器具的存水弯或器具排水管。

（3）详图的识读：室内给水排水工程的详图包括节点图、大样图、标准图，主要是管道节点、水表、消火栓、水加热器、开水炉、卫生器具、过墙套管、排水设备、管道支架等的安装图。这些图都是根据实物用正投影法画出来的，画法与机械制图画法相同，图上都有详细尺寸，可供安装时直接使用。

4．给水排水施工图识读的注意事项

成套的专业施工图首先要看它的图样目录，然后再看具体图样，并应注意以下几点：

（1）给水排水施工图所表示的设备和管道一般采用统一的图例，在识读图样前应查阅和掌握有关的图例，了解图例代表的内容。

（2）给水排水管道纵横交叉，平面图难以表明它们的空间走向，一般采用系统图表明各层管道的空间关系及走向。识读时为了解系统全貌，应将系统图和平面图对照识读。

（3）系统图中图例及线条较多，应按一定流向进行，一般给水系统识读顺序为：房屋引入管→水表井→给水干管→给水立管→给水横管→用水设备；排水系统识读顺序为：排水设备→排水支管→横管→立管→排出管。

（4）结合平面图、系统图及说明看详图，了解卫生器具的类型、安装形式、设备规格型号、配管形式等，搞清系统的详细构造及施工的具体要求。

（5）识读图样时应注意预留孔洞、预埋件、管沟等的位置及对土建的要求，为方便施工配合还须对照查看有关的土建施工图样。

二、采暖系统施工图识读

1．采暖系统施工图内容

（1）平面图：平面图表示的是建筑物内供暖管道及设备的平面布置，主要内容如下：

1）楼层平面图：楼层平面图指中间层（标准层）平面图，应标明散热设备的安装位置、规格、片数（尺寸）及安装方式（明设、暗设、半暗设），立管的位置及数量。

2）顶层平面图：除有与楼层平面图相同的内容外，对于上分式系统，要标明总立管、水平干管的位置；干管管径大小、管道坡度以及干管上的阀门、管道固定支架及其他构件的安装位置；热水采暖要标明膨胀水箱、集气罐等设备的位置、规格及管道连接情况。

3）底层平面图：除有与楼层平面图相同的有关内容外，还应标明供热引入口的位置、管径、坡度及采用标准图号（或详图号）。下分式系统表明干管的位置、管径和坡度；上分式系统表明回水干管（蒸汽系统为凝水干管）的位置、管径和坡度。管道地沟敷设时，平面图中还要标明地沟位置和尺寸。

（2）系统图：系统图与平面图配合，反映了供暖系统全貌，系统采用前实后虚的画法，表达前后的遮挡关系。系统图上标注各管段管径的大小，水平管的标高、坡度、散热器及支管的连接情况，对照平面图可反映系统的全貌。

（3）详图：详图又称大样图，是平面图和系统图表达不够清楚而又无标准图时的补充说明图。详图包括有关标准图和绘制的节点详图。

1）标准图：在设计中，有的设备、器具的制作和安装，由于某些节点、结构做法和施工要求是通用的、标准的，设计时可以直接选用国家和地区的标准图集和设计院的重复使用图集，不再绘制这些详细图样，只在设计图纸上注出选用的图号，即通常使用的标准图。有些图是施工中通用的，但非标准图集中使用的，因此，习惯上人们把这些与标准图集中的图一并称为重复使用图。

2）节点详图：用放大的比例尺，画出复杂节点的详细结构。一般包括用户入口、设备安装、分支管大样、过门地沟等。

（4）设计和施工图说明：采暖设计说明书一般写在图纸的首页上，内容较多时也可单独使用一张图。主要内容有：热媒及其参数；建筑物总热负荷；热媒总流量；系统形式；管材和散热器的类型；管子标高是指管中心还是指管底；系统的试验压力；保温和防腐的规定以及施工中应注意的问题等。设计和施工说明书是施工的重要依据。

（5）设备及主要材料明细表：在设计采暖施工图时，为方便做好工程开工前的准备，应把工程所需的散热器的规格和分组片数、阀门的规格型号、疏水器的规格型号以及设计数量和质量列在设备表中；把管材、管件、配件以及安装所需的辅助材料列在主要材料表中。

2. 采暖系统施工图的识读方法

识读采暖施工图的基本方法是将平面图与系统对照。从供热系统入口开始，沿水流方向按供水干管、立管、支管的顺序到散热器，再由散热器开始，按回水支管、立管、干管的顺序到出口为止。

（1）采暖进口平面位置及预留孔洞尺寸、标高情况。

（2）入口装置的平面安装位置，对照设备材料明细表查清选用设备的型号、规格、性能及数量；对照节点图、标准图，搞清各入口装置的安装方法及安装要求。

（3）明确各层采暖干管的定位走向、管径及管材、敷设方式及连接方式。明确干管补偿器及固定支架的设置位置及结构尺寸。对照施工说明，明确干管的防腐、保温要求，明确管道穿越墙体的安装要求。

（4）明确各层采暖立管的形式、编号、数量及其平面安装位置。

（5）明确各层散热器的组数、每组片数及其平面安装位置，对照图例及施工说明，查明其型号、规格、防腐及表面涂色要求。当采用标准层设计时，因各中间层散热器布置位置相同而只绘制一层，而将各层散热器的片数标注于一个平面图中，识读时应按不同楼层读得相应片数。散热器的安装形式，除四、五柱形有足片可落地安装外，其余各型散热器均为挂装。散热器有明装、明装加罩、半暗装、全暗装加罩等多种安装方式，应对照建筑图纸、施工说明予以明确。

（6）明确采暖支管与散热器的连接方式。

（7）明确各采暖系统辅助设备的平面安装位置，并对照设备材料明细表，查明其型号、规格与数量，对照标准图明确其安装方法和要求。

第三节　管道工程常用机具

一、量测工具

1. 量尺

量尺是测量管线距离的工具，按种类可以分为钢卷尺、钢直尺、钢角尺、等边角尺、不等边角尺、法兰角尺和万能角尺等，见表1-1。

表 1-1 量尺的尺寸

种类	示意图	用　途
大钢卷尺		大钢尺用于测量较长的管线或距离。规格有 15m、20m、30m、40m
小钢卷尺		小钢卷尺又称盒尺。使用时用手拉出，并用拇指靠近工作。读数时，视线应与所量的面和钢尺本身垂直。规格有 2m 和 5m 两种
钢直尺		钢直尺又称钢板尺，用于测量机械工具和管配件。长度有 150mm、300mm、500mm、1 000mm 四种
等边角尺		等边角尺多用于管道工画线、下料等工作中。这种角尺无一定规格
不等边角尺		不等边角尺，其两边由两条长度不等的钢板，以直角的方式连接而成。钢板上刻有尺度，精度一般到毫米
法兰角尺		法兰角尺是在管道安装过程中测量法兰与管道垂直度

种类	示意图	用　途
万能 角尺	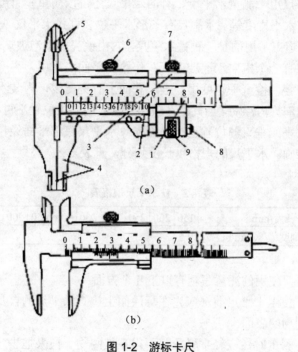	万能角尺是用来测量任何一个 角度的

2．游标卡尺

（a）

（b）

图 1-2　游标卡尺

1—尺身；2—游标；3—辅助游标；4—下端尖脚；

5—上端尖脚；6、7—螺钉；8—小螺杆；9—螺母

　　游标卡尺的构造如图 1-2（a）所示，其中尺身上刻有每格为 1mm 的刻度线，游标上也有刻线。当游标要移动较大距离时，松开螺钉 6、7，推动游标即可；若要使游标微动调节，则将螺钉 7 固定，松开螺

钉 6，转动螺母 9，通过小螺杆 8 移动游标即可。取得尺寸后，将螺钉 6 紧固即可读尺。卡尺上下两对尖脚 5、4 是用以测量孔距、外圆、厚度、内孔或沟槽的。

图 1-2（b）所示的游标卡尺轻巧灵活，还可用尺后的细长杆测量孔深和沟槽深度，但这种卡尺的测量尺寸较小。

3．水平尺

水平尺用于测量水平度，有的水平尺还可以测量垂直度，例如检查管与水平程度等。水平尺有条形水平仪和框式水平仪（水平尺）两种。管道工常用的是一种铁水平尺，它由铁壳和水泡玻璃管组成，在中央装有一个横向水泡玻璃管，作检查平面水平用。另一个垂直水泡玻璃管，检查垂直度用。玻璃管面上有刻度线，内装水，并有气泡在玻璃管内浮动，当气泡在玻璃管刻线的中央位置不再移动时，则说明水平或垂直的位置已准确无误。水平尺底部平面经精加工达到光滑准确。水平尺的规格以长度划分，见表 1-2。

表 1-2　铁水平尺规格表

长度/mm	150	200	250	300	350	400	450	500	550	600
主水准刻度值/（mm/m）	0.5					2				

水平尺使用的注意事项有以下几个方面：

（1）使用水平尺前，应先在标注面上检查水平尺的自身精度，清洁被测物的表面。

（2）测量时，应轻拿轻放，不得在被测物上拖来拖去，也不得做其他工具使用。

（3）使用后，要擦拭干净，堆存在工具箱内，不得与其他工具一起堆放。

4．线锤

线锤形似锥形，主要用于测量立管和垂直度。线锤规格是以重

16

量划分的，通常管道使用的规格在 0.5kg 以下。

5. 塞尺

塞尺是由若干"钢片"组成，每个钢片都具有一个特定的厚度。使用时将钢片插入两平行面的间隙处。使用塞尺时应防止其与带电物体接触，用后须用软布或棉丝擦净，必要时需加油封存。

塞尺长度一般为 100mm，共有 14 片，测量范围为 0.05～0.4mm，如图 1-3 所示。

图 1-3　塞尺

6. 放样工具

放样工具及用途见表 1-3。

表 1-3　放样工具及用途

类别	图　示	规格及用途
圆规		圆规用来画弧线和圆。圆规的两脚应一样长，开合的松紧程度应适当，脚尖应能相互靠紧，并磨尖淬硬。规格以长度划分，有 150mm、200mm、250mm、300mm 等几种
画针		画针是一根硬质钢针，尖端应成 15°～20°角，并应磨尖淬硬

类别	图 示	规格及用途
地规	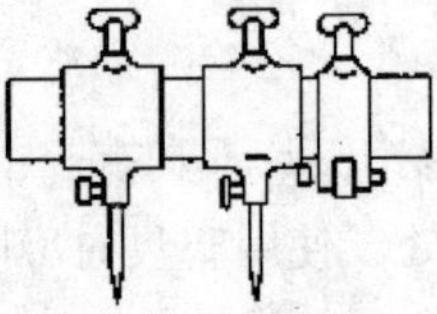	地规用来画大弧、大圆和等分长线，它由一根圆管和装有画针的两个套管组成，套管可在圆管上移动以调节画针间的距离，其中一个套管还可作微量调节
曲线尺	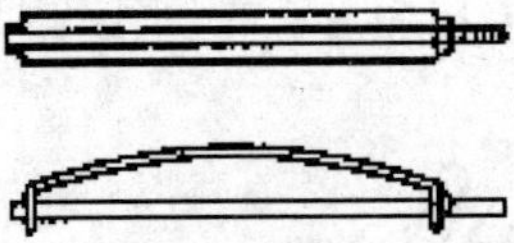	曲线尺由钢皮及螺杆、螺母组成，弧度的大小可用螺母来调节，以适应各类不同的曲线。曲线尺构造简单，一般可以自制
尖冲		尖冲俗称洋冲子，长度在 60～100mm，直径在 10～12mm，端部略带锥形，尖头磨成30°。用来在欲加工的工件上冲出"凹"点，作为圆心。尖冲是用工具钢制成
量角器	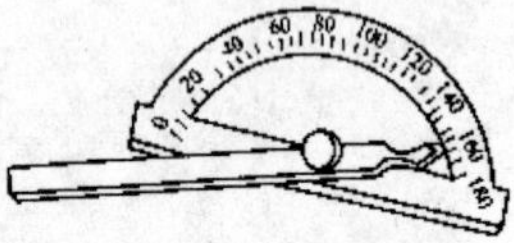	量角器一般由工人自制，比较简单。它是由直尺及半圆形刻盘组成，刻度盘上有刻度，每一格一度
剪子	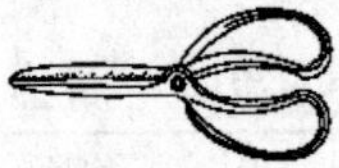 图1  图2	管道工程施工中常用的剪刀有两种，一种是用于剪胶皮垫、薄石棉胶板的剪刀，如图 1 所示；另一种是用于剪薄铁皮、厚石棉橡胶板的"白铁剪子"，这种剪刀的外形如图 2 所示

二、手动机具

1. 手锤

手锤的种类及形式较多，管道工常用的手锤是钳工锤和八角锤。

手锤的规格是以重量（不连柄）来划分的，钳工锤的规格有 0.25 kg、0.5kg、0.75kg、1.25kg、1.5kg 等。水暖工程常用的是 0.25～1.5kg 中的几种。其手柄长度一般为 300mm。大榔头的规格有 0.9～9kg 等几种，水暖工常用的有 1.3～1.8kg 等几种。手锤多用于管子调直，铸铁管捻口、打洞、拆卸管道等。

2. 锉刀

锉刀是从金属工件表面锉掉金属的加工工具。锉刀的种类较多，按照加工形状不同可选用平板锉、三角锉、圆锉、半圆锉等。

3. 凿子

（1）扁凿和尖凿。管道工程常用的凿子有扁凿和尖口凿两种。扁凿主要用于凿切平面、剔除毛边，清理气割和焊接后的熔渣等；尖口凿用于剔槽子或剔比较脆的钢材。凿子一般用碳素工具钢、锋钢制造，长 20mm。

（2）捻口凿。捻口凿是铸铁管承插连接时填料的必备工具，用碳素工具钢煅制而成。其规格以端面的厚度划分，常用的有 2mm、4mm、6mm、8mm、10mm 五种。

4. 钳子

常用的钳子有钢丝钳、电工钳、鲤鱼钳、水泵钳、尖嘴钳等几种，如图 1-4 所示。

（a）带塑料套钢丝钳　　（b）不带塑料套钢丝钳　　（c）不带塑料套电工钳

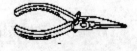

（d）鲤鱼钳　　　　　（e）水泵钳　　　　　（f）尖嘴钳

图 1-4 钳子

5. 扳手

扳手常用于安装和拆卸法兰、各种设备、部件上的螺栓。常用扳手的种类有双头呆扳手、单头呆扳手、梅花扳手、单头梅花扳手、敲击呆扳手及敲击梅花扳手和套筒扳手等几种，如图1-5所示。

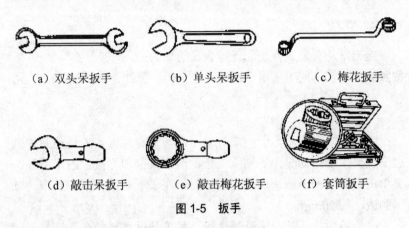

（a）双头呆扳手　　　（b）单头呆扳手　　　（c）梅花扳手

（d）敲击呆扳手　　　（e）敲击梅花扳手　　　（f）套筒扳手

图1-5　扳手

6. 钢锯

钢锯是锯割金属材料的一种手动工具，俗称锯方子，如图1-6所示，钢锯是由锯弓和锯条构成锯架，有固定和活动两种。

（a）活动锯架　　　　　（b）固定锯架

图1-6　钢锯架

7. 管子钳和链条钳

（1）管子钳：管子钳是用来上紧和卸下各种螺纹的管子及其配件的工具。管子钳的工作部分由钳体上的固定钳口（又叫小钳口）

和活动钳口（又叫大钳口）组成，开口尺寸可以调节。

管子钳是安装和修理管道时夹持和旋动各种管子和管件的主要工具。适用于小口径管道，它是由钳柄和活动钳口组成。活动钳口用套夹与钳把柄相连，根据管径大小通过调整螺母以达到钳口适当的紧度，钳口上有轮齿，以便咬牢管子转动。

（2）链条钳：链条钳即链条式管钳，用于较大管径及狭窄的地方拧动管子，由手柄、钳头和链条组成其结构，如图 1-7 所示，是用链条来咬住管子转动。

图 1-7　链钳

1—链条；2—钳头；3—手柄

8. 管子割刀

割刀又叫管刀，是切断管子的专用工具，其构造如图 1-8 所示。

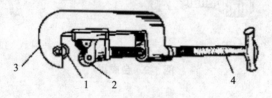

图 1-8　管子割刀

1—圆形刀片；2—托滚；3—架；4—手柄

它是在弓形刀架的一端装一块圆形刀片，刀架另一端装有可调的螺杆，螺杆的一端装有两个托滚。当转动螺杆另一端的手柄时，可控制托滚前进或后退，使被割的管子靠紧或离开刀片。使用时应根据切断管子的管径不同选用相同规格的管子割刀。割管时，可转动手柄，将管子挤压在刀片上，再扳转刀架绕管子旋转，将管壁切出沟痕来，每进刀（挤压）一次绕管子旋转一次，如此不断加深沟痕，便可切断管子。

9．管子台虎钳

管子台虎钳又叫龙门轧头，俗称压力钳。用来夹持金属管材以便于切断管子，或用来实现套丝、装管件等工作。常用台虎钳是由固定钳口与活动钳口两部分组成。固定钳口用螺栓固定在工作台上，且本身有一方孔，用来插入活动钳口。活动钳口除了有钳口外，还有一穿心丝杠，丝杠的旋转运动可调整活动钳口与固定钳口的间距。当台钳夹住某一工件时，旋转丝杠，两钳口间距越小，则将被夹的工件夹得越紧，如图 1-9 所示。

台虎钳的规格以钳口的宽度表示，常用的有 75mm、100mm、125mm、150mm、200mm 五种。

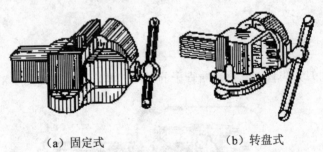

（a）固定式　　　　　　（b）转盘式

图 1-9　台虎钳

10．管子铰板

管子铰板又称代丝、套丝板，是管子套丝用的主要工具。管子铰板由板身、板把、板牙三个主要部分组成。

铰板规格分为 1#、2# 两种。1# 可套用 1/2 in、3/4 in、1 1/4 in、1 1/2 in、2 in 等 6 种不同规格的螺纹；2# 可套用 2 1/2 in、3 in、3 1/2 in、4 in 四种不同规格的螺纹，每组板牙为 4 块，刻有 1～4 的序号。

每个板牙都具有一个规格，在机身的每个板牙孔口处也有 1～4 的标号。安装时，先将刻线对准固定盘"0"的位置，然后按板牙上的数字与管子铰板的数字相应的顺序插入牙槽内。转动固定盘，调整到所需套丝的公称直径刻度后将标盘固定。

11. 手动葫芦

手动葫芦是一种使用简单、携带方便的手动起重机械，也称"环链葫芦"，或"倒链"，它适用于小型设备和货物的短距离吊运，具有结构紧凑，手拉力小等特点，常用的有链条式手拉葫芦和钢丝式手扳葫芦两种。

手拉葫芦是以链条（圆环链）作为手拉链，可以垂直提升重物，也可以横拉重物，使用范围很广。它的标准起重量为 0.5～20 t，特点是自重轻、体积小、搬动方便、使用灵活。SH 型手拉葫芦起重量 0.5～20 t，其外形如图 1-10 所示。

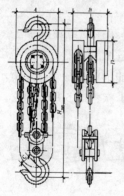

图 1-10　SH 型手拉葫芦

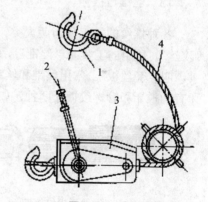

图 1-11　手扳葫芦

1—挂钩；2—手摇柄；3—壳体；4—钢丝绳

钢丝绳式手扳葫芦广泛用于装卸货物、牵引机车、拉出陷入泥坑的汽车、架设高电杆或烟囱，以及在高低不平、狭窄之处和其他起重设备达不到的地方作起吊、牵引之用；并且可以起吊和牵引水平、垂直、倾斜及任意方向的重物，钢丝绳的长度也不受限制，其外形如图 1-11 所示。

12. 錾子

錾子又叫扁铲，是水暖工常用的工具，用手除去工件或金属切削后的毛刺、扉边以及分割材料，錾子由头部、切削部分及錾身三部分组成，如图 1-12 所示。头部有一定的锥度，顶端略带球形，以便锤击时作用力容易通过錾子中心线，使錾子保持平稳。以防止錾削时錾子转动，錾身多数呈八棱形。

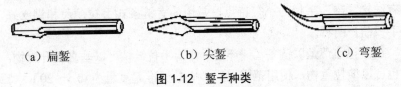

　（a）扁錾　　　　　　　（b）尖錾　　　　　　　（c）弯錾

图 1-12　錾子种类

13. 丝锥与板牙

各种螺纹的加工分为两大类。一类是"阴"螺纹的加工，俗称"攻丝"，所用的工具叫"丝锥"；另一类是加工"阳"螺纹所用的工具，叫"套丝板"。常用丝锥和丝锥绞杠的形状如图 1-13 所示。板牙有圆板牙和管螺纹板牙两种，如图 1-14、图 1-15 所示。

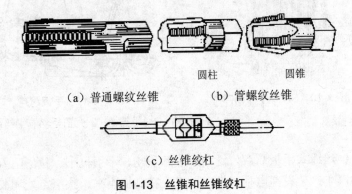

　　　　　　　　　　　　　　圆柱　　　　　圆锥

　（a）普通螺纹丝锥　　　　（b）管螺纹丝锥

（c）丝锥绞杠

图 1-13　丝锥和丝锥绞杠

（a）粗牙　　　　（b）细牙

图 1-14　圆板牙的形状　　　　图 1-15　管螺纹板牙的形状

14．捻凿

捻凿俗称打口錾子，用于铸铁管承插式接口打麻（水泥）。捻凿呈"乙"字弯型，多用工具钢打造而成，这种捻凿一端呈扁方型（齐头），另一端是工具钢的原断面，如图 1-16 所示。

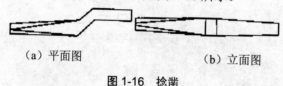

（a）平面图　　　　　　　　　　（b）立面图

图 1-16　捻凿

三、电动机具

1．手电钻和台钻

手电钻和台钻是用于工件钻孔加工的工具。

（1）使用前应检查电源、电压是否相符，外壳接地和绝缘是否良好。使用手电钻时，还应检查电源线有无破损和漏电现象，开关是否灵活。检查空负荷运转是否良好。

（2）为防止钻偏，钻孔前定好中心冲眼，钻孔时钻头应与工件垂直，进刀量要均匀，不要忽大忽小，人体和手不得摆动。为避免发生钻头扭断或伤人事故，在孔将被钻通时须减少进刀量慢钻。

（3）小工件钻孔时，工件必须用钳子夹住或用压板压住，不得用手握持。

（4）钻头未停妥，严禁用手握钻杆、钻头。必须用刷子清除铁屑。

（5）停用电钻必须穿绝缘鞋或戴绝缘手套，不准戴纱手套。

2. 电锤

电锤俗称冲击电钻，主要用于砖、石、混凝土等硬质建材墙面、地面、顶棚等地点的钻孔。具有冲击、旋转、旋转冲击等功能，是一种多用途的手持工具，是安装膨胀螺栓必备的施工机具，如图1-17所示。

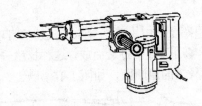

图 1-17　电锤

3. 电动割管机

电动割管机的构造如图1-18所示。

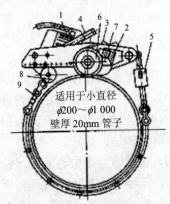

图 1-18　电动割管机结构示意图

1—电动机；2—变速箱；3—爬行进给离合器；4—进刀机构；
5—爬行夹紧机构；6—切割刀具；7—爬轮；8—导线轮；9—被切割的管子

当割管机装在被切割的管子上后，通过加紧机构把它紧夹在管体上。对管子的切割分两部分来完成，一部分是由切割刀具对管子铣削；另一部分是由爬轮带动整个割管机沿管子爬行进给。刀具切入或退出由操作人员通过进刀机构的摇手柄来实现。割管机具有体积小、重量轻、切割效率高、切割面平整等优点。

第四节　水暖工程常用管材及附件

一、常用管材和管件

1. 管子及附件的通用标准

各种用途的管道都是由管子及附件组成。为便于设计、施工单位选用和生产厂家制造，国家制定了统一的标准。通用标准主要指公称通径、公称压力、试验压力和工作压力等。

（1）公称通径：公称通径也称公称直径，是管子和附件的标准直径。是指内径而言的标准，只是近似内径而不是实际内径。因同一号规格的外径相同，但因承受工作压力不同而壁厚不同，使其内径不相同。公称通径用字母 DN 作为标志符号，后面注明公称通径单位为 mm 的尺寸。公称通径用于有缝钢管、铸铁管、混凝土管。而无缝钢管规格用外径乘壁厚表示，如 $\phi 159$ mm $\times 4.5$ mm。管道工程中仍有使用英制单位英寸（in）表示长度，如 1 in=25.4mm。

（2）公称压力、试验压力和工作压力：公称压力是管子和附件的强度标准。随着温度升高，材料强度要降低，所以，以某一温度下，管材所允许承受的压力，作为耐压强度标准，这一温度称为基准温度。管材在基准温度下的耐压强度称为公称压力，用符号 PN 表示。如公称压力 1.6MPa，记为 $PN1.6$。

试验压力是在常温下检验管子及附件机械强度及严密性能的压力标准，试验压力以 p_s 表示。

工作压力是指管内流动介质的工作压力，用 p_t 表示，t 为介质最高温度 1/10 的整数值。例如 $p_r = p_{12}$，"12"表示介质最高温度为 120℃。

2. 钢管及管件

钢材是水暖工程施工中主要材料之一，具有质地均匀，抗拉强度高，塑性和韧性好并且能承受冲击和振动荷载，容许较大的变形，易于装配施工等特点，因此，钢管在水暖工程施工中被广泛采用。

钢管分焊接钢管和无缝钢管两种，焊接钢管一般用 A_3 钢制成，适用于输送水、压缩煤气、冷凝水等介质和用作采暖管道。

（1）无缝钢管：无缝钢管是一种具有中空截面，周边没有接缝的长条钢管，且炽热的圆柱钢体沿纵向穿孔而成，在管道工程中被广泛采用。

无缝钢管分热轧和冷轧（拔）无缝钢管两类。热轧无缝钢管分一般钢管，低、中压锅炉钢管，高压锅炉钢管、合金钢管、不锈钢管、石油裂化管、地质钢管和其他钢管等。冷轧（拔）无缝钢管除分一般钢管、低中压锅炉钢管、高压锅炉钢管、合金钢管、不锈钢管、石油裂化管、其他钢管外，还包括碳素薄壁钢管、合金薄壁钢管、不锈薄壁钢管、异型钢管。热轧无缝管外径一般大于 32mm，壁厚 2.5～75mm，冷轧无缝钢管外径可以到 6mm，壁厚可到 0.25mm，薄壁管外径可到 5mm，壁厚小于 0.25mm，冷轧比热扎尺寸精度高。

（2）焊接钢管：也称焊管，是指用钢带或钢板弯曲变形为圆形、方形等形状后再焊成的、表面有接缝的钢管、焊接钢管采用的坯料是钢板或带钢。20 世纪 30 年代以来，随着优质带钢连轧生产的迅速发展以及焊接和检验技术的进步，焊缝质量不断提高，焊接钢管的品种规格日益增多，并在越来越多的领域代替了无缝钢管。焊接钢管比无缝钢管成本低、生产效率高。焊接钢管根据焊缝形状可分为直缝焊接钢管和螺旋焊接钢管。

1）直缝焊接钢管：直缝钢管是焊缝与钢管纵向平行的钢管。通常分为公制电焊钢管、电焊薄壁管、变压器冷却油管等。直缝焊接钢管的生产工艺简单、生产效率高、成本低、发展较快。

2）螺旋焊接钢管：螺旋焊接钢管是指用钢带或钢板弯曲变形为

圆形、方形等形状后再焊接成的、表面有接缝的钢管。按焊接方法不同可分为电弧焊管、高频或低频电阻焊管、气焊管、炉焊管、邦迪管等。按焊缝形状可分为直缝焊管和螺旋焊管。电焊钢管用于石油钻采和机械制造业等。炉焊管可用作水煤气管等，大口径直缝焊管用于高压油气输送等；螺旋焊管用于油气输送、管桩、桥墩等。焊接钢管比无缝钢管成本低、生产效率高。

3）钢制管件：焊接钢管的连接配件有镀锌和非镀锌两种，一般带有管螺纹，分别用于连接镀锌管和非镀锌，给水管道应选用镀锌管件。管件的规格以所连接管道的公称通径相称。各种常用的管配件如图 1-19 所示。

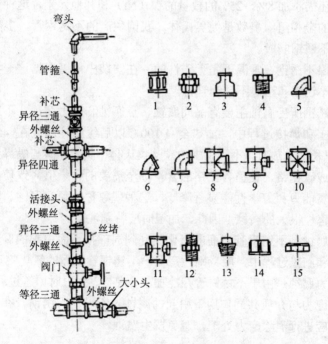

图 1-19　低压流体输送用焊接钢管螺纹连接配件

1—管箍；2—活接头；3—大小头；4—补芯；5—90°弯头；6—45°弯头；
7—异径弯头；8—等径三通；9—异径三通；10—等径四通；11—异径四通；
12—外螺丝；13—丝堵；14—管帽；15—锁紧螺母

（3）不锈钢管：在化工、炼油、医药装置的配管工程中，由于腐蚀和某些特殊工艺的需要，常采用不锈钢材质的管材和配件。否则，会因输送酸碱性介质的腐蚀性作用而使管道腐蚀，造成事故。

在钢中添加铬、镍和其他金属元素，并达到一定的含量时，除使金属内部金相组织发生变化外，在钢的表面形成一层致密的氧化膜（Cr_2O_3），可以防止金属表面被腐蚀。这种具有一定耐腐蚀性能的钢材，称为不锈钢。

不锈钢管中，铬是有效的合金元素，其含量应高于 11.7%才能起耐腐蚀性能。实际应用中，不锈钢中平均含铬量为 13%的称为铬不锈钢。铬不锈钢只能抵抗大气及弱酸的腐蚀。为了提高抗腐性能，在钢中还需添加 8%～25%的数量的镍（Ni）和其他元素，这种铬镍不锈钢的金相组织多数是纯奥氏体。我国生产的不锈钢管，多数用奥氏体不锈钢制成。

铬镍不锈钢在常温下是无磁性的，在安装中可以根据这一特点识别铬不锈钢和铬镍不锈钢管材。

不锈钢所受腐蚀主要有晶间腐蚀、点腐蚀和应力腐蚀。不锈钢管在加工和焊接过程中，加热至 1 100℃以后缓慢冷却或在 450～850℃下长期加热时，不锈钢中的碳从奥氏体中析出，碳与晶界上的铬化合成碳化铬，使晶界上铬的含量降至需要的含量值，致使晶界处的抗腐能力和力学性能显著降低，这种现象称为晶间腐蚀。它是一种危害性很大的腐蚀，因此，加工时应特别注意。

点腐蚀是不锈钢管表面的氧化膜受到局部损坏而引起的腐蚀，在运输和施工过程中，应特别注意保护不锈钢管表面的氧化膜。

应力腐蚀是由于不锈钢管在冷加工、焊接、强力对口等过程中，产生拉应力与介质共同作用下引起的腐蚀。所以，不锈钢管在安装过程中应进行消除应力处理，避免发生腐蚀。

3. 铸铁管及管件

铸铁管又称生铁管，分为给水铸铁管和排水铸铁管。铸铁管出厂时均应经过沥青浸渍处理，增强防腐性能。

（1）给水铸铁管：铸铁管与钢管相比具有耐腐性、使用寿命长、价格低等优点，但是，铸铁管耐压低、韧性差、重量大。给水铸铁管常用于埋地敷设。铸铁管有低压、中压、高压 3 种，使用时必须注意它们的工作应力值，以免超压造成事故。

1）砂型离心铸铁管：属于承插式铸铁管，如图 1-20 所示。

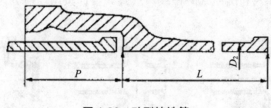

图 1-20　砂型铸铁管

2）连续铸铁管　连续铸铁管如图 1-21 所示。按壁厚分为 LA、A、B 三级，LA 级适用工作压力 $P \leqslant 0.75\,MPa$；A 级适用工作压力 $P \leqslant 1.0MPa$；B 级适用于工作压力 $P \leqslant 1.25\,MPa$ 的流体。

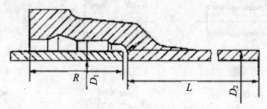

图 1-21　连续铸铁管

3）球墨铸铁管：球墨铸铁管属于柔性接口，是近 10 年来引进和开发的一种管材，它具有强度高、韧性好、抗腐性强、安装简便等优点。

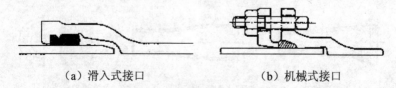

（a）滑入式接口　　　　　　（b）机械式接口

图 1-22　球墨铸铁管接口形式

其接口有滑入式（T 型）、机械式（K 型）和法兰式（RF 型）3 种形式。图 1-22 为球墨铸铁管接口形式。常用接口一般为 T 型接口，具有可靠的严密性、安装方便，接口后即可通水使用，不必有养护期。

4）给水铸铁管件：常用给水铸铁管件如图 1-23 所示。给水管件也有承插式和法兰两种接口形式。管件按用途可分为：作为管

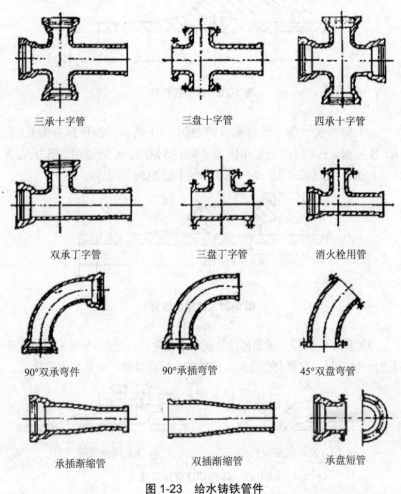

三承十字管　　　　　三盘十字管　　　　　四承十字管

双承丁字管　　　　　三盘丁字管　　　　　消火栓用管

90°双承弯件　　　　90°承插弯管　　　　45°双盘弯管

承插渐缩管　　　　　双插渐缩管　　　　　承盘短管

图 1-23　给水铸铁管件

线转弯用管件：有 90°、45°、$22\frac{1}{2}$°、$11\frac{1}{4}$°等弯头；作为管线分支用管件：有正三通、斜三通、四通等；作为连接附件用管件：有消火栓三通、排气门三通、承盘短管和盘插短管等。

（2）排水铸铁管及管件：

1）排水铸铁管：排水铸铁管用灰口铸铁浇铸制造，管耐腐蚀，但质脆、自重大，常用于室内生活给水管道、雨水管道及工业厂房中振动不大的无压排水管道上。其接口均为承插式，如图1-24所示。主要接口有铅接口、普通水泥接口、石棉水泥接口、氯化钙石膏水泥接口和膨胀水泥接口等，最常用的是普通水泥接口。

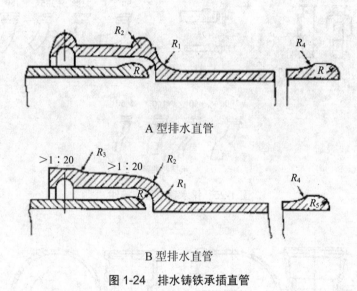

A 型排水直管

B 型排水直管

图 1-24　排水铸铁承插直管

排水铸铁管规格以公称直径 DN 表示，DN 等于内径。排水铸铁管最小为 $DN50$，最大为 $DN200$，其中还有 $DN75$、$DN100$、$DN125$、$DN150$ 等 6 种规格。其有效长度有 500mm、1 000mm、1 500mm 和 2 000mm。

2）排水铸铁管件：排水管道管件式样很多，如图 1-25 所示，此外，存水弯有 S 形和 P 形，如图 1-26、图 1-27 所示。由于排水铸铁管的管壁薄、承插口浅、几何形状较为复杂，所以，异形管件种类较多。

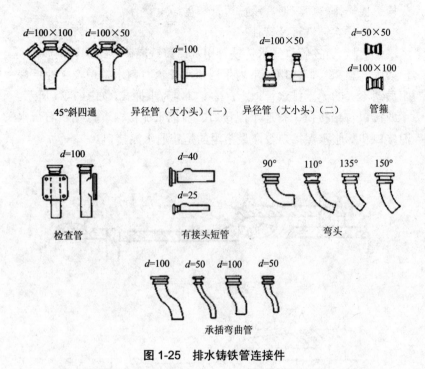

图 1-25　排水铸铁管连接件

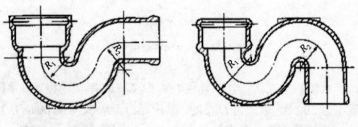

图 1-26　P 形存水弯管　　　　　图 1-27　S 形存水弯管

4. 铜管及铜管管件

（1）无缝铜水管：

国家标准《无缝铜水管和铜气管》（GB/T 18033—2007）对公称外径不大于 325mm 的用于输送饮用水、生活冷热供水、民用天然气、煤气、氧气等介质的圆形铜管的产品分类及参数作了明确规定。该标准规定了无缝铜管供货的状态和规格可根据需要分为：硬态，外径 6～325mm 的直管；半硬态，外径 6～159mm 直管；软态，外径 6～108mm 直管及外径≤25 mm 的盘管。对铜管的壁厚，规定 A、B、C 三种类型，适应不同压力与场合的使用要求。

铜管耐腐蚀性极强，还具有韧性好、重量轻、管壁光滑、接口多为焊接、连接方便等优点，但价格较高，管径偏小。多用于高级建筑物冷、热给水管路中。

（2）铜管管件：铜管管件采用 T2、TUP 紫铜材质制作。常用的铜管管件有：

1）铜弯头：有 45°、90°、180°，同径和异径，承插和内螺纹等品种，如图 1-28 所示。

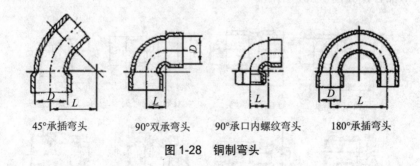

45°承插弯头　　90°双承弯头　　90°承口内螺纹弯头　　180°承插弯头

图 1-28　铜制弯头

2）铜三通：有同径和异径，承插和内螺纹等品种，如图 1-29 所示。

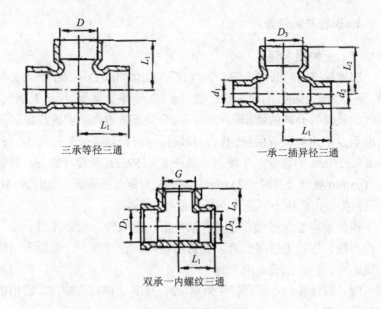

三承等径三通   一承二插异径三通

双承一内螺纹三通

图 1-29　铜制三通

3）铜管接头：有同径和异径，承插和内螺纹、外螺纹和活接头等品种，如图 1-30 所示。

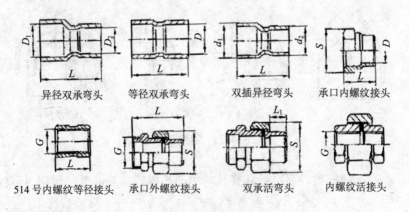

异径双承弯头　　等径双承弯头　　双插异径弯头　　承口内螺纹接头

514 号内螺纹等径接头　　承口外螺纹接头　　双承活弯头　　内螺纹活接头

图 1-30　铜制接头

5. 塑料管

（1）硬聚氯乙烯管（PVC 管）：

1）管材及接口形式：

①承插型管材如图 1-31 所示。弹性密封圈连接应符合图 1-32 和表 1-4 的要求；溶剂粘接式承插口尺寸应符合图 1-33 和表 1-5 的要求。

表 1-4　弹性密封圈式承插口尺寸　　　　单位：mm

管材公称外径 d_e	最小承口长度 L	管材公称外径 d_e	最小承口长度 L
63	64	180	190
75	67	200	94
90	70	225	100
110	75	250	105
125	78	280	112
140	81	315	118
160	85		

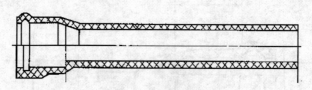

（a）弹性密封圈式承插口管

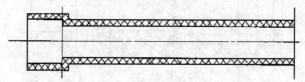

（b）粘接式承插口管

图 1-31　硬聚氯乙烯管

表 1-5　　　溶剂粘接式承插口尺寸　　　　　　单位：mm

承口公称内径 d_e	最小承口长度 L	在承口深度中点的平均内径（用于有间隙的接头）	
		最小	最大
20	16.0	20.1	20.3
25	18.5	25.1	25.3
32	22.0	32.1	32.3
40	26.0	40.1	40.3
50	31.0	50.1	50.3
63	37.5	63.1	63.3
75	43.5	75.1	75.3
90	51.0	90.1	90.3
110	61.0	110.1	110.4
125	68.5	125.1	125.4
140	76.0	14.2	140.5
160	86.0	160.2	160.5

②采用弹性密封圈连接平头型管材应按图 1-32 的规定进行坡口。采用溶剂粘接的平头型管材应除去管口切割后的外边缘。

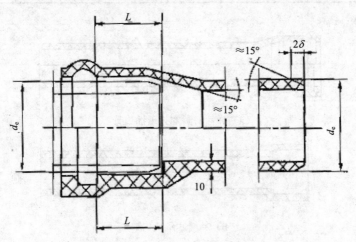

图 1-32　弹性密封圈式承插口

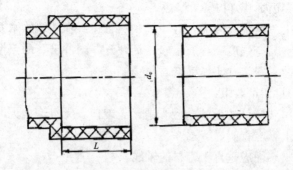

图 1-33 粘接式承插口

2）建筑排水用硬聚氯乙烯管材及管件的特点是防腐蚀性强、重量轻、施工方便，但是排水时噪声大，已广泛应用于民用建筑和工业建筑的内排水系统中，使用时，要求瞬时排水水温不高于 80℃，连续排水水温不高于 40℃。塑料管件有 45°弯头、90°弯头、90°顺水三通、45°斜三通、瓶型三通、正四通、45°斜三通、直角四通、异径管和管箍等类型。

3）主要技术指标：

①当采用橡胶圈接口时，其橡胶圈不得有气孔、裂缝、重皮和接缝，性能应符合下列要求：

a．邵氏硬度为 45°～55°。

b．伸长率≥50%。

c．拉断强度≥16MPa。

d．永久变形＜20%。

②使用橡胶圈内径与管插口外径之比宜为 0.85～0.90,橡胶圈断面直径压缩率一般为 40%。

③当采用溶剂粘接时，所选用粘接剂性能应符合下列要求：

a．硬化的粘接层对水不产生污染。

b．黏附力强，易于涂抹在结合面上。

c．固化时间短。

d．粘接强度满足管道连接的要求。

（2）聚丙烯管（PP-R 管）：

近年来，给水聚丙烯（PP-R）塑料管已经在建筑给水系统中广泛应用，它具有强度高、质量轻、韧性好、耐冲击、耐热性高、无毒、无锈蚀、安装方便等特点。

1）管材质量要求：

①管材和管件的内外壁应光滑、无裂口。无气泡、无凹陷。冷水管和热水管应有明显标志。

②管材端面应垂直于管材的轴线。

③管件应完整、无缺损、合模缝浇口应平整、无开裂。

④接口热熔连接时，应使用厂家提供专门配套使用熔接工具及使用说明书。

⑤PP-R管不同水温及使用寿命下允许压力见表1-6。

表1-6 不同温度及使用寿命下的允许压力

使用温度/ ℃	使用寿命/ a	公称压力/MPa					
		1.0	1.25	1.6	2.0	2.5	3.2
20	1	1.43	1.96	2.27	2.86	3.60	4.53
	5	1.35	1.70	2.14	2.69	3.39	4.26
	10	1.31	1.65	2.08	2.62	3.30	4.15
	25	1.27	1.59	2.01	2.53	3.18	4.01
	50	1.23	1.55	1.96	2.46	3.10	3.90
40	1	1.04	1.30	1.64	2.07	2.60	3.26
	5	0.97	1.22	1.54	1.93	2.43	3.06
	10	0.94	1.18	1.49	1.88	2.36	2.97
	25	0.91	1.14	1.42	1.81	2.27	2.86
	50	0.88	1.11	1.39	1.76	2.21	2.78
60	1	0.74	0.93	1.17	1.47	1.86	2.34
	5	0.69	0.87	1.09	1.37	1.73	2.17
	10	0.67	0.84	1.05	1.33	1.67	2.10
	25	0.64	0.80	1.01	1.28	1.61	2.02
	50	0.62	0.78	0.98	1.23	1.55	1.96

使用温度/	使用寿命/	公称压力/MPa					
℃	a	1.0	1.25	1.6	2.0	2.5	3.2
	1	0.62	0.78	0.98	1.24	1.56	1.96
	5	0.58	0.73	0.91	1.15	1.45	1.82
70	10	0.56	0.70	0.88	1.11	1.40	1.76
	25	0.49	0.61	0.77	0.97	1.22	1.54
	50	0.41	0.52	0.65	0.82	1.03	1.30
	1	0.52	0.66	0.83	1.04	1.31	1.65
80	5	0.48	0.61	0.76	0.96	1.21	1.52
	10	0.39	0.49	0.62	0.78	0.98	1.23
	25	0.31	0.39	0.50	0.62	0.79	0.99

2）管道连接管件：PP-R 管件有多种，有丝扣（螺纹）、法兰和热熔等多种连接管件。图 1-34 为丝扣连接的聚丙烯管件，图 1-35 为法兰连接的聚丙烯管件。

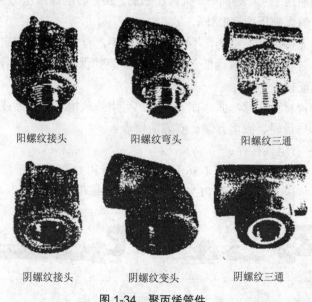

阳螺纹接头　　　　　阳螺纹弯头　　　　　阳螺纹三通

阴螺纹接头　　　　　阴螺纹变头　　　　　阴螺纹三通

图 1-34　聚丙烯管件

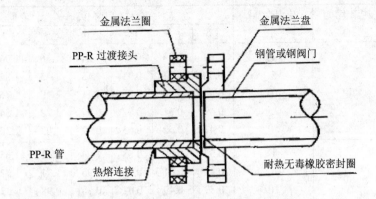

图 1-35 聚丙烯法兰连接管件

（3）交联聚乙烯管（PEX 管）：

1）PEX 管的特点：

①使用温度范围广，可在−70～95℃下长期使用。

②质地坚实、韧性好、抗内压强高，20℃时的爆破压力<5MPa，95℃时的爆破压力<2MPa。

③无毒性、不霉变、不生锈、不结垢，符合卫生性规定指标。

④管材导热系数远低于金属管材，隔热保温性能好，不需保温层，热能损失小。

⑤管材可任意弯曲，在安装时，可用热风枪进行弯曲或调查。

⑥质量轻、搬运方便、安装简便等。

2）管道连接件：

①螺母连接：如图 1-36 所示，将螺母和 C 型铜环套入 PEX 管上，再将内芯接头插入 PEX 管，用扳手将螺母拧紧即可。

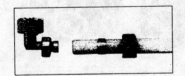

图 1-36　PEX 管螺母连接件

②卡环式连接：如图 1-37 所示，连接时，将卡环 2 套在 3 上，然后将管材插入 1 上，再用专用夹紧钳用力压紧，使接头体上的凸环槽与管材内壁紧紧咬合密封。

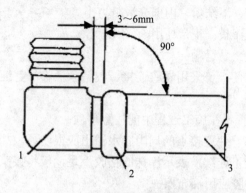

图 1-37　铜制卡环式连接件

L—弯头；2—铜制卡环；3—PEX 管

（4）ABS 塑料管：ABS 即为丙烯腈-丁二烯塑料，它综合了丙烯腈、丁二烯、苯乙烯共聚物各组分的特点，三种组分的共同作用使之成为一种综合性能良好的树脂；丙烯腈提供了良好的耐腐蚀性和表面硬度；丁二烯作为一种橡胶体提供了韧性；苯乙烯提供了优良的加工性能。用于生产管材和管件的 ABS 树脂中丙烯腈应大于 20%（质量百分比），其他助剂不大于 5%（质量百分比）。

由于 ABS 管具有比 PVC-U 管材和 PE 管材更高的冲击韧性和耐热性，可以用于温度较高的场所，通常用于化工管道，也可用于市政给水、自来水、纯净水输送管等，但成本相对较高，用量较 PVC-U 管材和 PE 管材相对较少。

1）主要性能特点：ABS 管材是一种新型管材，具有许多优异的性能，主要表现在以下几个方面：

①具有抗内压强度高、抗冲击性能好，质地坚实而有韧性；以强大的外力撞击，其材质不破裂，大约是 PVC 管的 10 倍。

②无毒性：不含任何金属稳定剂，不会有重金属渗出污染，无

毒和无二次污染。

③使用温度范围宽：使用温度范围−40～80℃，在此温度下保持品质不变。

④不生锈、不结垢、内壁光滑阻力小。

⑤使用寿命长：正常使用50年以上。

⑥重量轻、易运输。

⑦连接方便：可采用螺纹连接、胶粘承插、法兰连接等多种方式，安装方便。

2）ABS管材在施工过程中的注意事项：

①管材和管件连接点的周围胶水溢出应很明显，如果连接口周围的溢出粘胶不连续，表示涂抹的粘胶不足，应将接头重装；过量溢出部分的粘胶应用棉布擦去。

②不要在下雨或潮湿的天气条件下粘接；接口留有水分不可胶接。

③不要使用被污染的刷子粘接；不同的黏合剂不要使用同一个刷子。

④不要在附近有明火的地方粘接，工作现场严禁吸烟。

⑤在低温条件下安装时，应延长上述规定的送水试压时间。

⑥ABS管材耐候性较差，储存、运输及安装施工时要注意对管材进行防护。

6. 其他新型管材

（1）铝塑复合管：复合管是一种集金属与塑料优点为一体的新型管材。20世纪90年代末国内引进开发出氩弧焊接式铝塑复合管生产线，使国内出现快速发展推广使用。

铝塑复合管综合塑料和金属的特性，可在管道安装工程中取代焊接钢管的使用。

1）铝塑复合管主要性能有：

①耐温范围：−40～110℃，耐压1 MPa。

②符合《食品包装用聚乙烯成型品卫生标准》（GB 9687—1988）

卫生标准，适用于饮用水、饮料的输送管道。

③内壁光滑、不结垢。

④重量轻、易弯曲、可用配套管件、易安装。

⑤管身受压不易变形，无脆性、使用寿命长。

2）铝塑复合管的规格见表 1-7。

表 1-7　铝塑复合管的规格特性

品名	规格型号	内径/mm	外径/mm	标准工作压力/MPa	标准工作温度/℃	爆破强度/MPa	标准包装/m	标准重量/kg	颜色
热水管	R1014	10	14	1.0	95	8.0	200	17.5	白色或橙红色
	R1216	12	16	1.0	95	8.0	200	20.3	
	R1418	14	18	1.0	95	8.0	200	23.9	
	R1620	16	20	1.0	95	7.0	200	29.2	
	R2025	20	25	1.0	95	6.0	100	21.0	
	R2632	26	32	1.0	95	6.0	50	16.2	
	R3240	32	40	1.0	95	6.0	6	3.1	
	R4150	41	50	1.0	95	6.0	6	4.5	
	R5163	51	63	1.0	95	5.5	6	7.7	
	R6075	60	75	1.0	95	5.5	6	10.8	
冷水管	L1014	10	14	1.0	60	8.0	200	17.5	白色
	L1216	12	16	1.0	60	8.0	200	20.3	
	L1418	14	18	1.0	60	8.0	200	23.9	
	L1620	16	20	1.0	60	7.0	200	29.2	
	L2025	20	25	1.0	60	6.0	100	21.0	
	L2632	26	32	1.0	60	6.0	50	16.2	
	L3240	32	40	1.0	60	6.0	6	3.1	
	L4150	41	50	1.0	60	6.0	6	4.5	
	L5163	51	63	1.0	60	5.5	6	7.7	
	L6075	60	75	1.0	60	5.5	6	10.8	

3）铝塑复合管件规格见表 1-8。另外，若与镀锌钢管相接，尚需有相适应的外螺纹直接头、内螺纹直接头、内螺纹直角弯头和三通等。

表 1-8 管件规格表

管件		规格
直接头		S 2632×2632 S 2025×2025 S 1418×1418 S 1216×1216 S 1014×1014
异径直接头		S 2632×2025 S 2632×1418 S 2632×1216 S 2025×1418 S 2025×1216 S 1418×1216 S 1418×1014 S 1216×1014
直角弯头		L 2632×2632 L 2025×2025 L 1418×1418 L 1216×1216 L 1014×1014
三 通		T 2632×2632 T 2025×2025 T 1418×1418 T 1216×1216 T 1014×1014
异径三通		T 2632×2632×2025 T 2632×2632×1418 T 2025×2025×1418 T 2025×2025×1216 T 1418×1418×1216 T 1418×1418×1014
塞 头		C 26×32 C 2025 C 1418 C 1216 C 1014

管件		规格
管扣		K 2632 K 2025 K 1418 K 1216 K 1014

4）铝塑复合管连接方式：有螺纹连接和压力连接两种方式。一般多用螺纹连接，如图 1-38 所示，将螺母和 C 型铜环套在管上，整圆管口，用扳手上紧螺母即可。

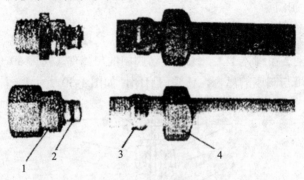

图 1-38　螺纹连接

1—接头本体；2—O 型矽胶环；3—C 型铜环；4—螺帽

（2）塑覆铜管：塑覆铜管有保温隔热层隔热铜管，适用于一般冷、热水管系统，保温层会在遇到高温时软化，因此不可在高于 90℃以上的系统中使用。可埋在腐蚀性的土壤中，地板下层和混凝土路面之下，也可藏于内墙，还适用于露天的或腐蚀性的环境。

（3）钢塑复合管：钢塑复合管广泛应用于给水工程中，钢塑复合管以无缝钢管、焊接钢管为基管，内壁涂装高附着力、防腐、食品级卫生型的聚乙烯粉末涂料或环氧树脂涂料。采用前处理、预热、内涂装、流平、后处理工艺制成的给水镀锌内涂塑复合钢管，是传统镀锌管的升级型产品。

钢塑复合管既有钢管的机械性能，又有塑料管的耐腐蚀、缓结垢、不易生长微生物的特点，是输送酸、碱、盐、有腐蚀性气体等介质的理想管道。内衬食品级聚丙烯，能用于食品、医药及饮水等行业。

常见的钢塑复合管有：钢衬聚丙烯复合管（GSF. PP）、钢衬聚氯乙烯复合管（GSF. PVC）、钢衬聚乙烯复合管（GSF. PE）、钢衬聚四氟乙烯复合管（GSF. F4）。

二、管道附件

1. 阀门

（1）阀门的结构：阀门主要由阀体、启闭构件和阀盖三部分组成。阀座 2 在阀体 1 上，阀杆带动阀门的启闭件（阀瓣 3）做升降运动，阀瓣与阀座的离合，使阀门启闭，如图 1-39 所示。

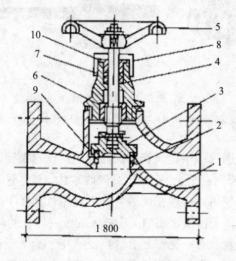

图 1-39　阀门

1—阀体；2—阀座；3—阀瓣；4—阀杆；5—手轮；6—阀盖；
7—填料；8—压盖；9—密封圈；10—填料压环

启闭机构由阀瓣 3（又叫阀盘、阀芯）、阀杆 4 和驱动装置（手轮 5）组成。阀杆 4 用梯形螺纹悬拧在阀盖 6 上，手轮 5 和阀瓣 3 固定在阀杆 4 的上下两端。转动手轮，阀杆可升起或降落，以带动阀瓣靠近或离开阀座来关闭和开启，阀瓣与阀座密切配合，靠阀杆的压力使阀瓣紧压在阀座上，这时阀门处于完全关闭状态，阀门严密不漏。

（2）阀门的分类：阀门按结构特征，即根据启闭件相对于阀座的移动方向可分为：截门形、闸门形、旋塞和球形、旋启形、蝶形和滑阀形，如图 1-40 所示。阀门的形式如图 1-41 所示。

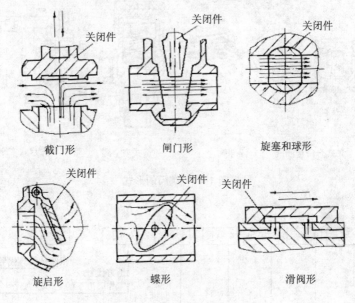

图 1-40　阀门的结构特征

（3）阀门的作用：阀门属于控制附件的一种，用来调节水量、水压、关断水流、改变水流方向等。

（4）阀门型号：阀门型号通常应表示阀门类型、驱动方式、连接形式、结构特点、公称压力、密封面材料、阀体材料等要素。目前，阀门制造厂一般采用统一的编号方法。

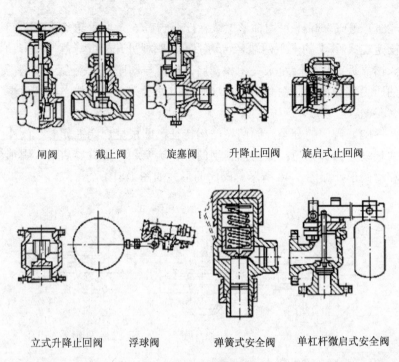

闸阀　　　截止阀　　　旋塞阀　　　升降止回阀　　旋启式止回阀

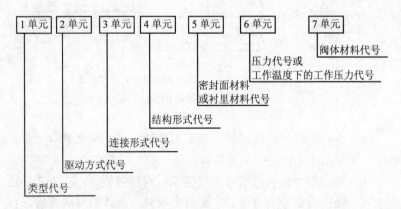

立式升降止回阀　　　浮球阀　　　弹簧式安全阀　单杠杆微启式安全阀

图 1-41　阀门的形式

1 单元　2 单元　3 单元　4 单元　　5 单元　　6 单元　　7 单元

7 单元：阀体材料代号

6 单元：压力代号或工作温度下的工作压力代号

5 单元：密封面材料或衬里材料代号

4 单元：结构形式代号

3 单元：连接形式代号

2 单元：驱动方式代号

1 单元：类型代号

　　第 1 单元表示类型，称为类型代号，用汉语拼音字母表示，见表 1-9。

50

表 1-9　阀门类型代号

类型	安全阀	蝶阀	隔膜阀	止回阀底阀	截止阀	节流阀	排污阀	球阀	疏水阀	柱塞阀	旋塞阀	减压阀	闸阀
代号	A	D	G	H	J	L	P	Q	S	U	X	Y	Z

注：低温（低于-40 ℃）、保温（带加热层）和带波纹管的阀门，在类型代号分别加"D"、"B"和"W"汉语拼音字母。

第 2 单元表示传动方式，称为驱动方式代号，用阿拉伯数字表示，见表 1-10。

表 1-10　阀门驱动方式代号

传动方式	电磁动	磁-液动	电-液动	涡轮	正齿轮	伞齿轮	气动	液动	气-液动	电动	手柄手轮
代号	0	1	2	3	4	5	6	7	8	9	无代号

注：①手轮、手柄和扳手传动及安全阀、减压阀省略本代号；
　　②对于气动或液动：常开式用 6K、7K 表示；常闭式用 6B、7B 表示；气动带手动用 6S 表示。

第 3 单元为连接形式代号，表示阀门与管道或设备接口连接方式。用阿拉伯数字表示，见表 1-11，其中焊接连接包括对焊与承捅焊。

表 1-11　连接形式

连接方式	内螺纹	外螺纹	法兰（用于弹簧安全阀）	法兰	法兰（用于杠杆式、安全门、单弹簧、安全门）	焊接	对夹	卡箍	卡套
代号	1	2	3	4		6	7	8	9

第 4 单元表示阀门结构形式，称为结构形式代号，用阿拉伯数字表示。由于阀门类型较多，故其结构形式按阀门种类分别表示，见表 1-12。

表 1-12　　闸阀结构形式代号

阀件类别	代号									
	0	1	2	3	4	5	6	7	8	9
		明杆楔式		明杆平行式		暗杆楔式		暗杆平行式		
闸阀		单闸板	双闸板	单闸板	双闸板	单闸板	双闸板		双闸板	
蝶阀	杠杆式	垂直板式		斜板式						
截止阀		直通式（铸）	直角式（铸）	直通式（锻）	直角式（锻）	直流式			节流式	其他
旋塞阀		直通式	调节式	直通填料式	三通填料式	保温式	三通保温式	润滑式		
止回阀		升降式			旋启式					
		直通（铸）	立式	直通（锻）	单瓣	多瓣				
疏水器		浮球式		浮桶式		钟形浮子式			脉冲式	热动力式
减压阀		外弹簧薄膜式	内弹簧薄膜式	膜片活塞式	波纹管式	杠杆弹簧式	气热薄膜式			

第 5 单元表示阀门、阀座的密封面材料或阀的衬里材料，其代号用汉语拼音字母表示，见表 1-13。当密封副的密封面材料不同时，采用硬度低的材料代号表示。

表 1-13　　密封面材料或衬里材料代号

材料	代号	材料	代号
铜合金	T	聚四氟乙烯	SA
橡胶	X	聚三氟乙烯	SB
耐酸钢、不锈钢	H	聚氯乙烯	SC

材料	代号	材料	代号
渗氮钢	D	石墨石棉	S
巴氏合金	B	衬胶	CJ
硬质合金	Y	衬铅	CQ
蒙乃尔合金	M	衬塑料	CS
硬橡胶	J	搪瓷	TC
皮革	P	尼龙	NS
无密封圈	W	酚醛塑料	SD

注：由阀体直接加工的阀座密封面材料代号用"W"表示；当阀座和阀瓣（闸阀）密封面材料不同时，用低硬度材料代号表示。

第 6 单元表示阀门公称压力数值。在表示阀门型号时，只写公称压力数值，不写单位。

第 7 单元表示阀体材料，称为阀体材料代号，用汉语拼音字母表示，见表 1-14。

表 1-14　阀体材料

材料名称	代号	材料名称	代号
灰铸铁	Z	中镍钼合金钢	I
可锻铸铁	K	铬镍钛（铌）耐酸钢	P
球墨铸铁	Q	铬镍钼钛（铌）耐酸钢	R
铸铜	T	铬钼钒合金钢	V
碳钢	C	塑料	S

注：$PN \leqslant 1.6$MPa 的灰铸铁阀门和 $PN \geqslant 2.5$MPa 的碳素钢阀体，省略本代号。灰铸铁底压阀和钢制中压省略此项。

2. 各种阀件的结构及用途

（1）配水附件：配水附件是指装在给水支管末端，专供卫生器具和用水点放水用的各式水龙头（又称水嘴）。水龙头的种类很多，按用途不同可分为配水龙头、盥洗龙头、混合龙头和小嘴龙头。

1）配水龙头：按结构形式的不同，配水龙头可分为旋压式配水龙头和旋塞式配水龙头两种。

旋压式配水龙头是一种最常见的普通水龙头，装在洗涤盆、盥洗槽、拖布盆上和集中供水点，专供放水用。一般用铜或可锻铸铁制成，也有塑料和尼龙制品，如图1-42所示。其规格有$DN15$、$DN20$、$DN25$等。应在工作压力不超过$6×10^5$ Pa，水温低于50℃的条件下工作。

旋塞式配水龙头用铜制成，如图1-43所示，规格有$DN15$、$DN20$等，适用于开水炉、沸水器、热水桶上的水龙头或用于压力不大的较小的给水系统中。

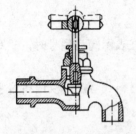 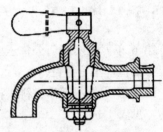

图 1-42　旋压式配水龙头　　　　图 1-43　旋塞式配水龙头

2）盥洗龙头：盥洗龙头是装在洗脸盆上专供盥洗用冷水或热水的龙头，材质多为铜制，镀镍表面，有光泽，不生锈。盥洗龙头有很多式样，图1-44是一种装在瓷质洗脸盆上的角式水龙头。

3）小嘴龙头：小嘴龙头是一种专供接胶皮管而用的小嘴龙头，因此又称接管龙头或皮带水嘴，适于实验室、化验室泄水盆用。常见规格有$DN15$、$DN20$、$DN25$等，如图1-45所示。

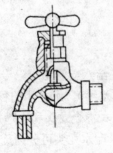 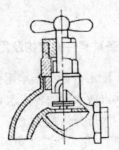

图 1-44　角式水龙头　　　　图 1-45　小嘴龙头

4）混合龙头：混合龙头是装设在洗脸盆、浴盆上作为调节混合冷热水之用的水龙头。混合龙头种类很多，图 1-46 所示是浴盆上用的一种。此外，还有肘式开关混合龙头和脚踏式开关混合龙头，适于医院、化验室等特殊场所。

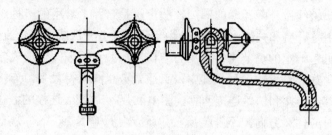

图 1-46　混合龙头

（2）控制附件：控制附件是指专供控制水流运动用的各种阀门。常用的有闸阀、截止阀、旋塞阀、止回阀、底阀、浮球阀、安全阀等。

1）闸阀：闸阀是一种常用的阀门，其作用是启闭水流通路，适于全开全闭。主要有楔式和平行式两种，如图 1-47 所示。其优点是流动阻力小，介质流动方向不受限制，阀体安装长度小，缺点是闸板及密封面易被擦伤，密封面检修困难，阀门安装的空间高度要求大。

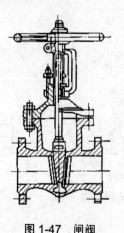

图 1-47　闸阀

闸阀全开时水流呈直线通过，因而压力损失小。但水中杂质沉积阀座时，如阀板关闭不严，易产生漏水现象。在管径大于 50mm或双向流动的管段上，宜采用闸阀。

2）截止阀：截止阀是指关闭件（阀瓣）由阀杆带动，沿阀座（密封面）轴线做升降运动的阀门。截止阀是管路上常用的一种阀门，其作用是开启和关闭水流通路，由于还能部分开启或关闭水流通路，故也可起一定的调节流量和压力的作用。截止阀按阀体形式分直通式、角式和直流式三种。其中，直通式截止阀用得最多，连接方式有内螺纹连接和法兰连接两种。图 1-48 为一内螺纹连接的截止阀，安装时应注意方向，不能装反，介质应由阀瓣下部进入，从上部流出。截止阀关闭严密，但水流阻力较大，因此，常用于管径小于或等于 50mm 和经常启闭的管段上。

3）旋塞阀：旋塞阀是指启闭件（塞子）绕阀体中心做旋转来达到启闭的一种阀门。旋塞阀根据其进、出口通道的个数可分为直通式、三通式和四通式。按其连接方式分为丝扣和法兰连接两种。图 1-49 为直通式旋塞阀，常用规格有 $DN15\sim DN100$。其优点是结构简单，启闭迅速，流动阻力小。缺点是阀体密封面易磨损，维修困难。适用于需迅速启闭或不经常开启之处。

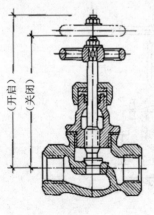

图 1-48　截止阀

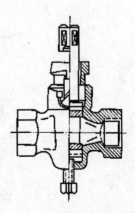

图 1-49　旋塞阀

4）止回阀：止回阀又称单向阀，逆止阀，是一种只允许水流向一个方向流动，不能反向流动的阀门。根据其结构的不同有升降式和旋启式两种，如图1-50和图1-51所示。

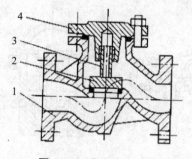

图 1-50　升降式止回阀

1—阀体；2—阀瓣；
3—导向套；4—阀盖

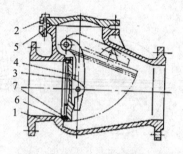

图 1-51　旋启式止回阀

1—阀体；2—阀盖；3—阀瓣；4—摇杆；
5—垫片；6—阀体密封阀；7—阀瓣密封圈

①升降式止回阀在阀前压力大于19.62 kPa时，才能启闭灵活。

②旋启式止回阀的阀瓣围绕阀座的销轴旋转，按其口径的大小分为单瓣、双瓣和多瓣三类。它阻力较小，在低压时密封性能较差。旋启式止回阀介质的流动方向没有多大变化，流通面积也大，但密封性能不如升降式。

5）浮球阀：浮球阀是一种用以控制水箱或水池水位而能自动进水和自动关闭的阀门，如图1-52所示。广泛应用于工矿企业，民用建筑中各种水箱、水池、水塔的进水管中，通过浮球调节作用维持水箱（池、塔）的水位。当水箱（池、塔）充水到预定水位时，浮球水位浮起，关闭进水口，防止流溢，当水位下降时，浮球下落，进水口开启。一般采用两个浮球并联安装，在浮球阀前应安装检修用的阀门。浮球阀规格为$DN15\sim DN200$，与管子规格一致。

6）底阀：吸水底阀也属于止回阀的类型，装于水泵吸水管端部。有内螺纹连接与法兰连接两种，图1-53为内螺纹连接的一种底阀。

7）安全阀：安全阀按结构可分为杠杆重锤式、弹簧式和脉冲式，最为常见的是弹簧式，如图1-54所示。安全阀是保证系统和设备安全的阀件，其作用是可以防止管内压力超过预定的安全值，避免管网和其他设备中压力超过规定值而使管网、用具或密闭水箱受到破坏。

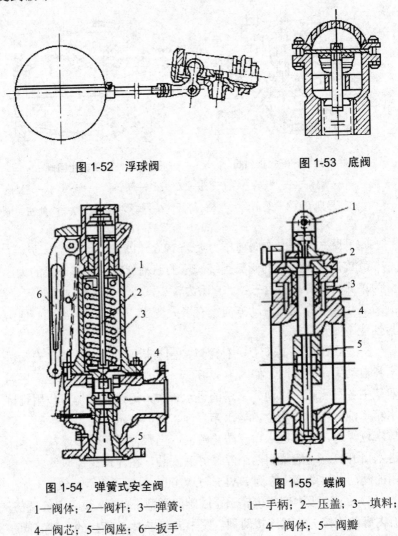

图 1-52　浮球阀　　　　　　　图 1-53　底阀

图 1-54　弹簧式安全阀　　　　图 1-55　蝶阀

1—阀体；2—阀杆；3—弹簧；　　1—手柄；2—压盖；3—填料；

4—阀芯；5—阀座；6—扳手　　　4—阀体；5—阀瓣

8）蝶阀。蝶阀是启闭件（蝶板）绕固定轴旋转的阀门，供水暖管道工程上作为全开或全闭使用。它主要由阀体、蝶板、密封填料等部分组成，如图1-55所示。阀体呈圆筒状，内置蝶板。蝶板呈圆盘状，是阀瓣的启闭件，能绕阀体内的轴旋转，使之蝶板开或闭。蝶阀与旋塞阀、球阀的启闭方式相同，并可进行适当的流量调节。蝶阀优点是结构简单、重量轻、流体阻力小和操作力矩小、结构长度短、整体尺寸小等，但由于密封性不好，目前还只适用于中、低压管道上。

3. 采暖管道附件

（1）集气罐：手动集气罐是由直径为100～250mm的短管制成，分为立式、卧式，构造及安装形式如图1-56所示。集气罐顶部设有DN15的空气管，管端装有排气阀门，就近接到污水盆或其他卫生设备处。在系统工作期间，手动集气罐应定期打开阀门将积聚在罐内的空气排出系统。若安装集气罐的空间尺寸允许，应尽量采用容量较大的立式集气罐。集气罐的安装位置在上供式系统中应为管网的最高点。为了利于排气，应使供水干管水流方向与空气气泡浮升方向保持一致，这就要求管道坡度与水流方向相反。否则，设计时应注意使管道的水流速度小于气泡浮升速度，以防气泡被水流卷走。

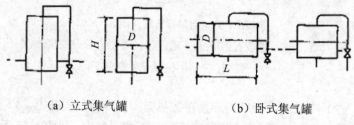

（a）立式集气罐 　　　　（b）卧式集气罐

图1-56　手动集气罐

（2）自动排气阀：自动排气阀型号种类很多，它是一种依靠自身内部机构将系统内空气自动排出的新型排气装置。它的工作原理就是依靠罐内水对浮体的浮力，通过内部构件的传动作用自动启动排气阀门，如图1-57所示。当罐内无气时，系统中的水流入罐体使浮体浮起，通过耐热橡皮垫将排气孔关闭；当系统中有空气流入罐体时，空气浮于水面上将水面标高降低，浮力减小后浮体下落，排气孔开启排气。排气结束后浮体又重新上升关闭阀孔，如此反复。自动排气阀近年来应用较广，其优点是管理简单、使用方便、节能等。

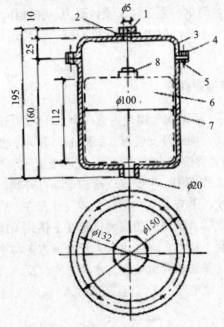

图 1-57　自动排气罐（阀）

1—排气口；2—橡胶石棉垫；3—罐盖；4—螺栓；5—橡胶石棉垫；

6—浮体；7—罐体；8—耐热橡皮

（3）冷风阀：冷风阀旋紧在散热器上部专设的丝孔上，以手动方式排出空气，多用在水平式和下供下回式系统中，如图 1-58 所示。

（4）散热器温控阀：图 1-59 是一种自动控制散热器散热量的设备。它由阀体部分和感温元件控制部分两部分组成。当室内温度高于给定的温度值时，感温元件受热，其顶杆就压缩阀杆，将阀口关小，使进入散热器的水流量减小，散热器散热量减小室温下降。当室内温度下降到低于设定值时，感温元件开始收缩，其阀杆靠弹簧

60

的作用，将阀杆抬起，阀孔开大，水流量增大，散热器散热量增加，室内温度开始升高，从而保证室温处在设定的温度值上。温控阀控温范围在 13～28℃，温控误差为±1℃。

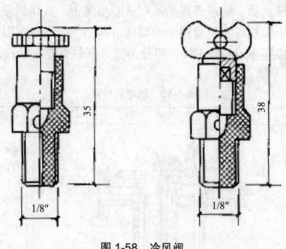

图 1-58　冷风阀

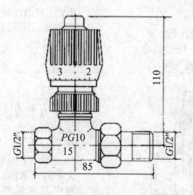

图 1-59　散热器温控阀外形图

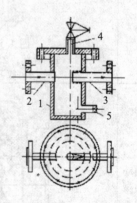

图 1-60　除污器

1—筒体；2—进水管；3—出水管；
4—排气管及阀；5—排污丝堵

（5）除污器：除污器是热水供暖系统中保证系统管路畅通无阻，

用来清洗和过滤热网中污物的设备，一般设置在供暖系统用户引入口供水总管上，循环水泵的吸入管段上，热交换设备进水管段等位置。除污器有立式和卧式两种，通常用立式，其构造如图1-60所示。

（6）疏水器：疏水器用于蒸汽供暖系统中，其作用是能自动而迅速地排出散热设备及管网中的凝结水和空气，同时可以阻止蒸汽的逸漏。根据作用原理不同，可分为以下三种类型，见表1-15。

表1-15 疏水器种类

种类	图 示	说 明
机械型疏水器	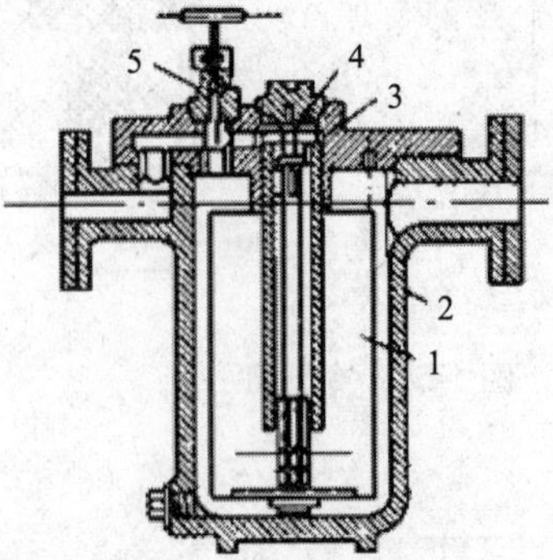 　图 1　浮筒式疏水器 1—浮筒；2—外壳；3—顶针； 4—阀孔；5—放气阀	机械型疏水器是利用蒸汽和凝水的密度不同，形成凝水液位，以控制凝水排水孔自动启闭工作的疏水器，主要产品有浮筒式疏水器（图1）、钟形浮子式疏水器、自由浮球式疏水器、倒吊筒式疏水器等
热动力型疏水器	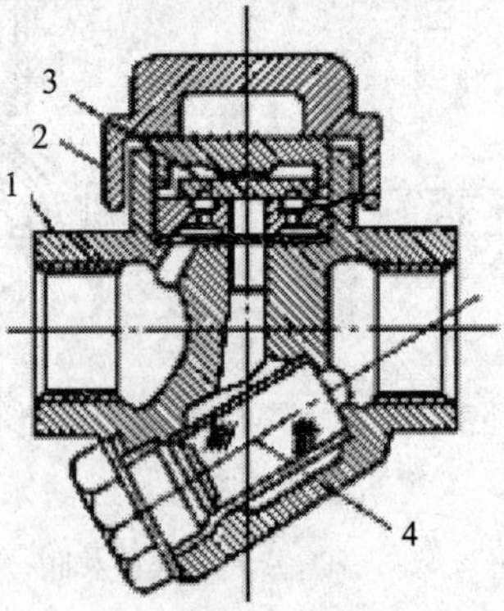 　图 2　热动式疏水器 1—阀体；2—阀片；3—阀盖；4—过滤器	热动力型疏水器是利用蒸汽和凝水热动力学（流动）特性的不同来工作的疏水器。主要产品有脉冲式疏水器、热动力式疏水器（图2）、孔板或迷宫式疏水器等

种类	图 示	说 明
热静力（恒温）型疏水器	出口 入口 1　2　3　4 **图3　热静力（恒温）型疏水器** 1—过滤网；2—锥形阀；3—波纹管；4—校正螺丝	热静力（恒温）型疏水器是利用蒸汽和凝水的温度不同引起恒温元件膨胀或变形来工作的疏水器（图3）。主要产品有波纹管式疏水器、双金属片式疏水器和液体膨胀式疏水器等

（7）减压阀：减压阀是利用蒸汽通过断面收缩阀孔时因节流损失而降低压力的原理制成的，它可以依靠启闭阀孔对蒸汽节流而达到减压的目的，且能够控制阀后压力。常用的减压阀有活塞式、波纹管式两种，分别适用于工作温度不高于300℃、200℃的蒸汽管路上。供热管道常见减压阀有薄膜式（鼓膜式）和弹簧式减压阀，如图1-61、图1-62所示。

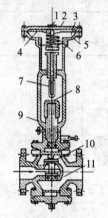

图1-61　薄膜式减压阀

1—匀压孔；2—顶盖；3—薄膜；

4—金属；5—下盖；6—弹簧；

7—调节螺套；8—推动杆；9—填料室；

10—阀芯；11—阀座

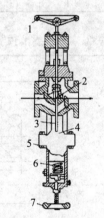

图1-62　弹簧式减压阀

1—上手轮；2—阀盘；3—下杆；

4—注水孔；5—活塞；6—弹簧；

7—下手轮

（8）散热器用截止阀：这类阀门专用于散热器上作为开关。根据结构形式可分为直通式和直角式，见表1-16及表1-17。

表 1-16　直通式截止阀规格及性能

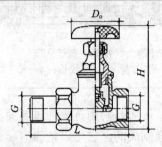

公称通径 DN/mm	管螺纹 G/in	尺寸/mm			公称压力/ MPa	适用介质
		L	H	D_o		
15	1/2	98	110	50		
20	3/4	120	120	60	1.0	$t{\leqslant}120℃$ 水、蒸汽
25	1	135	140	70		

表 1-17　直角式截止阀规格和性能

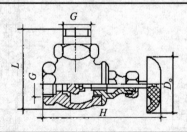

公称通径 DN/mm	管螺纹 G/in	尺寸/mm			公称压力/ MPa	适用介质
		L	H	D_o		
15	1/2	87	113	50	1.0	$t{\leqslant}120℃$ 水、蒸汽
20	3/4	100	127	50		

（9）热水采暖调节阀；热水采暖调节阀主要分为两类。一类是用于单管系统的手动三通调节阀，见表 1-18；另一类是用于双管系

64

统的自动恒温调节阀，见表 1-19、表 1-20。它们的功能都是为了调节管道流量，从而得到合适的室内温度，防止室内出现过热过冷现象，最终目的是为了节约能源。安装时要注意其方向性。

表 1-18   8610A 型采暖三通阀规格及性能

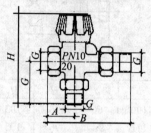

公称通径	管螺纹	尺寸/mm				公称压力/	适用介质
DN/mm	G/in	A	B	C	H	MPa	
15	1/2	40	121	74	152		$t \leqslant 100℃$ 水
20	3/4	40	125	77	155	1.0	
25	1	45	142	90	170		

表 1-19   7902 型热水采暖恒温阀规格及性能

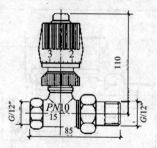

公称通径	管螺纹	尺寸/mm				公称压力/	适用介质
DN/mm	G/in	A	B	S	D_o	MPa	
15	1/2	85	110	30	42		$t \leqslant 120℃$ 热水
20	3/4	112	116	37	42	1.0	

表 1-20　WKQ1028 型暖通温控器及配套阀规格性能

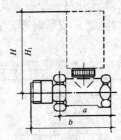

公称通径	管螺纹	尺寸/mm				公称压力/	适用介质
DN/mm	G/in	b	a	H	H_1	MPa	
15	1/2	100	66	96	103	0.8	$t \leqslant 130℃$ 蒸汽、热水
20	3/4	111	74	96	103		

（10）散热器用疏水阀：散热器用疏水阀专用在蒸汽采暖系统的散热器上，其功能与一般疏水阀相同，见表 1-21、表 1-22。其特点是恒温式，体积小，噪声低。虽然其过冷度较大，但用于采暖系统是完全可以的。

表 1-21　S_{17} T—3 型疏水阀规格及性能

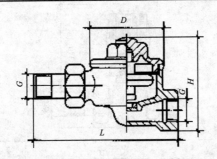

公称通径	管螺纹	尺寸/mm			公称压力/	适用介质
DN/mm	G/in	D	L	H	MPa	
15	1/2	64	122	72	0.3	$t \leqslant 140℃$ 蒸汽
20	3/4	64	133	90		

表 1-22 $S_{14}T$—3 型疏水阀规格及性能

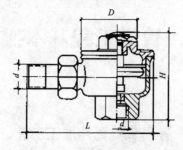

公称通径 DN/mm	管螺纹 G/in	尺寸/mm			公称压力/ MPa	适用介质
		D	L	H		
15	1/2	64	111	71	0.3	$t \leqslant 140℃$ 蒸汽
20	3/4	64	119	82		

4. 阀门的安装

（1）阀门安装之前，应仔细核对所用阀门的型号、规格是否与设计相符。

（2）根据阀门的型号和出厂说明书检查对照该阀门可否在要求的条件下应用。

（3）阀门吊装时，绳索应绑在阀体与阀盖的法兰连接处，如图 1-63 所示。

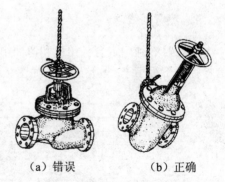

（a）错误　　　（b）正确

图 1-63　阀门吊装时绳索的绑扎

（4）在水平管道上安装阀门时，阀杆应垂直向上，不允许阀杆向下安装。

（5）安装阀门时，不得强行对口连接，以免因受力不均，引起损坏。

（6）明杆闸阀不宜装在地下潮湿处，以免阀杆锈蚀。

第二章　管道工程基本操作技术

第一节　管件加工工艺

一、热煨弯管

目前，热弯一般采用中频弯管机和地炉加热弯制，较小直径的管道一般在现场用烤把加热弯制。

煨弯前一定要准备好场地，加热工具、设备检验工具和管子质量、长度检查工具，弯头两端一定要留必要的直线长度。

1. 热弯画线

画线时必须确定弯头角度和弯曲半径，一般弯曲半径取大于 3.5 倍管径，不得小于 2.5 倍管径，如图 2-1 所示。

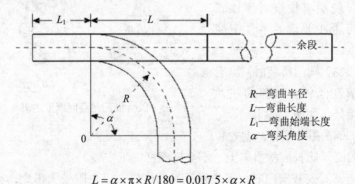

R—弯曲半径
L—弯曲长度
L_1—弯曲始端长度
α—弯头角度

$$L = \alpha \times \pi \times R / 180 = 0.017\,5 \times \alpha \times R$$

图 2-1　热弯画线

2．管道充填粒沙

画好线后将管子充填好不含水分和杂质的绿豆石，将管端封死。

3．加热和弯曲

加热温度按管材材质不同有区别，各种管材煨弯温度及热处理方法详见表 2-1。

表 2-1　各种管材热弯温度及热处理方法

材质	钢号	热弯温度/℃	热处理条件		
			热处理温度/℃	恒温时间	冷却方式
碳钢	10#、20#	1 050～650	不处理		
	15Mn、16Mn	1 050～700			
合金钢	16Mn 12CrMo 15CrMo	1 050～750	920～900 止火	每毫米壁厚 2min	5℃以上空气冷却
	Cr5Mo	1 050～750	875～850 完全退火	恒温 2h	以 15℃时降温到 600℃后空冷至 5℃以上
		1 050～750	750～725 高温回火	保温 2.5h	以 40～50℃时降温到 650℃后，5℃以上空冷
	12GrMoV	1 050～800	1 020～980 正火 760～720 回火	每毫米壁厚 1min、不少于 20 min、保温 3h	空冷
不锈钢	1Cr18Ni9Ti Cr18Ni12Mo2Ti Cr25Ni20	1 200～900	1 100～1 050 淬火	每毫米壁厚 0.8min	水急冷

其他有色金属管道加热温度：

铜：煨弯温度 $500\sim600℃$；铜合金：煨弯温度 $600\sim700℃$；铝：煨弯温度 $150\sim260℃$；铝合金：煨弯温度 $200\sim310℃$；铝锰合金：煨弯温度 $450℃$；铅：煨弯温度 $100\sim310℃$。

在煨弯过程中，用力应均匀连续，切忌用力过猛和速度过快，当温度达到 $700℃$（管子表面呈暗红色）时，应停止弯管，如需再弯需重新加热。当某部分达到所需弧度时，应立即用水将该部分冷却。

4．热煨弯管检查

（1）椭圆度：最大外径与最小外径之差对公称外径之比。

$P<100kgf/cm^2$（9.8MPa）管道$\leqslant7\%$；$P<100kgf/cm^2$（9.8MPa）管道$\leqslant6\%$。

（2）波浪度允许值：见表2-2。

表2-2　管子弯制后弯曲部分波浪度允许值

管子外径/mm	$\leqslant108$	$\leqslant133$	159	219	273	325	377	426	
	4	5	6		7		8		
波浪度 δ/mm $\leqslant$	$T>4\sigma$								

（3）弯管壁厚减薄量：弯管壁厚减薄量可按弯管壁厚减薄率（弯前壁厚与弯后壁厚之差与弯前壁厚之比）允许值计算确定，其允许值见表2-3。

表2-3　弯管壁厚减薄率允许值

	R/D_0	3.0	3.5	4.0	5.0
减薄率	$D_0/S<20$	$\leqslant14.0\%$	$\leqslant12.5\%$	$\leqslant11.0\%$	$\leqslant9.0\%$
	$D_0/S\geqslant20$	$\leqslant16.5\%$	$\leqslant14.5\%$	$\leqslant13.0\%$	$\leqslant11.0$

注：R/D_0 值在表列数据的两者之间时，可用插入法求其减薄率值。

（4）弯曲角度：弯曲角度 θ 的误差允许值为 $\pm 0.5°$，如图 2-2 所示。

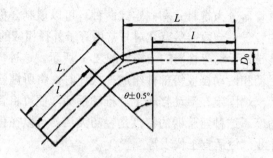

图 2-2　弯曲角度

二、冷弯

冷弯弯头有许多优点，在进度、经济效益等方面比热煨弯头优越，在弯制不锈钢方面更有不可比拟的优越性。因为不锈钢在加热到 $450 \sim 850℃$ 时，且停留时间一长就构成危险温度区域，会使材质发生变化，从而降低其机械性能和抗腐蚀能力。如热煨不锈钢弯头，必须弯制好后采取固溶方法处理；合金钢热煨弯头后也应采取热处理方法处理。基于以上原因，冷弯就可减少许多麻烦。弯头冷弯下料应先看清弯头磨具弯曲半径，再计算弯曲长度，来确定弯管尺寸。

冷煨弯管必须依靠机具来加工。常用的冷煨弯管设备有：手动弯管器、电动弯管器和液压弯管机等。

采用冷煨弯管设备进行弯管时，弯头的弯曲半径不应小于管子公称直径的 4 倍。当用中频弯管机进行弯管，弯头的弯曲半径只需不小于管子公称直径的 1.5 倍。

金属管道具有一定的弹性。在冷煨过程中，当施加在管子上的外力撤除后，弯头会弹回一个角度。弹回角度的大小与管子的材质、管壁厚度及弯曲半径的大小等因素有关，一般冷煨弯曲半径为 4 倍管子公称直径的碳素钢管，弹回角度为 $3° \sim 5°$。因此，在控制弯曲角度时，应考虑增加这一弹回的角度。

1. 手动弯管器煨管

手动弯管器分为携带式和固定式两种。可以煨制公称直径不超过 25mm 的管子，一般需备有几对与常用管子外径相应的胎轮。

（1）携带式手动弯管器的结构如图 2-3 所示。这种弯管器由带弯管胎的手柄和活动挡板等部件组成。操作时，将所煨管子放在弯管胎槽内，一端固定在活动挡板上，推动手柄，便可将管子弯曲到所需要的角度。这种弯管器的特点是轻巧灵活，可以在任何场合下进行煨弯作业，最适宜于仪表等配管。

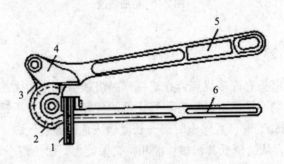

图 2-3　携带式手动弯管器

1—活动挡板；2—弯管胎；3—连板；4—偏心弧形槽；5—离心臂；6—手柄

（2）固定式手动弯管器的结构如图 2-4 所示。它是目前施工中自制的一种常用手动弯管器。这种弯管器由定胎轮 3、动胎轮 2 和推架等构件组成，胎轮的边缘都有向里凹陷的半圆槽，半圆槽直径与被弯曲管子的外径相符合。煨管时，先根据所煨管子的外径和弯曲半径，选用合适的胎轮，把定胎轮用销子固定在操作平台上，动胎轮插在推架上，把要弯曲的管子放在定胎轮和动胎轮之间的凹槽内，一端固定在管子夹持器内，然后推动手柄，绕定胎轮旋转，直到弯成所需要的角度为止。

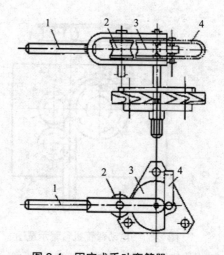

图 2-4　固定式手动弯管器

1—手柄；2—动胎轮；3—定胎轮；4—管子夹持器

2. 电动弯管机煨管

目前，常见的电动弯管机有 WA27—60 型、WB27—108 型、WY27—159 型等几种。WA27—60 型能弯曲外径 25～60mm 的管子；WB27—108 型能弯曲外径 38～108mm 的管子；WY27—159 型能弯曲外径 51～159mm 的管子。

电动弯管机由电动机通过传动装置，带动主轴及固定在主轴上的弯管模一起转动进行煨管。图 2-5 为电动弯管机煨管示意图。煨管时，先把要弯曲的管子沿导向模放在弯管模和压紧模之间，调整导向模，使管子处于弯管模和压紧模的公切线位置，并使起弯点对准切点，再用 U 形管卡将管端卡在弯管模上，然后启动电动机开始煨管，是弯管模和压紧模带着管子一起绕弯管模旋转到所需弯曲角度后停车，拆除 U 形管卡，松开压紧模，取出弯管。

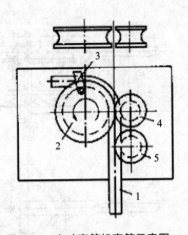

图 2-5　电动弯管机弯管示意图

1—管子；2—弯管模；3—U 形管卡；4—导向模；5—压紧模

　　在使用电动弯管机煨管时，所用的弯管模、导向模和压紧模，必须与被弯曲管子的外径相符，以免煨完后弯管质量不符合要求。

　　当被弯曲管子外径大于 60mm 时，必须在管内放置弯曲心棒，心棒外径比管子内径小 1～1.5mm，放在管子起弯点稍前处，心棒的圆锥部分转为圆柱部分的交线要放在管子的起弯面上，如图 2-6 所示。心棒伸出过前，煨弯时会使心棒开裂；心棒伸出过后，又会使煨出来的弯管产生过大的圆度。心棒的正确位置可用实验方法获得。使用心棒煨管时，煨管前应将被煨管子管腔内的杂物清除干净，有条件时可在管子内壁涂少许机油，用以减小心棒与管壁的摩擦。

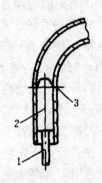

图 2-6　弯曲心棒的放置位置

1—拉杆；2—心棒；

3—管子的开始曲面

3. 液压弯管机煨管

液压弯管机主要由顶胎和管托两部分组成。顶胎的作用和电动弯管机的弯管模作用相同。管托的作用及形状和电动弯管机上的压紧模一样。液压弯管机外形，如图2-7所示。

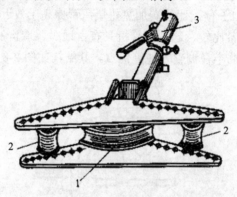

图2-7 液压弯管机
1—顶胎；2—管托；3—液压缸

使用这种弯管机液压煨管时，先把顶胎退至管托后面，再把管子放在顶胎与管托的弧形槽中，并使管子弯曲部分的中心与顶胎的中点对齐，然后开动机器，将管子弯成所需要的角度。弯曲后，开倒车把顶胎退回到原来的位置，取出煨好的弯管，检查角度。若角度不足，可继续进行弯曲。

这种弯管机胎具简单、轻便、动力大，可以弯曲直径较大的管子。但是，在弯曲直径较大的管子时，弯曲断面往往变形比较严重。因此，一般只用于弯曲外径不超过44.5mm的管子。

使用这种弯管机煨管时，每次弯曲的角度不宜超过90°，操作中还需注意把两个管托间的距离最好调到刚好让顶胎通过。太小时，会造成顶胎顶在管托上，损坏弯管机；太大时，则在弯曲时管托之间的管段会产生弯曲变形，影响弯管质量。

4．中频弯管机

中频弯管机是采用中频电能感应对管子进行局部环状加热，同时用机械推动管子旋转，喷水冷却，使弯管工作连续不断地协调进行。采用这种弯管机，可以弯制 $\phi325\times10$ mm 的弯头，弯曲半径为管子公称直径的 1.5 倍，比焦炭加热热煨弯管提高工效近 10 倍。与常用冷煨弯管设备比较，这种弯管机具有占地少、造价低，不需要昂贵的模具，弯曲半径调整方便等优点。其结构如图 2-8 所示。

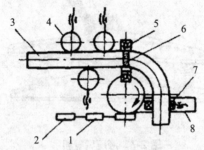

图 2-8　中频弯管机

1—减速机；2—电动机；3—管子；4—支撑滚轮；

5—加热圈；6—加热区；7—夹头；8—转臂

弯管时，先清除待弯钢管表面的浮锈及脏物，将与所弯管子规格相符的管子夹头装在转臂上，并调整夹头中心线至所需弯曲半径的位置，然后加以固定，然后，调整支撑滚轮的位置，使被弯曲管子的中心线至转臂轴中心的距离等于弯曲半径。调节支撑滚轮及托架的高低，使弯管的中心线与夹头中心在同一平面内，并与转臂平面平行，将钢管穿入加热圈，并夹紧在夹头中，调节加热圈，使其内侧与钢管外表面间隙一致，开启中频机组进行加热，当管子被加热到 900～1 000℃（呈橙红色）时，立即启动电动机进行弯管，同时打开冷却水阀门，对局部部位喷水冷却。在弯管时，如管子温度偏高，可适当加快转臂转速；反之，则调慢转臂转速，使钢管的加热区始终保持同一温度。当弯至所需角度时，停止加热，同时停止电动机（在弯管中途不得停止），并浇水继续冷却，使弯管冷却至常温为止，取出弯管，检查弯曲角度和质量是否符合要求。

三、弯头

多节弯头俗称虾米腰，是用来改变通风管道方向及其他装置的配件。按其断面形状，可分为圆形、方形（或矩形）两种。

从理论上说，弯头的形状为圆环面，是不展曲面。在实际构形设计当中，为了便于展开加工，改为分节的办法，将圆环面改为圆柱面。

在直角多节弯头中，有三节、四节和五节或更多节不同节数，如图 2-9 所示。节数的多少视工程要求而定，节数越多，空气流通阻力就越小。

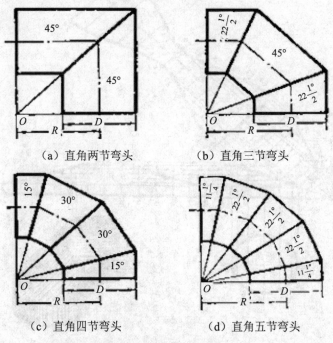

（a）直角两节弯头　　　　　　　（b）直角三节弯头

（c）直角四节弯头　　　　　　　（d）直角五节弯头

图 2-9　不同节数的弯头

展开多节弯头时，当图纸没有尺寸要求时，应首先确定弯头曲率半径 R。按照通风管配件要求，对曲率半径 R 的长度规定在 $1\sim1.5D$（D=弯头直径）范围内。

如图 2-9（b）所示，从结合线的度数看，首尾每节为 $22.5°$，中间节为 $45°$，是首尾节的 2 倍。如按份数分，即首尾备一份，中间节为两份。其他多节依此类推，即无论多少节弯头，中间节等于首尾节。

1. 等径三节直弯头

（1）图 2-10 所示为三节直角弯头。用已知尺寸画出主视图 A、B、C、D，用图 2-9（b）方法求出结合线 E—F、G—H。

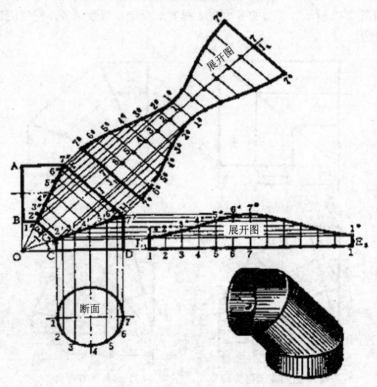

图 2-10 直角三节弯头的展开图

78

（2）6 等分断面半圆周 1……7，由各点向上作垂线，与 G—H 结合线相交点 1′……7′，再由各点作 F—H 的平行线，在 E—F 结合线交 1″……7″。

（3）作 C—D 的延长线，在延长线上截取 $E_1—E_2$ 等于断面圆周展开长度，均分 12 等份，由各点作上垂线，与 G—H 结合线上各点所引的水平线对应相交点 $1^0……7^0……1^0$，将各点连圆滑曲线，即得尾节（首节）的展开图。

（4）作 △EOG 的平分线 I—J 并延长（中节基准线），在延长线上以 7……1……7 的顺序截取（因尾节咬口缝在 G—C 处，考虑咬口缝过厚的影响，中节咬口缝应与前咬口错开（中节改在 F—H 面），以避免咬口缝过厚带来加工困难。

（5）在 I—J 延长线上，截取断面展开长度 $J_1—J_2$，照录断面各等分点长得 7……1……7 点，过各点作 $J_1—J_2$ 的直角线，与 E—F、G—H 结合线上各点所引 $J_1—J_2$ 平行线对应相交点 $7^0……1^0……7^0$，圆滑曲线连各点，即中间节展开图。

2. 等径四节直角弯头

用已知尺寸按图解 2-9（c）画出各节结合线，如图 2-11 所示。各节画法与图 2-10 相同。

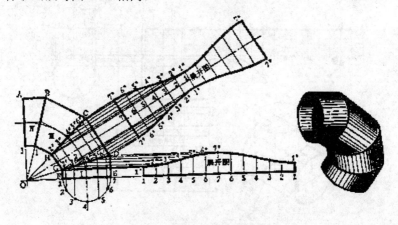

图 2-11　直角四节弯头的展开图

为便于下料和节约材料，通常是将弯头各节旋转，使其成为一圆管，然后依各节结合线画出展开图，如图 2-12 所示。

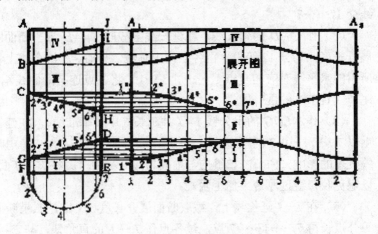

图 2-12　旋转为管状的展开画法

四、等径三通管

（1）已知尺寸画出主视图和左视图及断面半圆周，如图 2-13 所示。

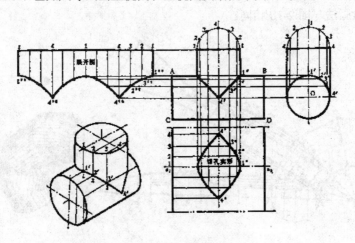

图 2-13　三通管的展开图

将左视图断面半圆周 6 等分点 4……1……4，由各等分点作下垂线，交主管得 4′、3′、2′、1′点。

（2）将左视图 4′、3′、2′、1′各点作水平线，与以主视图断面半圆周各点所作下垂线对应相交得 4″、3″、2″、1″点，各点连线即得二管直交结合线。

从求结合线原理得出：两管直径相等，其结合线 1″—4″必为直线。故在实际工作中对类似这种构件，可直接连 4″—1″为直线，不必再求结合线，免去这一工序。

（3）向左作支管端面延长线，截取 1—1 等于断面圆周伸直长度，照录断面各等分点 1—4—1—4—1。由各点作下垂线，与结合线各点向左所引水平线对应相交得 1∞—4∞—1∞—4∞—1∞点，将各点连直线和曲线即得支管展开图。

（4）在主视图下方作 CD 的延长线，截取主管展开长度（πD），作展开料的中心线 a_1—a_2 以左视图弧 1′2′、2′3′、3′4′的弧长左右取 1、2、3、4 点，并画水平线与以结合线上各点所作下垂线，对应相交点 1^0、2^0、3^0、4^0，各点连圆滑曲线，即所求切孔实形。

第二节　管道支、吊架制作与安装

一、管道支架形式

管道支架对管道起承托、导向和固定作用，它是管道安装工程中重要的构件之一。由于管道系统本身有许多特殊之处，因此产生了不同形式的支架。

管道支架形式按作用分为固定支架、活动支架、导向支架和减振支架；按其结构形式可分为支托架、吊架和卡架；按支架安装位置可分地沟支架和架空支架。

1. 固定支架

固定支架种类很多，主要用于不允许管道有任何方向位移的部位。为保证各分支管路位置固定，使管道只能在两个固定支架间胀缩，固定支架宜生根在钢筋混凝土结构上或专设的构筑物上，如图2-14所示。

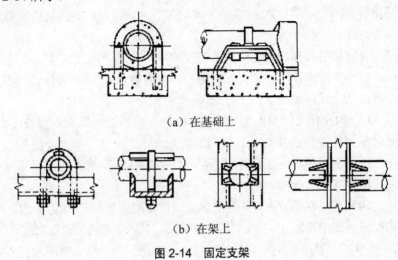

（a）在基础上

（b）在架上

图 2-14　固定支架

2. 活动支架

活动支架用于水平管道上，有轴向位移和横向位移但没有或只有很少垂直位移的地方。活动支架有滑动支架、导向支架、悬吊支架和滚动支架等。

（1）滑动支架：滑动支架主要承受管道的重量和因管道热位移摩擦而产生的水平推力，并且保证在管道发生温度变化时，能够使其变形、自由移动。导向支架除承担管子重量外，可使管子在支架上滑动时不致偏移管子轴线。滑动支架分为高滑动支架和低滑动支架两种，如图 2-15 所示。

（2）滚动支架：滚动支架分为滚珠支架和滚柱支架两种，主要用于大管径且无横向位移的管道。两者相比，滚珠支架可承受较高温度的介质，而滚柱支架对管道摩擦力比较大一些，如图 2-16 所示。

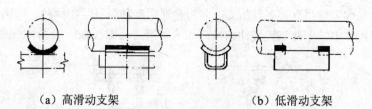

（a）高滑动支架　　　　　　　（b）低滑动支架

图 2-15　滑动支架

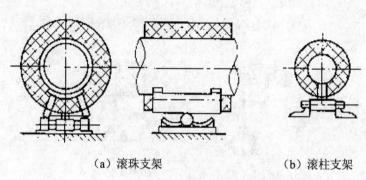

（a）滚珠支架　　　　　　（b）滚柱支架

图 2-16　滚动支架

（3）导向支架：导向支架用来保证管线按一定方向位移，限制其他方向位移。导向支架按照使用功能，还分为只允许管线沿一个方向（轴向）运动的直线导向支架和允许管线在一个平面内移动和转动的平面导向支架，如图 2-17 所示。

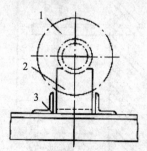

图 2-17　导向支架

1—保温层；2—管子托架；3—导向板

（4）悬吊支架：悬吊支架分为普通吊架和弹簧吊架两种，适用于口径较小，无伸缩性或伸缩性极小的管道，如图 2-18、图 2-19 所示。

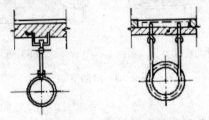

（a）可在纵向及横向移动　　（b）只能在纵向移动

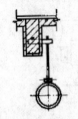 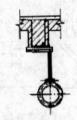

（c）焊接在预埋件上　　（d）箍在钢筋混凝土梁上

图 2-18　普通吊架

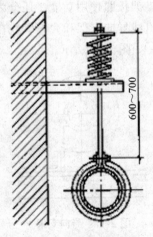

图 2-19　悬吊弹簧支架

84

二、管道支架的选用

在管道施工过程中，管道支架部分一般由设计确定，但大多情况下由施工人员在现场自行确定。在选用管道支架时，应根据支架功能和受力情况正确选择、计算和合理设置，一般应遵守以下原则。

（1）管道支架形式的选择，主要应考虑：管道的强度、刚度；工作压力；管材的线膨胀系数；管道运行后的受力状态及管道安装的实际位置状况等。同时还应考虑制作和安装的成本。

（2）管道支、吊架材料一般用 Q235 普通碳素钢制作，其加工尺寸、精度及焊接等应符合设计要求。

（3）在管道上不允许有位移的地方，应设置固定支架。固定支架要固定在牢固的厂房结构或专设的结构物上。

（4）在管道上无垂直位移或垂直位移很小的地方，可装活动支架或刚性支架。活动支架形式，应根据管道对摩擦作用的不同来选择：

1）对由于摩擦而产生的作用力无严格限制时，可采用滑动支架。

2）当要求减少管道轴向摩擦作用时，可采用滚珠支架。

3）当要求减少管道水平位移的摩擦作用力时，可采用滚珠支架。

（5）在水平管道上只允许管道单向水平位移的地方，在铸铁阀件的两侧适当距离的地方，装设导向支架。

（6）在管道具有垂直位移的地方，应装设弹簧吊架；在不便装设弹簧吊架时，也可采用弹簧支架；在同时具有水平位移时，应采用滚珠弹簧支架。

（7）垂直管道通过底板或顶板时，应设套管，套管不应限制管道位移和承受管道垂直负荷。

（8）对于室外架空敷设的大直径管道的独立活动支架，为减少摩擦力，应设计为挠性的和双铰接的或采用可靠的滚动支架，避免采用刚性支架。

1）当要求沿管道轴线方向有位移，横向有刚度时，采用挠性支架，一般布置在管道沿轴向膨胀的直线管段。补偿器应用两个挠性支架支承，以承受补偿器重量和使管道膨胀收缩时不扭曲。

2）当仅承受垂直力，允许管道在平面上做任何方向移动时，采用双铰接支架。一般布置在自由膨胀的转变点外。

三、管道支、吊架加工制作

管道支架及吊架一般均按国家标准图集的规格加工制作，下面仅介绍吊卡、管卡的制作。

1. 吊卡的制作

吊卡用作吊挂管道之用，一般用扁钢或圆钢制成，形状有整圆式、合扇式等。

用扁钢制作吊卡时，各种卡子内圆必须与管子外圆相符，对口部位要留有吊杆的空位；螺栓孔必须居中且光滑圆整，螺栓孔直径比螺栓大 2～3mm 为宜。整圆式吊卡下料尺寸一般为 $L=\pi D_w + 2\times 50mm$，即管子外径（D_w）乘以π，加上两个脖长 50mm。合扇式吊卡为 $L=\pi D_w + 4\times 50mm$，一般用 40mm×4mm 扁钢制作。

扁钢下料以后，可以冷弯，也可以热煨，钻孔工序可放在最后完成，这样有利于对准螺栓孔眼。

圆铁吊卡多用于铸铁管、较大的黑铁管及无缝钢管的管道安装。下料方法与扁钢基本相同，但穿螺栓孔的部位不一样。扁钢吊卡是在扁钢上钻孔，而圆钢吊卡是用圆钢械制螺栓圈，因此用料长度较扁钢长。煨制黑铁管圆钢吊卡时，下料尺寸可参考表2-4。

表 2-4　黑铁管圆钢吊卡尺寸

管径 DN/ mm	吊卡内直径/ mm	圆钢材料直径/ mm	管圈周长/ mm	减封口间距/ mm	整圆式			合扇式			
					脖长(2个)/ mm	小圈内直径/ mm	小圈周长(2个)/ mm	材料总长/ mm	脖长(2个)/ mm	小圈周长(2个)/ mm	材料总长/ mm
25	34	8	132	20	50	10	113	275	50	113	418
32	42.7	8	159	20	50	10	113	302	50	113	445
40	48.6	10	178	20	50	10	113	321	50	113	464

管径 DN/ mm	吊卡内直径/ mm	圆钢材料直径/ mm	管圈周长/ mm	减封口间距/ mm	整圆式				合扇式			
					脖长 (2个)/ mm	小圈内直径/ mm	小圈周长 (2个)/ mm	材料总长/ mm	脖长 (2个)/ mm	小圈周长 (2个)/ mm	材料总长/ mm
50	60.5	10	221	20	50	10	125	376	50	125	531
65	76.3	10	271	20	50	10	125	426	50	125	581
80	89.1	10	311	20	50	10	125	466	50	125	621
100	114.3	10	390.5	20	50	10	125	545.5	50	125	700.5
125	139.1	12	475	25	60	15	170	680	60	170	885
150	165.2	12	557	25	60	15	170	760	60	170	967
200	215.9	12	716	25	60	15	170	921	60	170	1 126

2. 立管管卡制作

立管管卡有单立管卡和双立管卡两种，单立管卡类似扁钢吊卡，一头为鱼尾形相交相对，一头劈叉埋入建筑物中，然后用螺栓将管子固定，如图 2-20 所示。双立管卡是两个单立管卡连在一起的形式，它是用螺钉杆穿过卡子固定于建筑物上，如图 2-21 所示。

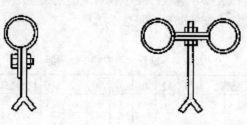

图 2-20　单管卡　　　　　　图 2-21　双管卡

3. U 形管卡制作

U 形管卡应用范围较广，主要用在支架上固定管子，也在活动支架上作导向用。制作固定管卡时，卡圈必须与管子外径紧密吻合，拧紧固定螺母后，使管子牢固不动。作导向管卡用时，为利于导向活动，卡圈可比管子外径大 2mm 左右。U 形管卡在管道安装中常用圆钢制作，材料选用见表 2-5。

表 2-5　U 形管卡材料选用

管径 DN/mm	15	20	25	32	40	50	65	80	100	125	150
管卡直径/mm	8	8	8	8	10	10	10	12	12	16	16
管卡展开长/mm	116	132	148	183	200	231	272	304	366	430	518
螺母	M8	M8	M8	M10	M10	M10	M10	M12	M12	M16	M16

制作 U 形管卡时，先按尺寸锯割下好料，然后夹在台虎钳上，用螺钉板套好丝扣（螺纹），最后煨成 U 形，即可使用。

四、管道支吊架安装

1. 支、吊架间距的确定

管道支架间距的确定应符合设计文件规定。当设计无规定时，钢管道支架可按表 2-6 选取，硬塑料管道的支架间距可按 1～2m 确定，塑料管横管支架的间距，见表 2-7。

表 2-6　钢管水平安装支架间距

公称直径/mm		15	20	25	32	40	50	70	80	100	125	150	200	250	300
支架间距/m	无保温	2.5	3	3.5	4	4.5	5	6	6	6.5	7	8	9	10	10
	保温	1.5	2	2	2.5	3	3	4	4	4.5	5	6	7	8	8.5

表 2-7　塑料管水平安装支架间距

公称直径/mm		15	20	25	32	40	50	70	80	100	125	150	200	250	300
支架间距/m	无保温	2.5	3	3.5	4	4.5	5	6	6	6.5	7	8	9	10	10
	保温	1.5	2	2	2.5	3	3	4	4	4.5	5	6	7	8	8.5

确定支架间距时，应考虑管子、管子附件、保温结构及管道内介质重量对管子造成的应力和应变不得超过允许的范围。在较重的管道附件旁应设支架。固定支架位置由设计者根据需要在图纸上确定，应符合表 2-8 的数值要求。

表 2-8　给排水立管固定支架间距

类别	支架间距	
给水钢管	层高≤5m	各层间设一个固定支架
	层高＞5m	各层间设两个固定支架
排水铸铁管	层高≤4m	各层间设一个固定支架
	层高＞4m	各层间设两个固定支架
塑料管	每 1.2m 间隔设一个固定支架	

2. 支、吊安装的一般要求

（1）管道支架安装前，应检查所要装的支架，支架的规格尺寸应符合设计要求。固定后的支、吊架位置应正确，安装要平整牢固、与管子接触要求良好。

（2）对于有坡度要求的管道，支吊架的标高、坡度必须符合设计要求。支吊架的坡度和标高应根据两点间的距离和坡度的大小，算出两点间的高差，然后两点间拉一条直线，按照支架的间距，在墙上或构筑物上画出每个支架的位置。

（3）固定支架安装时，应严格按照设计要求安装，并在补偿器预拉伸前固定在无补偿装置、有位移的直管段上，不得安装一个以上的固定支架。

（4）无热膨胀管道的吊架，其吊杆应垂直安装；有热膨胀的管道的吊架，吊杆应向热膨胀的反方向偏斜 1/2 伸长量。

（5）铸铁管或大口径钢管上的阀门，应设有专用的阀门支架，不得用管道承受阀体重量。

（6）支架横梁栽在墙上或其他构体上时，应保证管子外表面或保温层外表面与墙面或其他构体表面净距不小于 60mm。

（7）吊架安装时，吊杆要垂直，其吊杆长度能调节。

（8）导向支架或滑动支架的滑动面应保持平整洁净，不得有歪斜和卡涩现象。安装位置应从支撑面中心向位移反向偏移，偏移值为位移值的一半。

弹簧支吊架的安装高度，应按设计要求调整，并做好记录。

（9）不得在金属屋架上任意焊接支架，确需焊接时，须征得设计单位同意；也不得在设备上任意焊接支架，如设计单位同意焊接时，应在设备上先焊加强板，再焊支架。

（10）固定支架，活动支架安装的允许偏差应符合表 2-9 的规定要求。

表 2-9　支架安装的允许偏差　　　　单位：mm

检查项目	支架中心点	支架标高	两个固定支架间的其他支架中心线	
	平面坐标		距固定支架 10m 处	中心处
允许偏差	25	−10	5	25

3．常用支架的安装

（1）直接埋入墙内的支架安装：用于墙上有预留洞或允许打洞的结构物上，施工步骤：放线→定位→打洞→插埋支架→校核支架位置和标高。

1）放线也称放坡，即按管道的设计安装标高及坡度要求，弹出管道安装坡度线，按支架间距定出每个支架位置。

2）需要打洞时，宜用电锤和凿子打洞，用力要适当。打洞完毕，先将埋设支架的孔洞内部清理干净，并用水浇湿，使用 1：3 的水泥砂浆和适量的石子将支架栽入孔洞，确保支架水平后，再用水泥砂浆灌孔并捣实，水泥砂浆的面应略低于墙面，待土建做饰面工程时再找平。支架埋入墙内的部分不小于 150 mm，且应开脚，如图 2-22所示。

（2）预埋件焊接支架安装：适用于混凝土结构物上安装支、吊架。

1）在浇筑混凝土时将支架预埋件按要求位置埋好。

2）待拆模后将预埋件表面灰浆、铁锈清除干净。

3）在预埋钢板上画出支架中心线及标高位置。

4）经验收无误后，即可将支架点焊在预埋件上，符合要求，再按焊接要求进行施焊、除渣，为下道工序创造条件，如图 2-23 所示。

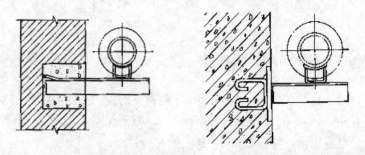

图 2-22　直接埋入墙内的支架安装　　图 2-23　焊接在预埋钢板上的支架安装

（3）用膨胀螺栓固定支架：在没有预留孔洞和预埋钢板的砖或混凝土构件上，可采用膨胀螺栓或射钉固定支架，但不宜安装推力较大的固定支架。

1）先在支架安装膨胀螺栓孔位置上画上十字线。

2）用冲击钻式电钻（电锤）在安装构件上进行钻孔，钻成的孔必须与构件表面垂直，孔的直径与套管外径相等，深度为套和管长加 15mm。

3）安装膨胀螺栓，将套管的开口端朝向螺栓的锥形尾部，将膨胀螺栓打入孔内。

4）校核螺栓位置、标高满足要求后稳定支架，将螺母带在螺栓上，将螺栓打入孔内，带螺母接触孔口时，用扳手拧紧螺母，随着螺母的拧紧，螺栓被向外拉动，螺栓的锥形尾部便把开口的套管尾部胀开，使螺栓和套管一起紧固在孔内。这样就可以在螺栓上安装支架横梁，如图 2-24 所示。

（4）用射钉安装支架时，先用射钉枪将射钉射入安装支架的位置，然后用螺母将支架横梁固定在射钉上，如图 2-25 所示。

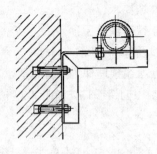
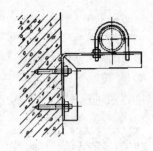

图 2-24　用膨胀螺栓安装的支架　　图 2-25　用射钉安装的支架

（5）柱架的安装：首先清除支架表皮的粉尘，确定支架的安装位置并弹出水平线，然后用螺母固定。为确保支架水平及牢固，螺栓一定要上紧，如图 2-26 所示。

（6）活动式支架安装：为了在管道运行中，允许管道沿轴线方向向安装补偿器一侧有热伸长的移动应安装活动式支架。为了不致使活动支架偏移过多，或保持支架中心与支座中心一致，靠近补偿器两侧的几个支架应偏心安装，如图 2-27 所示。

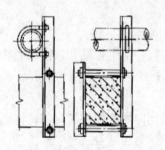
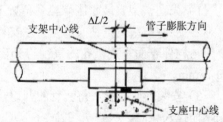

图 2-26　柱架的安装　　图 2-27　补偿器两侧活动支架偏心安装示意图

4．吊架的安装

（1）吊架安装如图 2-28 所示，无热胀管道吊杆应垂直安装；有热胀的管道吊杆应向膨胀反方向倾斜 0.5△，此时，能活动偏移的吊杆长度一般为 20△，最少不得小于 10△（△为水平方向位移的矢量和）。

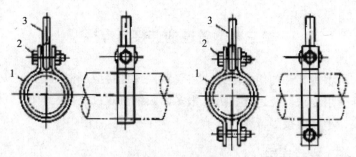

图 2-28 吊架安装

1—管卡；2—螺栓；3—吊杆

（2）两根热膨胀方向相反的管道，不能使用同一吊架。

（3）弹簧支吊架如图 2-29 和图 2-30 所示，安装前需对弹簧进行预压缩，压缩量按设计规定。弹簧支架预压缩，是为了使管道运行受热膨胀时，弹簧支架所承受的负荷正好等于设计时它所应承受的管道荷重。

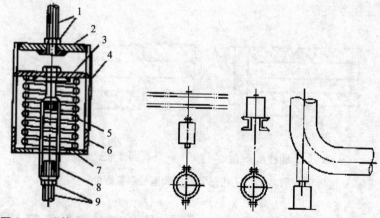

图 2-29　弹簧支吊架结构图

1—上吊杆及螺母；2—上顶板；

3—弹簧压板；4—铭牌；5—弹簧；

6—圆管；7—下底板；

8—花篮螺栓；9—下拉杆及螺母

图 2-30　弹簧支吊架的几种形式

第三节　管道的连接与焊接

根据设计和使用的要求，将管路系统连接成严密的整体，达到设计使用要求。管道连接方法很多，归纳有螺纹连接、焊接、法兰连接、承插连接等。

一、螺纹连接

通过内外螺纹将管子与管子、管子与管件及附件紧密连接起来，称为螺纹连接。这种连接方法适用于低压流体输送用焊接钢管、镀锌钢管、硬聚氯乙烯等管道。

1. 螺纹连接形式

螺纹连接也称丝扣连接，是应用于管件螺纹、管子端外螺纹进行连接的。管螺纹有圆柱形和圆锥形两种管螺纹，如图 2-31 所示。其连接方式有：

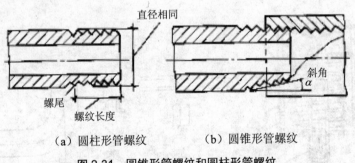

（a）圆柱形管螺纹　　　　（b）圆锥形管螺纹

图 2-31　圆锥形管螺纹和圆柱形管螺纹

（1）圆锥形管螺纹与圆锥形管件内螺纹连接，如图 2-32（a）所示。在管道安装中，现场所用管子铰板加工的螺纹为圆锥形，管件多为圆锥形内螺纹较多，两者连接内外螺纹面能密合接触，严密性好。

（2）圆锥形管螺纹和圆柱形管件内螺纹连接，如图 2-32（b）所示。这种连接时，螺纹的间隙偏大，应注意用填料达到严密性的要求。

（3）圆柱形管螺纹和圆柱形管件内螺纹连接，如图 2-32（c）所示。这种连接时，内外螺纹之间存在着平行面均匀间隙，也应依靠填料的压紧达到严密性的要求。

（a）圆锥形接圆锥形　　（b）圆锥形接圆柱形　　（c）圆柱形接圆柱形

图 2-32　螺纹连接的三种情况

2. 螺纹连接方法

螺纹连接时，先在管头螺纹处沿螺纹方向顺时针缠抹适当填料，用手将管件拧上 2～3 圈，然后用管钳拧紧。拧紧操作作用力要缓慢、均匀，只准进不准退。拧紧后的管口应留有 2～3 丝扣，并将残余填料清除干净。

螺纹连接的填料作用非常重要，起到增加管子螺纹接口的严密性和维修时不致因螺纹锈蚀造成不易拆卸，因此，填料要既能充填空隙，又能防腐蚀。当暖卫工程管道输送冷热水、压缩空气时，填料可用油麻丝和白厚漆（铅油）或用聚四氟乙烯生料带；当冷冻管道和燃气管道应改用黄粉（一氧化铅）、甘油调合后作填料，二者调合成糊状，快速涂在螺纹上，并立即装上管件，一次拧紧，不得松动或倒退。调合后的填料应在 10min 内用完，否则会失效、硬化。输送燃气管道也可用聚四氯乙烯生料带。当输送高温蒸汽管道时，只可用白厚漆和石棉绳纤维作填料。

不得用多加填充材料来防止渗漏，以保证接口长久严密，管子螺纹不得过松。应注意的是填料在螺纹连接中只能用一次，若遇拆卸，应重新更换。

拧紧管螺纹应选用合适的管子钳，一般可按表 2-10 选用。不许采用在管子钳的手柄上加套筒的方式来拧紧管子。

表 2-10　　管子钳的选用

管子公称通径/in	1/2～3/4	3/4～1	1～2	2～3	3～4
适用管子钳规格/in	12	14	18	24	36

管螺纹拧紧后，应在管件或阀件外露出 1～2 扣螺纹，不能将螺纹全部拧入，多余的麻丝应清理干净并做防腐处理。上管件时，为避免倒拧要注意管件的位置和方向。

二、法兰连接

法兰连接是指在需要的两端先焊接一对法兰盘，中间加入垫圈，然后用螺栓拉紧，使两管段连接起来的一种可拆卸的接口。

法兰连接具有连接强度高、严密性好。便于拆卸等优点，适用于需要经常拆卸部位、带法兰进出口的设备和附件连接处。

1. 法兰与垫片

（1）法兰的分类：

1）按法兰密封面形式分：有平面式、凹凸式、榫槽式和梯形槽式。

2）按法兰连接方式分：有平焊法兰、对焊法兰、螺纹法兰、松套法兰等，如图 2-33 所示。

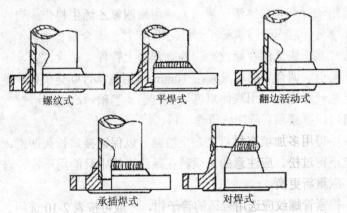

螺纹式　　　平焊式　　　翻边活动式

承插焊式　　　对焊式

图 2-33　法兰与管子连接形式

3）按制造材质分：有钢制法兰、铸铁法兰、有色金属法兰、玻璃钢法兰、塑料法兰等。

（2）法兰的密封面：如图2-34所示。

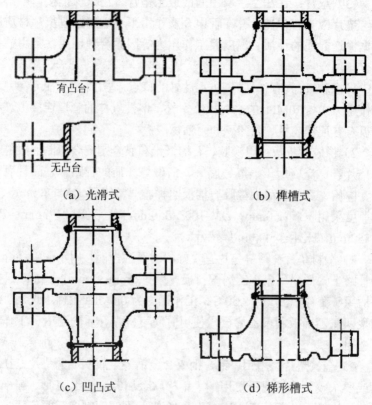

（a）光滑式　　　　　　　　（b）榫槽式

（c）凹凸式　　　　　　　　（d）梯形槽式

图2-34　法兰密封面形式

1）平面法兰：平面法兰适用于公称压力小于2.5MPa的管道。为了提高这类密封面效果，在密封面上有2～3条水线。

2）凹凸式法兰：这类优点在于法兰凹面的外径可将垫片定位于其内，易于安装垫片。适用于压力较高、温度也较高的管道。

3）榫槽式法兰：除具有凹凸式密封面的优点外，还可使垫片较少地与管内介质接触，而且限制垫片不致受压变形或挤入管口内。

适用于密封要求较高、压力较大的场合。

4）梯形槽法兰：密封面上有一环槽，在槽内放入椭圆形或八角形金属垫片，螺栓拧紧后有很高密封性。适用于高温高压管道系统上。

（3）垫片：在法兰接口中间应放上垫片，用来保证接口严密不漏。垫片应具有弹性，并在管内介质作用下不被腐蚀。垫片材质应根据输送介质的性质、温度及工作压力等因素合理选用。常用的垫片有：

1）橡胶板：具有弹性好，防水性好的特点，适用于温度低于60℃，工作压力 P≤1.0MPa 的水、压缩空气、惰性气体的管道连接上。橡胶板有普通橡胶板、耐酸碱和耐油橡胶板。

2）橡胶石棉板：用橡胶、石棉纤维和黏合剂混合压制而成的材料垫片。广泛应用于蒸汽、燃气、酸碱等介质的管路中。品种有低压、中压、高压及耐油橡胶石棉板四种。通常管径 DN≤80mm，垫片厚度采用 1.5～2.0mm；DN=100～350mm 时，采用 2～3mm；DN>350mm，采用 3～4mm 厚垫片。

3）塑料垫片：塑料垫片有较好的耐腐蚀性能，用于酸碱性介质的管路上。如采用聚氯乙烯塑料板厚度有 2mm、3mm、4mm 三种，可适用于工作温度为 5～50℃，工作压力为 0.6MPa 条件下选用。还有聚四氯乙烯板和聚乙烯板，使用时间可根据介质的温度、工作压力选用。

4）金属垫片：用铝、铜、钢或合金钢等金属制成的垫片。在高压或要求较严格情况下可用铜、铝等软金属制成矩形截面（扁平环状）的垫片；当高温高压时，可用 10 钢、不锈钢制成截面形状为八角形、齿形、椭圆形等形状的垫片。

2．法兰连接形式

法兰连接是管道连接中广泛应用的一种形式，如图 2-35 所示。

3．法兰装配与焊接方法

选好一对法兰，分别装在相接的两个管端，如有的设备已带有法兰。则选择同规格的法兰装在要连接的管端。将法兰套在管端后要注意两边法兰螺栓孔是否一致，先点焊一点，校正垂直度，最后将法兰与管子焊接牢固。平焊法兰的内、外两面都必须与管子焊接，焊接尺寸要求如图 2-36 所示，管端不可插入法兰内过多，要根据管壁厚留出余量。

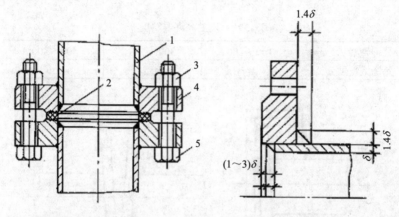

图 2-35　法兰的连接

1—管子；2—垫片；3—螺母；

4—法兰；5—螺栓

图 2-36　平焊法兰的焊接形式与尺寸

4. 铸铁螺纹法兰连接要点

铸铁螺纹法兰连接方法多用于低压管道，它是用带有内螺纹的法兰盘与套有同样公称直径螺纹的钢板连接。连接时，在套丝的管段缠上油麻丝，涂抹上铅油填料。把两个螺栓穿在法兰的螺孔内，作为拧紧法兰的力点，然后将法兰盘拧紧在管端上。连接时法兰一定要拧紧，成对法兰盘的螺栓孔要对应。

5. 铜管法兰连接要点

铜管法兰连接具有拆卸方便，连接强度高，严密性好等优点，主要用于需要拆卸的部位和连接带法兰的阀件、设备、仪表等处。

为保证法兰密封面垂直于管子中心线，可在点焊后用钢角尺或法兰尺检测，见表2-11及图2-37。检测点应在管子圆周上间隔120°选三个点。将两个法兰拧紧后，两个密封面应相互平行，用塞尺检查直径方向对称的两点，最大与最小间隙之差 $a-b$（图2-38）所示不得大于表2-12的规定。

表2-11　法兰允许偏斜度

公称直径 DN/mm	100～200	300～350	400～500
允许偏斜度 a/mm	±4	±5	±6

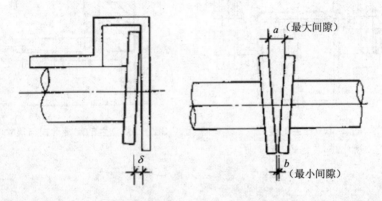

图2-37　使用法兰靠尺检查偏斜度　　图2-38　法兰密封面平行允许偏差值

表2-12　法兰密封面平行度的允许偏差

公称直径 DN/mm	在下列公称压力 PN 下的允许偏差 $a-b$/mm		
	$PN<1.6MPa$	$PN=1.6～4.0\ MPa$	$PN>4.0MPa$
≤100	0.2	0.1	0.05
>100	0.3	0.15	0.05

法兰垫圈多为现场加工，制垫时法兰平放，光滑密封面朝上，将石棉橡胶板等板材盖在密封面上，用手锤沿密封面外边缘轻轻敲打出垫片外轮廓线，用手锤沿管孔边缘敲打出垫片内轮廓线，再用凿子或剪刀裁制，也可用圆规画线后裁制。法兰垫片的内径不得大

于法兰内径而凸入管内，法兰垫片的外径最好等于法兰连接螺孔内边缘所在的圆周直径，并留有一个"尾巴"。

垫片应根据输送介质的不同分别选用，一般冷水管道采用普通胶板，热水管道采用耐热胶皮，蒸汽管道采用石棉橡胶板。垫片内径不应小于管子内径，垫片外径不得妨碍螺栓穿过法兰螺栓孔，法兰用软垫片材料及适用范围见表2-13。

表2-13　法兰用软垫片材料及适用范围

垫片材料	适用介质	最高工作压力/MPa	最高工作温度/℃
橡胶板	水、惰性气体	0.6	60
夹布橡校板	水、惰性气体	1.0	60
低压橡胶石棉板	水、惰性气体、压缩空气、蒸汽、煤气	1.6	200
中压橡胶石棉板	水、惰性气体、压缩空气、蒸汽、煤气、酸、碱稀溶液	4.0	350
高压橡胶石棉板	蒸汽、压缩空气、煤气、惰性气体	10.0	450
耐酸石棉板	有机溶剂、碳氢化合物、硝酸、盐酸、硫酸等	0.6	300
软聚氯乙烯板	水、压缩空气、酸、碱稀溶液	0.6	50
耐油橡胶石棉板	油品、溶剂	4.0	350

安装时先穿上几个螺栓，然后把垫片放入，只要垫片顶到螺栓上，就说明已安放好，"尾巴"留在法兰盘外，便于拿放。为防止日后垫片粘在法兰密封面上难以拆卸，安装前在垫片两面抹石墨粉（俗称铅粉）与机油的调和物，切忌用白铅油，法兰连接时衬垫不得凸入管内，其外边缘接近螺栓孔为宜。不得安放双垫或偏垫，如图2-39所示。

法兰穿入螺栓方向应一致，拧紧法兰须使用合适的扳手，并分2～3次进行。拧紧的顺序也应对称、均匀地进行拧紧。螺栓长度以拧紧后，端部伸出螺母的长度不大于螺栓直径的一半，且不少于两个螺纹为宜。

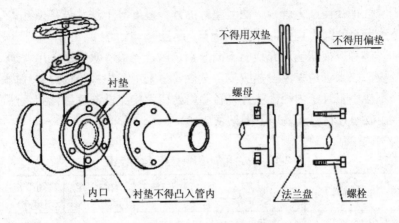

图 2-39 　　法兰衬垫安装

三、承插连接

承插连接是把填料捻打到承插口间隙里，使之密实的一种连接方式，又称捻口，如图 2-40 所示。管道安装工程中，带承插口的铸铁管、陶瓷管、塑料管等管材采用承插连接。捻口也是管工的基本操作之一，目前捻口仍为手工操作，使用的工具是手锤和捻凿。

铸铁管承插式接口的基本形式如图 2-41 所示。

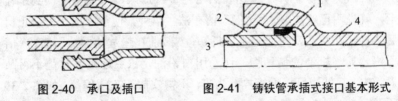

图 2-40　承口及插口　　　图 2-41　铸铁管承插式接口基本形式

1—油麻或胶圈；2—填料；3—插口；4—承口

根据填料不同，承插连接接口有石棉水泥接口、青铅接口、膨胀水泥砂浆接口、水泥砂浆接口等形式。

承插连接接口前，应检查和清理管子并检查管内有无泥砂等杂物,同时对管口进行清理。将油麻拧成直径为接口间隙 1.5 倍的麻辫,其长度应比管外径周长长 100～150mm,由接口下方逐渐向上塞进间隙中间。一般嵌塞油麻两圈,并打实。填麻深度为承口深度 1/3 为宜。

当管径不小于 300mm 时,可用胶圈代替油麻。操作时由下而上逐渐用捻凿贴插口壁把胶圈打入承口内。为避免扭曲或产生麻花疙瘩,捻入胶圈时应使其均匀滚动到位。为防止高温液体把胶圈烫坏,采用青铅接口时,必须在捻入胶圈后再捻打 1～2 圈油麻。表 2-14 为油麻的填打程序及打法。打麻操作如图 2-42 所示。

表 2-14　油麻的填打程序及打法

圈次	第一圈		第二圈			第三圈		
次	第一遍	第二遍	第一遍	第二遍	第三遍	第一遍	第二遍	第三遍
击数	2	1	2	2	1	2	2	1
打法	挑打	挑打	挑打	平打	平打	贴外口打	贴里口打	平打

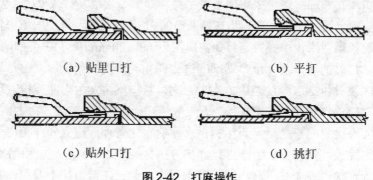

（a）贴里口打　　　　　　（b）平打

（c）贴外口打　　　　　　（d）挑打

图 2-42　打麻操作

1. 石棉水泥接口

石棉水泥接口属于刚性连接,不适于地基不均匀、沉陷和湿度变化的情况。图 2-43 为石棉水泥接口形式。

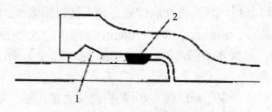

图 2-43　石棉水泥接口形式

1—石棉水泥；2—麻

石棉水泥是采用具有一定纤维长度的Ⅳ级石棉和 42.5 级以上硅酸盐水泥拌和而成，其施工配合比为石棉：水泥=3：7，加水量为石棉水泥总量的 10%左右，视气温与大气湿度酌情增减水量。拌和时，先将石棉与水泥干拌，拌至石棉水泥颜色一致，然后将定量的水徐徐倒进，随倒随拌，拌匀为止，以能用手握成团不松散，扔地上即散为合格。用水拌好的石棉水泥应 1h 内用完，否则超过水泥初凝时间且影响接口效果。

打口时，应将石棉水泥填料分层填打，每层实厚不大于 25mm，灰口深在 80mm 以上采用四填十二打，即第一次填灰口深度的 1/2，打三遍；第二次填灰深约为剩余灰口的 2/3，打三遍；第三次填平打三遍；第四次找平打三遍。如灰口深为 60～80mm 者可采用三填九打。打好的灰口要比承口端部凹进 2～3mm，当听到金属回击声，水泥发青析出水分，若用力连击三次，灰口不再发生内凹或掉灰现象，接口作业即告结束。

在接口完毕之后，为了提供水泥的水化条件，应立即在接口处浇水养护，养护时间为 1～2d，养护方法是：春秋两季每天浇水两次；夏天在接口处盖湿草袋，每天浇水四次；冬天在接口抹上湿泥，覆土保温。

2. 膨胀水泥砂浆接口

膨胀水泥砂浆接口是在接口处按石棉水泥接口的填麻方法打麻辫，再进行膨胀水泥砂浆填塞。膨胀水泥在水化过程中体积膨胀，增加其与管壁的黏着力，提高水密性，而且产生封密性微气泡，提高接口抗渗性能。膨胀水泥接口如图 2-44 所示。

拌和膨胀水泥砂浆的质量比为砂：膨胀水泥：水=1：1：0.32，气温高或风较大时，用水量可略增大，但不宜超过 0.35。

膨胀水泥接口时，由于拌和好的水泥砂浆会膨胀，从而使管子插口处产生一定的内应力，因此，在承插管壁较薄的排水铸铁管时，要适当改变水泥与砂子的搭配比例。操作时，为避免渗漏，一定不能使填料中留有空隙。

3. 青铅接口

青铅接口具有较好的刚性、抗震性和弹性，且接口不需养护，口捻好后可立即通水，但成本较高，青铅接口如图 2-45 所示，接口材料用量见表 2-15。

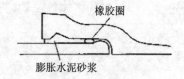

图 2-44　膨胀水泥接口

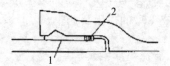

图 2-45　青铅接口

表 2-15　青铅接口材料用量

管径 DN/ mm	承口深度/ mm	填铅深度/ mm	填麻深度/ mm	油麻/ kg	青铅/ kg	管径 DN/ mm	承口深度/ mm	填铅深度/ mm	填麻深度/ mm	油麻/ kg	青铅/ kg
75	90	52	38	0.106	2.518	350	105	55	50	0.499	9.14
100	95	52	43	0.151	3.107	350	110	55	55	0.611	10.55
125	95	52	43	0.18	3.703	400	110	55	55	0.665	11.95
150	100	52	48	0.239	4.343	450	115	60	55	0.827	13.34
200	100	52	48	0.307	5.557	500	115	60	55	0.916	18.05
250	105	55	50	0.422	7.745	600	120	60	60	1.211	21.48

（1）接口施工时，首先要打承口深度约一半的油麻，然后用卡箍或涂抹黄泥的麻辫封住承口，并在上部留出浇铅口。

（2）卡箍是用帆布做的，宽度及厚度各约 40mm，卡箍内壁斜面与管壁接缝处用黄泥抹好。

（3）青铅的牌号通常用 Pb—6，含铅量应在 99%以上。铅在铅锅内加热熔化至表面呈紫红色，铅液表面漂浮的杂质应在浇注前除去。

（4）向承口内灌铅使用的容器应进行预热，以免影响铅液的温度或黏附铅液。

（5）向承口内灌铅应徐徐进行，使其中的空气能顺利排出。一个接口的灌铅要一次完成，不能中断。

（6）待铅液完全凝固后，即可拆除卡箍或麻辫，再用手锤和捻凿打实，直至表面光滑并凹入承口内 2～3mm。

（7）青铅接口操作过程中，要防止铅中毒。

（8）在灌铅前，承插接口内必须保持干燥，不能有积水，否则灌铅时会爆炸伤人。如果在接口内先灌入少量机油，可以起到防止铅液飞溅的作用。

4．水泥砂浆接口

水泥砂浆接口主要用于混凝土及钢筋混凝土管的连接，为刚性接口，如图 2-46 所示。

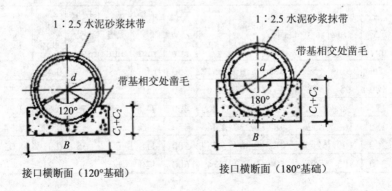

接口横断面（120°基础）　　　接口横断面（180°基础）

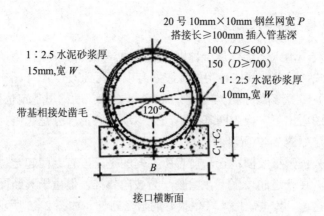

接口横断面

图中标注:
20号10mm×10mm钢丝网宽 P
搭接长≥100mm 插入管基深
100（D≤600）
150（D≥700）
1:2.5 水泥砂浆厚15mm,宽 W
1:2.5 水泥砂浆厚10mm,宽 W
带基相接处凿毛
120°
C_1+C_2
B

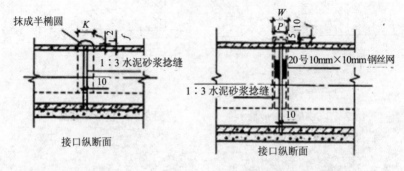

抹成半椭圆
1:3 水泥砂浆捻缝
接口纵断面

（a）水泥砂浆抹带接口

20号10mm×10mm钢丝网
1:3 水泥砂浆捻缝
接口纵断面

（b）钢丝网水泥砂浆抹带接口

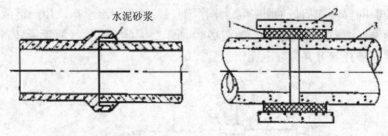

水泥砂浆

（c）水泥砂浆承插接口

（d）水泥砂浆套环接口

图 2-46　水泥砂浆接口
1—石棉水泥；2—套管；3—管壁

5．橡胶圈滑入式接口

橡胶圈滑入式接口是一种以一定断面形式的橡胶圈作为填料的接口形式，目前，我国使用的橡胶圈有以下两种形式。

（1）梯唇形橡胶圈：它的梯形部分嵌在承口凹槽里起定位作用，在管道的内压下，橡胶圈基本不产生移动；唇形部分是起密封作用的部分，如图 2-47 所示。

（2）楔形橡胶圈：它与前者所不同的是，没有专门起定位作用的部分。在管道的内压下，橡胶一圈被向外推，但由于其断面呈楔形，使它进一步被压缩，产生很好的自密封性，如图 2-48 所示。

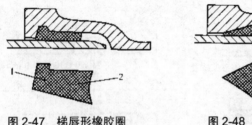

图 2-47　梯唇形橡胶圈　　　　图 2-48　楔形橡胶圈
1—梯形部分；2—唇形部分

橡胶圈滑入式接口施工前按前述的方法把管口清理干净，然后把清洗好的橡胶圈安放在承口的凹槽里，使之切实贴合严密。在橡胶圈的内侧和插口的外壁涂上润滑剂，使插口对准承口，用倒链或紧绳器把插口拉进承口，如图 2-49 所示。因此，小管径的管子只需使用撬杠就可完成以上操作。

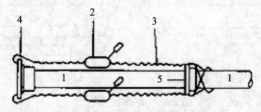

图 2-49　橡胶圈滑入式接口的施工
1—铸铁管；2—倒链（紧绳器）；3—钢丝绳；4—钩子；5—管口

6．楔形橡胶圈接口

楔形橡胶圈接口的承口内壁为斜形槽，插口端部加工成坡形。这种接口抗震性能良好，能提高施工进度，减轻劳动强度。安装时先在承口斜槽内嵌入起密封作用的楔形橡胶圈，使插口对准承口而使楔形橡胶圈紧固在接口处，如图 2-50 所示。由于承口内壁斜形槽的限制作用，胶圈在管内水压的作用下与管壁压紧，具有自密性，使接口对于承插口的椭圆度、尺寸公差、插口轴向相对位移及角位移具有很好的适应性。

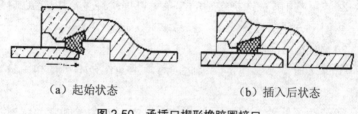

（a）起始状态　　　　　　　　（b）插入后状态

图 2-50　承插口楔形橡胶圈接口

四、焊接连接

焊接常用于大直径钢管、埋地钢管、架空钢管，敷设在地沟内钢管的连接。这种连接接头的优点是接头牢固、紧密不漏水、强度高、严密性好、施工速度快，不需要接头配件，成本低，使用后不需要经常管理等。常用的焊接方法有电焊（手工电弧焊）和气焊（氧—乙炔焊）两种。

1．手工电弧焊

手工电弧焊是利用焊条和焊件之间产生的焊接电弧来加热并熔化待焊处的母材金属或焊条以形成焊缝的，如图 2-51 所示。

（1）手工电弧焊的特点：

1）优点：

①工艺灵活，适应性强。适合在空间任意位置的焊缝，凡是焊

条操作能够达到的地方都能进行焊接。

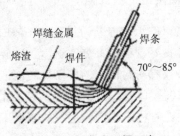

图 2-51　焊条电弧焊示意

②应用范围广，选择合适的焊条可以焊接许多常用的金属材料。

③使用方便，设备简单，容易掌握，投资少。

2）缺点：

①焊接质量不够稳定，因此，对焊工操作技术水平和经验要求较高。

②劳动条件差，焊工不仅劳动强度大，还会受到弧光辐射、烟尘、臭氧、氮氧化物、氟化物等有毒物质的危害。

③生产效率低，受焊工体能的影响，焊接工艺参数中的焊接电流受到限制，加之辅助时间较长，因此生产效率低。

（2）手工电弧焊的应用范围见表 2-16。

表 2-16　　手工电弧焊的应用范围

焊件材料	适用厚度/mm	主要接头形式
低碳钢、低合金钢	≥2～50	对接、T形接、搭接、端接、堆焊
铝、铝合金	≥3	对接
不锈钢、耐热钢	≥2	对接、搭接、端接
纯铜、青铜	≥2	对接、堆焊、端接
铸铁	—	对接、堆焊、焊补
硬质合金	—	对接、堆焊

（3）手工电弧焊操作技术：手工电弧焊的基本操作包括引弧、

运条、焊道的连接和焊道的收尾。

1) 引弧：手工电弧焊时，引燃电弧的过程叫做引弧。手工电弧焊的引弧方法有两种，即直击法引弧和划擦法引弧。

①直击法引弧。手工电弧焊开始前，先将焊条末端与焊件表面垂直轻轻一碰，便迅速提起焊条，并保持一定的距离，一般 2～4mm，电弧随之引燃，如图 2-52 所示。如果一次不成功，可以继续进行，直到电弧引燃为止。

直击法引弧的优点是不会使焊件表面造成电弧划伤缺陷，又不受焊件表面大小及焊件形状的限制；不足之处是引弧成功率低，焊条与焊件往往要碰击几次才能使电弧引燃和稳定燃烧，操作不容易掌握。

②划擦法引弧：划擦法引弧与划火柴相似。先将焊条末端对准焊接位置，然后将焊条在其表面划擦一下，电弧引燃后立即使焊条末端与焊接位置表面保持 2～4mm 的距离，电弧就能稳定燃烧，如图 2-53 所示，一般引弧的起点位置为焊接方向离焊缝起点 10mm 左右的坡口处。

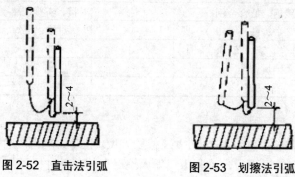

图 2-52　直击法引弧　　　　图 2-53　划擦法引弧

这种引弧方法具有电弧易燃烧，操作简单，引弧效率高的特点，但容易损害焊件表面，有电弧划伤痕迹，因此在焊接正式产品时较少采用。

2) 运条：焊条运条包括沿焊条轴线的送进、沿焊缝轴线方向纵向移动和横向摆动三个动作。

3）焊道的连接：长焊道焊接时，受焊条长度的限制，一根焊条不能焊完整条焊道时，要求每根焊条所焊的焊道相连接，以确保焊道连续性，这个连接处称为焊道的接头。技术纯熟的焊工焊出的焊道接头无明显接头痕迹，就像一根焊条焊出的焊道一样平整、均匀。在保证焊缝连续性的同时，还要使长焊道焊接变形最小。

4）焊道的收弧：焊道的收弧是指一条焊缝结束时采用的收弧方法。如果焊缝收弧采用立即拉断电弧收弧，则会形成低于焊件表面的弧坑，极易形成弧坑裂纹和产生应力集中。

2. 气焊

气焊是指利用气体火焰做热源的焊接方法。最常用的有氧气乙炔焊、氧气丙烷（液化石油气体）焊、氢氧焊等。气焊应用范围（见表 2-17）。

表 2-17　　气焊的应用范围

焊件材料	适用厚度/mm	主要接头形式
低碳钢、低合金钢	≤2	对接、搭接、端接、T 形接
铸铁	—	对接、堆焊、补焊
铝、铝合金、铜、黄铜、青铜	≤14	对接、端接、堆焊
硬质合金	—	堆焊
不锈钢	≤2	对接、端接、堆焊

（1）气焊的特点：

1）设备简单，焊矩尺寸小，移动方便，便于无电源场合的焊接。

2）焊接过程中，可利用气体火焰对工件同时进行预热和缓冷。

3）焊丝和火焰是各自独立的。熔池的温度、形状、焊缝尺寸，以及焊缝背面成形等容易控制。

4）适合焊接薄件及要求背面成形的焊接。

5）由于气温低，加热缓慢，因此，生产率不高，焊接变形较大，过热区较宽，力学性能也较差。

（2）气焊的基本操作技术：

1）焊缝的起焊：气焊在起焊时，由于焊件温度低，为了利于焊件预热，焊嘴倾斜角应大些。同时，为方便起焊处加热均匀，气焊火焰在起焊部位应往复移动，当起焊点处形成白亮且清晰的熔池时，即可加入焊丝（或不加入焊丝），并向前移动焊嘴进行焊接。

而如果两焊件厚度不同，为防止熔池离开焊缝正中央而偏向薄板的一侧，气焊火焰应稍微偏向厚板一侧，使焊缝两侧温度一致。

2）左焊法和右焊法：气焊操作时，根据焊嘴的移动方向和焊嘴火焰指向的不同，可分为左焊法和右焊法，两种操作方法如图 2-54 所示。

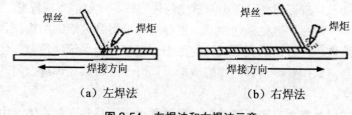

（a）左焊法　　　　　　（b）右焊法

图 2-54　左焊法和右焊法示意

①左焊法：左焊法是指焊接热源从接头的右端向左端移动，并指向待焊部分的操作方法，如图 2-54（a）所示。

这种焊接法，使气焊工能够清楚地看到熔池边缘，因此能焊出宽度均匀的焊缝。由于焊炬火焰指向焊件未焊部分，对工件金属有预热作用，因此焊接薄板时，生产效率高。适用于焊接 5mm 以下的薄板或低熔点金属。

②右焊法：右焊法是指焊接热源从接头的左端向右端移动，并指向已焊部分的操作方法，如图 2-54（b）所示。

这种焊接法，焊炬火焰指向焊缝，火焰可以罩住整个熔池，保护了熔化金属，防止焊缝金属的氧化和产生气孔，减慢焊缝的冷却速度，改善了焊缝组织。适用于厚度大、熔点较高的工件。

3）焊丝的填充：为获得外观漂亮、内部无缺陷的焊缝，在整个焊接过程中，气焊工要观察熔池的形状，尽力使熔池的形状和大小保持一致。并且要将焊丝末端置于外层火焰下进行预热。焊件预热至白亮且出现清晰的熔池后，将焊丝熔滴送入熔池，并立即将焊丝抬起，让火焰继续向前移动，以便形成新的熔池，然后再继续向熔池加入焊丝，如此循环，即形成焊缝。

在焊接薄件或焊件间隙大的情况下，应将火焰焰芯直接指在焊丝上，使焊丝阻挡部分热量。焊炬上下跳动，阻止熔池前面或焊缝边缘过早地熔化下塌。

4）焊炬和焊丝的摆动方式与幅度：焊炬和焊丝的摆动方式与幅度主要与焊件厚度、金属性质、焊件所处的空间位置及焊缝尺寸等有关。焊炬和焊丝的摆动基本有三个动作。

①沿焊接方向移动，不间断地熔化焊件和焊丝，形成焊缝。

②焊炬沿焊缝做横向摆动，使焊缝边缘得到火焰的加热，并很好地熔透，同时借助火焰气体的冲击力把液体金属搅拌均匀，使熔渣浮起，从而获得良好的焊缝成形，同时，还可避免焊缝金属过热或烧穿。

③焊丝在垂直于焊缝的方向送进并做上下移动，如在熔池中发现有氧化物和气体时，可用焊丝不断地搅动金属熔池，使氧化物浮出和气体排出。

平焊时常见的焊炬和焊丝的摆动方式如图 2-55 所示。

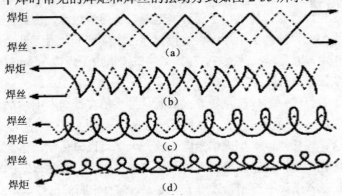

图 2-55　焊炬与焊丝的摆动方法

5）焊缝接头：焊缝接头是指在焊接过程中，更换焊丝停顿或某种原因中途停顿再继续焊接。在焊接接头时，应当用火焰将原熔池周围充分加热，将已冷却的熔池重新熔化，形成新的熔池后，即可加入焊丝。此时要特别注意，新加入的焊丝熔滴与被熔化的原焊缝金属之间必须充分熔合。在焊接重要焊件时，为得到强度大、组织致密的焊接接头，接头处必须与原焊缝重叠 8~10mm。

6）焊缝起头、连接和收尾：

①焊缝起头：由于刚开始焊接，焊件起头温度低，焊矩的倾斜角应大些，对焊件进行预热并使火焰往复移动，应一边加热一边观察熔池的形成，待焊件表面开始发红时将焊丝端部置于火焰后进行预热，以保证焊处加热均匀，一旦形成熔池立即将焊丝伸入熔池，焊丝熔化后即可移动焊炬和焊丝，并相应减少焊炬倾斜角进行正常焊接。

②焊缝连接：在焊接过程中，因中途停顿又继续施焊时，应用火焰把连接部位 5~10mm 的焊缝重新加热熔化，形成新的熔池再加少量焊丝或不加焊丝重新开始焊接，连接处应保证焊透和焊缝整体平整及圆滑过渡。

③焊缝收尾：当一条焊缝焊接至终点，结束焊接的过程称为收尾。此时，由于焊件温度较高，散热条件差，为防止熔池面积扩大，避免烧穿，需要减小焊炬的倾斜角，加快焊接速度，并多加入一些焊丝。在收尾时，可用温度较低的外焰保护熔池，直至将终点熔池填满，火焰才可缓慢离开熔池以防止空气中的氧气和氮气侵入熔池。气焊收尾时要做到焊炬倾角小、焊接速度快，填充焊丝多，熔池要填满。

7）焊后处理：焊后残存在焊缝及附近的熔剂和焊渣要及时进行清理，否则会腐蚀焊件。应先在 60~80℃ 热水中用硬毛刷洗刷焊接接头，重要构件洗刷后再放入 60~80℃、质量分数为 2%~3%的铬酐水溶液中浸泡 5~10min，然后再用硬毛刷仔细洗刷，最后用热水冲洗干净。

清理后若焊接接头表面无白色附着物即可认为合格，或用质量分数为 2%硝酸银溶液滴在焊接接头上，若没有产生白色沉淀物，即说明清洗干净。

（3）焊接位置和施焊要点见表 2-18。

表 2-18　焊接位置和施焊要点

焊接位置	简　图	施焊要点
平焊		1. 应将焊件与焊丝烧熔； 2. 焊接某些低合金钢（如 30CrMnSi）时，火焰应穿透熔池； 3. 火焰焰心的末端与焊件表面应保持在 2～6mm 的距离内； 4. 如熔池温度过高，可采用间断焊以降低熔池温度
立焊		1. 焊炬沿焊接方向上倾斜一定角度，一般与焊件保持在 75°～80°。焊炬与焊丝的相对位置与平焊时相似； 2. 应采用比来焊时较小的火焰进行焊接； 3. 严格控制熔池温度，尽量控制熔池的面积不要太大，熔池的深度也应小些； 4. 焊炬一般不做横向摆动，但可做上下移动； 5. 如熔池温度过高，熔化金属即将下淌，应立即移开火焰
横焊		1. 焊炬与焊件之间的角度保持在 65°～75°； 2. 采用比平时焊时小的火焰施焊，常用左焊法； 3. 焊炬一般不做摆动，如焊较厚的焊件时，可做弧形摆动，焊丝始终浸在熔池中，并进行斜环形运条，使熔池略带一些倾斜

焊接位置	简　图	施焊要点
仰焊	 20°~30°　20°~30°	1. 采用较小的火焰焊接； 2. 为防止下淌，严格掌握熔池的温度和大小，使液体金属始终处于较稠的状态； 3. 为利于控制熔池温度，采用较细的焊接，以薄层堆敷上去； 4. 采用右向焊时，焊缝成形较好； 5. 焊炬可做不间断的移动，焊丝可做月牙形运条，并始终浸在熔池内； 6. 为防止飞溅金属盒下淌的液体金属烫伤人体，应注意操作姿势

五、塑料焊接

塑料焊接分为塑料管热熔压焊接和塑料管热风焊接两种，其焊口形式有插口、套管和对接三种形式。

1. 塑料管热熔压焊接

（1）对口：被焊接管子在焊接前管口要刨平，且牢固地夹在夹具上，被焊管子的管口要对正，且管间隙不大于 0.7mm。

（2）焊接：接通加热器电源，将管端脱脂，用电加热盘熔化焊接表面 1~2mm 厚的塑料，去掉加热盘后，迅速施压使熔融表面连成一体，持续 3~10min，直至冷却即可。

2. 塑料管热风焊接

（1）坡口和对口：焊接的管端开 60°~80°的坡口，并留有 1 mm 的钝边，对口间隙为 0.5~1.5mm，焊缝干燥清洁。

（2）焊接：焊接时焊条与焊缝保持垂直，手指在距焊接点 100~

120mm 处握焊条，对焊条施力要小。焊炬喷嘴与爆条的夹角保持在45°左右，焊接过程中均匀摆动焊炬。使用的压缩空气应保持在 50～100 kPa，焊接气流温度控制 200～250℃，焊接速度控制在 120～250mm/min。

第三章 室内管道系统安装

第一节 室内给水系统安装

一、室内给水系统分类和组成

1. 给水系统的分类

室内给水系统根据供水对象的不同，结合外部给水系统情况，可分为生活给水系统、生产给水系统、消防给水系统三种。

（1）生活给水系统：生活给水是提供民用、公用建筑和工业企业建筑内日常生活中所需的饮用、洗涤、烹饪、淋浴和其他生活用途的用水。其中又可按直接进入人体或与人体接触、用于洗涤、冲厕、清洗地面等分为两类用水。前者水质必须达到国家规定《生活饮用水卫生标准》（GB 5749—2006），后者水质满足《城市污水再生利用 城市杂用水水质》（GB/T 18920—2002）即可。

（2）生产给水系统：是指工业建筑或公用建筑生产过程中所需的产出工艺用水、冷却用水、洗涤用水等。生产用水对水质、水量、水压及可靠性的要求由于工艺不同差别很大。

（3）消防给水系统：消防给水系统是指提供建筑物灭火设施用水需求。消防给水可用于灭火和控制火势蔓延。消防用水对水质要求不高，但必须满足建筑设计防火规范对水量和水压的要求。

实际上，一栋建筑物内并不都需要单独设置三种给水系统，可根据经济比较和建筑物内用水设备对水质、水压和水量的要求，组成不同的共同给水系统，诸如生活与消防、生活与生产、生产与消防和生活、生产、消防三者共用的给水系统。其水源可来自城市自来水管网、中水系统或自备水源等，依据用水对象对水质要求而定。

2. 给水系统的组成

室内给水系统一般由引入管、水表节点、管道系统、升压和贮水设备及配水设备等组成，如图 3-1 所示。此外，在给水管路上还须设置阀门、止回阀、水表等附件。有时，还设置水箱、水池、水泵等设备，应根据设计要求确定。

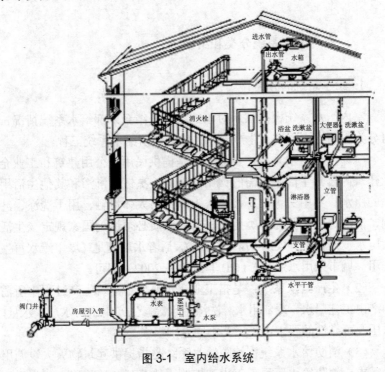

图 3-1　室内给水系统

（1）引入管（又称进户管）：自室外给水管网引入建筑物内部给水系统的连接管。引入管进户前应设置水表节点（水表井），其中应装有水表、阀门等附件。

（2）管道系统：一般由干管、分支立管、支管和必要的给水附

120

件组成。

（3）给水设备：主要包括升压及贮水设备，如各类水龙头及阀门。

（4）配水设备：在管道系统终端用水点处设置的水龙头、用水器具，以及消防系统上的消火栓等配水设施等。

二、室内给水管道布置与敷设

1. 管道的布置

室内给水管道布置与建筑物的性质、外形、结构情况和用水设备的布置情况及采用的给水方式有关。管道布置时，应力求长度最短，尽可能与墙、梁、柱平行敷设，并便于安装和检修。

（1）布置要点：

1）室内给水管道一般布置成支状，单向供水。对于不允许中断供水的建筑物，在室内应连成环状，双向供水。建筑物引入管宜从建筑物用水量最大处或用水较集中处引入。引入管一般敷设一条，当建筑物不允许间断供水或室内消火栓总数超过 10 个以上时，应设两条。

2）为了不妨碍美观，方便安装与维护，室内给水管道的布置，应力求管线最短，平行于梁、柱，沿壁面或顶棚直线布置；为了保证供水可靠，并使口径管道长度最短，给水干管应尽可能靠近用水量最大或不允许中断供水的用水处。

3）工厂车间内的管道应布置在不妨碍生产操作，遇水不能引起爆炸、燃烧或损坏原料、产品、设备的地方。

4）给水管道不得穿过橱窗、壁柜、木装修面，不得穿过大小便槽、排水沟以及烟道、风道内，不得穿过伸缩缝，必须通过时，应采取相应的技术措施；给水管道不得敷设在地下室结构层底板、设备基础内以及可能受振动或重物压坏的地面下。

5）给水管道不得布置在建筑物内的变、配电室等房间内。

6）给水管道可与其他管道同沟或共架敷设，但给水管应布置在排水管、冷冻管的上面，热水管或蒸汽管的下面。但是，给水管道不宜与输送易燃、易爆或有害气体及液体的管道同沟敷设。

7）给水管道横管应有 0.002～0.005 的坡度坡向泄水装置。

8）生活给水引入管与污水排出管外壁的水平净距不宜小于 1.0m。室内给水与排水管道平行敷设时，两管间的最小水平净距不得小于 0.5m；交叉敷设时，给水管应敷设在排水管上面，垂直净距不得小于 0.15m。若给水管必须敷设在排水管的下面时，给水管应加套管，其长度不得小于排水管管径的 3 倍。

（2）室内给水系统的布置方式：

1）直接给水方式：直接给水方式如图 3-2 所示。只要室外给水管网的水压、水量能满足室内最高和最远点的用水要求，便可采用此种方式。

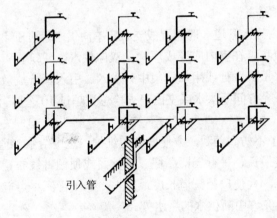

引入管

图 3-2　直接给水方式

2）设水泵的给水方式：若一天内大部分时间室外给水管网压力不足，且室内用水量较大又较均匀时，则可采用单设水泵的给水方式。为充分利用室外管网压力，节省电能，当水泵与室外管网直接连接时，应设旁通管，如图 3-3（a）所示。当室外管网压力足够大时可自动开启旁通管的逆止阀直接向建筑物内供水。为避免造成外网负压和污染水质，可在系统中增设储水池，采用水泵与室外管网间接连接的方式，如图 3-3（b）所示。

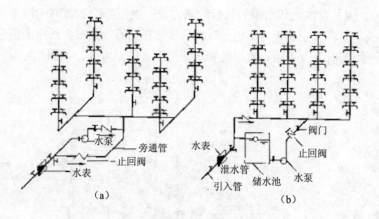

图 3-3　设水泵的给水方式

3）设水箱的给水方式：当市政管网提供的水压周期性不足时可采用设水箱的给水方式。当高峰用水时（一般白天），室外管网提供的水压不足，由水箱向建筑内部给水系统供水，如图 3-4（a）所示。当室外给水管水压偏高或不稳定时，为保证建筑内给水系统的良好工况或满足稳压供水的要求，也可采用设水箱的给水方式，以达到调节水压和水量的目的，如图 3-4（b）所示。

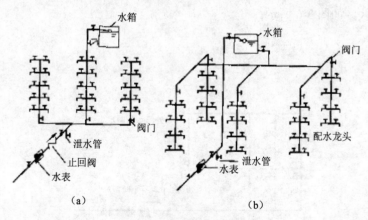

图 3-4　设水箱的给水方式

4）设水泵和水箱的联合给水方式：当室外给水管网中压力低于或周期性低于建筑内部给水管网所需水压，而且建筑内部用水量又很不均匀时，宜采用设置水泵和水箱的联合给水方式，如图3-5所示。

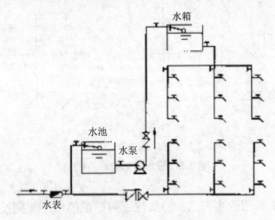

图 3-5　设水泵和水箱的联合给水方式

5）竖向分区供水的给水方式：在层数较多的建筑物中，室外给水压往往只能供到建筑物下面几层，而不能供到建筑物上层时，为了充分有效地利用室外管网的水压，常将建筑物分成上、下两个供水区，如图3-6所示。

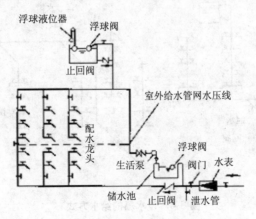

图 3-6　分区给水方式

124

6）设气压给水装置的给水方式：在室外管网水压经常不足，而建筑内不宜设置高位水箱或设水箱确有困难的情况下，可设置气压给水设备。气压给水装置是利用密闭压力水罐内空气的可压缩性储存、调节和压送水量的给水装置，其作用相当于高位水箱和水塔，如图3-7所示。

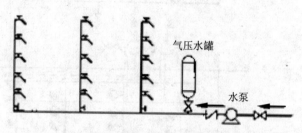

图3-7　设气压供水装置的给水方式

（3）高层建筑给水系统：

1）分区串联给水系统：分区串联给水系统如图3-8所示。此种给水系统是在各区的技术层内均设置水泵和水箱。下一区水箱作为上一区的水源，各区水泵从下一区水箱吸水输至本区水箱，再经配水管网供给各配水设备，低层区由城市管网直接供水。图3-9是变频调速供水系统，由控制柜、水泵机组、自动化仪表、管件等组成，为提高给水的安全可靠性，水平干管呈环状。

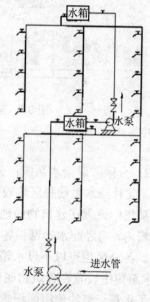

图3-8　分区串联给水系统图

125

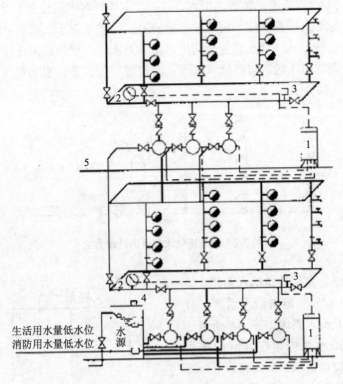

图 3-9 变频调速供水系统

1—控制柜；2—远传压力表；3—防水锤装置；4—水位控制器；5—分区线

2）分区并联给水系统：分区并联给水系统如图 3-10、图 3-11 所示。此种给水系统每区均设有单独为本区服务的水泵和水箱，各区水泵集中设置在建筑物的地下室或底层，并将水分别输送至相应的水箱内，再经配水管网供各用水设备，低层区可由城市管网直接供水。各分区也可以不设水箱，采用变频调速水泵，如图 3-12 所示。水泵集中设置在建筑物底层的水泵房内，分别向各区管网供水，省去了水箱，节约使用面积；设备集中布置，便于维护管理，节约能源。

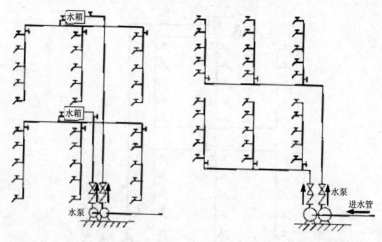

图 3-10 　有水箱并联给水系统　　　图 3-11 　无水箱并联给水系统

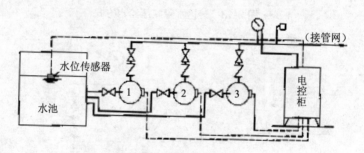

图 3-12 　变频调速系统

1～3—水泵

3）减压给水系统：减压给水系统如图 3-13 所示。此种给水系统是在建筑物的底层或地下室设置总的加压水泵，将整个建筑物所需的水统一加压至最高层的总水箱内，然后通过输水干管将总水箱内的水依次输送至各分区水箱进行减压，再由各分区水箱通过配水管网将水送至本区用水点。不设中间水箱时可通过减压阀减压，如图 3-14 所示。

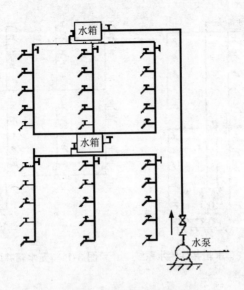

图 3-13 分区水箱减压给水方式

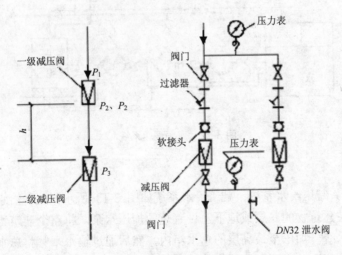

图 3-14 减压阀连接示意

2. 管道穿墙

（1）引入管穿过承重墙或基础：引入管穿过承重墙或基础时，应预留孔洞，其尺寸见表 3-1。管顶上部净空不得小于建筑物的沉降量，一般不小于 0.1m；当沉降量较大时，应由结构设计人员提交资料决定。图 3-15 为引入管穿过带形基础剖面图。图 3-16 为引入管穿越砖墙基础的剖面图，孔洞与管道的空隙应用油麻、黏土填实，外抹 M5 水泥砂浆，以防雨水渗入。当引入管穿过地下室或地下构筑物的墙壁时，应采取防水措施，如图 3-17 所示。

（2）穿过楼板：管道穿过楼板时，应预先留孔，避免在施工安装时凿穿楼板面。管道通过楼板段应该设套管，尤其是热水管道。对于现浇楼板，可以采用预埋套管。

（3）通过沉降缝：管道一般不应通过沉降缝。实在无法避免时，可采用如下几种办法处理。

表 3-1   引入管穿过承重墙基础预留孔洞尺寸规格

单位：mm

管径	≤50	50～100	125～150
孔洞尺寸	200×200	300×300	400×400

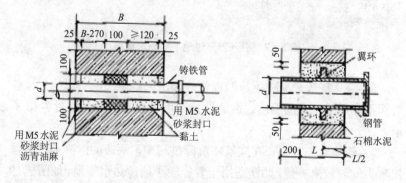

图 3-15   引入管穿过带形基础剖面图

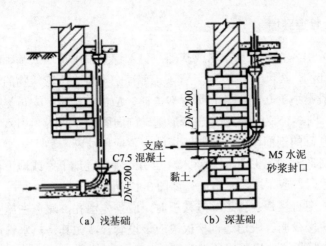

图 3-16　引入管穿越墙基础剖面图

(a) 浅基础　　　(b) 深基础

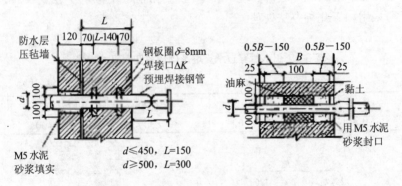

图 3-17　引入管穿过地下室防水措施

1) 连接橡胶软管：用橡胶软管连接沉降缝两边的管道。但橡胶软管不能承受太高的温度，故此法只适用于冷水管道，如图3-18所示。

2) 连接丝扣弯头：在建筑物沉降过程中，两边的沉降差可用丝扣弯头的旋转来补偿。此法适用于管径较小的冷热水管道，如图3-19所示。

130

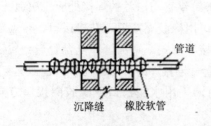

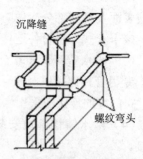

图 3-18　橡胶软管连接方法　　　　图 3-19　螺纹弯头连接法

3）安装滑动支架：把靠近沉降缝两侧的支架制成如图 3-20 所示的形式，只能使管道垂直位移而不能水平横向位移。

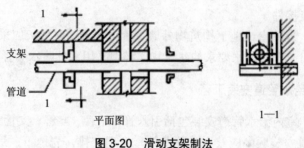

图 3-20　滑动支架制法

（4）通过伸缩缝：室内地面以上的管道应尽量不通过伸缩缝，必须通过时，应采取措施使管道不直接承受拉伸与挤压。室内地面以下的管道，在通过有伸缩缝的基础时，可借鉴通过沉降缝的做法处理。

三、给水管道及配件的安装

1．一般规定

（1）给水管道必须采用与管材相适应的管件。生活给水系统所涉及的材料必须满足饮用水卫生标准要求。

（2）$DN \leqslant 100mm$ 的镀锌钢管应采用螺纹连接，套丝扣破坏的镀锌层表面及外露部分应做防腐处理，*DN*＞100mm 的镀锌钢管应采用法兰或卡套式专用管件连接，镀锌钢管与法兰的焊接处应二次镀锌。

（3）给水塑料管和复合管可用橡胶圈接口、粘接接口、热熔连接，专用管件连接以及法兰连接等形式。塑料管和复合管与金属管件、阀门等的连接应采用专用管件连接，而且不得在塑料管上套丝。

（4）给水铸铁管道安装时，采用水泥捻口或橡胶圈接口方式连接。

（5）铜管可用专用接头或焊接，当管径小于 22mm 时宜采用承插或套管焊接，承口应迎介质流向安装，当管径大于或等于 22mm 时宜采用对口焊接。

（6）应在给水立管和装有 3 个及以上配水点的支管始端安装可拆卸的连接件。

（7）地下室或地下构筑物外墙有管道穿过的时候，应采取防水措施，对有严格防水要求的建筑物，必须采用柔性防水套管。

2. 给水管道安装工艺

（1）室内给水管道安装包括引入管、干管、立管、支管的安装。

管道安装顺序应结合具体条件，合理安排，先地下；后地上，先大管，后小管；先主管，后支管。一般安装顺序：安装准备→预制加工→引入管→水平干管→立管→支管→管道试压→管道冲洗→管道防腐和保温。当管道交叉中发生矛盾的时候，应按以下原则避让：

1）小管让大管。

2）无压力管道让有压力管道，低压管道让高压管道。

3）一般管道让高温管道或低温管道。

4）辅助管道让物料管道，一般管道让易结晶、易沉淀管道。

5）支管道让主管道。

（2）安装前的准备工作：

1）认真熟悉图纸，根据施工方案确定的施工方法和技术交底的具体措施做好准备工作。参阅有关专业设备图，核对各种管道的坐标，标高是否有交叉，管道排列所用空间是否合理。

2）根据施工图备料，并在施工前按设计要求检验材料设备的规格、型号、质量等是否符合要求。

3）了解室内给排水管道与室外管道的连接位置，穿建筑物的位置、标高及做法，管道穿过地基坡度线。

（3）预制加工：按设计图纸画出管道分路、管径、变径、预留口、阀门等位置的施工草图，在实际安装的位置做上标记，按标记分段量出实际安装的准确尺寸，标注在施工草图上，然后按草图的尺寸预制加工，如断管、套丝、上管件、调直等。

（4）引入管安装：引入管穿越建筑物基础时，应按设计要求施工。为防止基础下沉而破坏引入管，引入管敷设在预留孔内，应保持管顶距孔壁的净空尺寸不小于150mm。为方便管道系统试压及冲洗时排水，引入管进入室内，其底部宜用三通连接，在三通底部装泄水阀或管堵。

当有防水要求时，给水引入管应采用防水套管，常用的防水套管如图3-21所示。

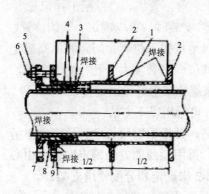 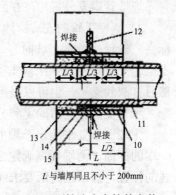

（a）柔性防水套管的安装　　　（b）刚性防水套管的安装

图3-21　防水套管的安装

1—套管；2—翼环；3—挡圈；4—橡胶条；5—螺母；6—双头螺栓；

7—法兰盘；8—短管；9—翼盘；10—钢管套；11—钢管；12—翼环；

13—石棉水泥；14—油麻；15—挡圈

133

（5）给水干管安装：室内给水干管一般分为下供地埋式和上供架空式两种。

1）埋地干管安装：埋地干管安装时，首先确定干管的位置、标高和管径等，正确地按设计图纸规定的位置开挖土方至所需深度，若未留墙洞，则需要按图纸的标高和位置在工作面上画好打眼位置的十字线，然后打洞。为方便打洞后按剩余线迹来检验锁定管道的位置正确与否，十字线长度应大于孔径。为确保检查维修时能排尽管内余水，埋地总管一般应坡向室外。

给水引入管与排水管出管的水平净距不得小于 1m；室内给水管与排水管平行铺设时，两管间最小水平净距离为 500mm。交叉铺设时，垂直净距 150mm，给水管应铺设在排水管上方，如给水管必须铺设在排水管下方时应加套管，套管长度不应小于排水管径的 3 倍。

埋地管道安装好后要测压、防腐，对埋地镀锌钢管被破坏的镀锌表层以及管螺纹露出部分的防腐，可采用涂铅油或防锈漆的方法，对于镀锌钢管大面积表面破损应调换管子或与非镀锌钢管一样，按三油两布的方法进行防腐处理。

埋地管道安装好后，在回填土之前，要填写"隐蔽工程记录"。

2）架空干管的安装：地上干管安装时，首先确定干管的位置、标高、管径、坡度、坡向等，正确地按图示位置、间距和标高确定支架的安装位置，在应栽支架的部位画出长度大于孔径的十字线，然后打洞栽支架，也可以采用膨胀螺栓或射钉枪固定支架。

水平支架位置的确定和分配，可采用以下方法：

先按图纸要求测出一端的标高，并根据管段长度和坡度定出另一端的标高，两端标高确定之后，再用拉线的方法确定出管道中心线的位置，然后按图纸要求或表 3-2 来确定和分配管道支架。

表 3-2　钢管道支架的最大间距

公称直径/mm		15	20	25	32	40	50	70	80	100	125	150	200	250	300
支架的最大间距/m	保温管	1.5	2	2	2.5	3	3	4	4	4.5	5	6	7	8	8.5
	非保温管	2.5	3	3.5	4	4.5	5	6	6	6.5	7	8	9.5	11	12

栽支管的孔洞不宜过大，且深度不得小于 120mm。支架的安装应牢固可靠，成排支架的安装应保证其支架台面处在同一水平面上，且垂直于墙面。

管道支架一般在地面预制，支架上的孔眼宜用钻床钻得，若钻孔有困难而采用氧割时，为保证支架洁净美观和安装质量必须将孔洞上的氧化物清除干净，支架的断料，宜采用锯断的方法，如用氧割则应保证美观和质量。

栽好支架，应使埋固砂浆充分牢固后方可安装管道。

干管安装一般可在支架安装完毕后进行。可先在主干管中心线上定出各分支主管的位置，标出主管的中心线，然后将各主管间的管段长度测量记录并在地面进行预制和预组装。预制时同一方向的主管应保证在同一直线上，且管道的变径应在分出支管之后进行。组装好的管子，应在地面进行检查有无歪斜扭曲，如有则应调直。

安装管道时，为防止管道滚落伤人应将管道滚落在支架上，随即用预先准备好的 U 形卡将管道固定，干管安装后，应保证整根管子水平面和垂直面都在同一直线上。

干管安装注意事项如下：

1）地下干管在上管前，应将各分支口堵好，为防止泥沙进入管内，为保证管路通畅，在上主管时，要将各管口清理干净。

2）预制好的管子要小心保护好螺纹，上管时不得碰撞，可用加装临时管件方法加以保护。

3）安装完的干管，不得有塌腰、拱起的波浪现象以及左右扭曲的蛇弯现象。管道安装应横平竖直。水平管道纵向弯曲的允许偏差当管径小于 100mm 时为 5mm，当管径大于 100mm 时为 10mm，横向弯曲全长 25m 以上为 25mm。

4）在高空上管时，要注意防止管钳打滑而发生的安全事故。

5）支架应根据图纸要求或管径正确选用，其承重能力必须达到设计要求。

（6）给水立管安装：立管安装前，首先根据图纸要求或给水配件以及卫生器具的种类确定支管的高度。在墙面上画出横线。再用线坠吊在立管的位置上，在墙上弹出或画出垂直线，并根据立管卡的高度在垂直线上确定出立管卡的位置并画好横线，然后再根据所画的横线和垂直线的交点打洞栽管卡。立管管卡安装，当层高小于或者等于 5m 时，每层须安装一个，当层高大于 5m 时，每层不得少于两个，管卡的安装高度，应距离地面 1.5～1.8m，两个以上的管卡应均匀安排，成排管道或同一房间的立管卡和阀门等的安装高度应保持一致。

安装时，按立管上的编号从一层干管甩头处往上逐层进行安装。两人配合，操作时，一人在下端托管，一人在上端上管，并注意支管的接入方向。安装好后为保证立管在垂直度和管道之间的距离符合设计要求，使其正面和侧面都在同一垂直线上，应进行检查，最后收紧管卡。立管一般沿房间的墙角或墙、梁、柱敷设。

1）立管安装有明装和暗装两种方式：

①立管明装时，每层从上至下统一吊线安装卡件，将预制好的立管按编号分层排开，按顺序安装。支管留甩口均加好丝堵。安装完毕后，用线坠吊直找正，配合土建堵好楼板洞。

②立管暗装时，竖井内立管安装的卡件宜在管井设置型钢，上线统 吊线安装卡件，安装在墙内立管应在结构施工时预留管槽，立管安装后吊线找正，用卡件固定。支管留甩口加好临时丝堵。

2）立管安装注意事项有以下几个方面：

①调直后的管道上的零件如有松动，必须重新上紧。

②立管上的阀要考虑便于开启和检修。下供式立管上的阀门。当设计未标明高度时，应安装在地平面上 300mm 处，且阀柄应朝向操作者的右侧并与墙面形成 45°夹角处，阀门后侧必须安装可拆装的连接部件。

③当使用膨胀螺栓时，应先在安装支架的位置用冲击电钻钻孔，孔的直径与套管外径相等，深度与螺栓长度相等。然后将套管套在螺栓上，带上螺母一起打入孔内，到螺母接触孔口时，用扳手拧紧螺母，使螺栓的锥形尾部将开口的套管尾部张开，螺栓便和套管一起固定在孔内，这样就可以在螺栓上固定支架或管卡。

④上管应注意安全，且应保护好末端螺纹，不得破坏。

⑤多层及高层建筑，每隔一层在立管上要安装一个活接头。

（7）支管安装：支管有明装和暗装两种方式：

①支管明装：将预制好的支管从立管甩口一次逐段进行安装，有阀门应将阀门盖卸下再安装。核定不同卫生器具的冷热水预留口高度、位置是否正确，找坡找正后栽支管卡件，上好临时丝堵。支管如装有水表先装上连接管，试压后在交工前拆下连接管，换装上水表。

②支管暗装：支管暗装时，确定支管高度后画线定位，剔出管槽，将预制好的支管敷设在槽内，找平、找正、定位后用钩钉固定。卫生器具的冷热水预留口要做在明处，加好丝堵。

（8）支、吊架的安装：

①安装要点：为固定室内管道的位置，防止管道在自重、温度和外力影响下产生位移，水平管道和垂直管道应每隔一定距离装设支、吊架。常用的支、吊架有立管管卡、托架和吊环等。管卡和托架固定在墙梁柱上，吊环吊在楼板下，如图 3-22、图 3-23 所示。

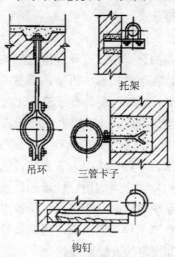

托架

吊环　　三管卡子

钩钉

图 3-22　支、吊架

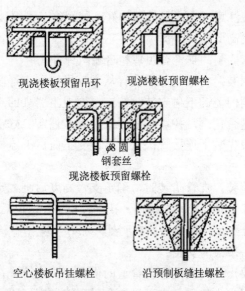

现浇楼板预留吊环　　　　现浇楼板预留螺栓

φ8 圆
钢套丝
现浇楼板预留螺栓

空心楼板吊挂螺栓　　　　沿预制板缝挂螺栓

图 3-23　预埋吊环、螺栓的做法

②安装方法：支架的安装方法有埋栽法、焊接法、膨胀螺栓法和抱箍法等几种结构形式。

（9）水表安装：

①水表安装地点的选择：水表设置位置应按照设计确定，如设计未注明应尽量装设在便于检修、拆换，不易冻结，不受雨水或地面水污染，不会受到机械性损伤，便于查读之处。一般情况下，是在进户给水管的适当部位建造水表井，水表设在水表井内。水表安装示意图如图 3-24 所示，水表外壳上箭头方向应与水流方向一致。

②水表节点：水表节点是指引入管上装设的水表及其前后设置的阀门、泄水装置的总称。阀门用以修理和拆换水表时关闭管网；泄水装置主要用于系统检修时放空管网、检测水表精度及测定进户点压力值。为了使水流平稳流经水表，确保其计量准确，在水表前后应有符合产品标准规定的直线管段。

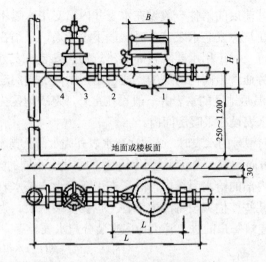

（a）室内地下水表安装

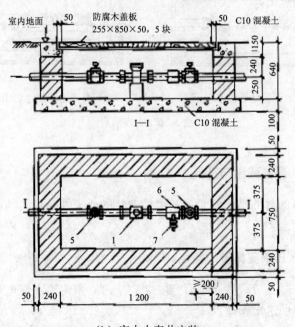

（b）室内水表井安装

图 3-24　水表安装图

水表及其前后的附件一般设在水表井内，对用水量不大、用水可以间断的建筑，安装水表节点时一般不设旁通，只须在水表前后安装阀门即可。对于用水要求较高的建筑物，安装水表节点时应设置旁通管，旁通管由阀门两侧的三通引出，中间加阀门连接，如图3-25 所示。温暖地区的水表井一般设在室外，寒冷地区为避免水表冻裂，可将水表设在采暖房间内。

安装任何型号的水表时，必须注意水表外壳上箭头指示的方向一定要与水流方向一致，还应注意不同型号的水表有不同的安装要求。

在建筑内部的给水系统中，除了在引入管上安装水表外，在须计量水量的某些部位和设备的配水管上也要安装水表。为利于节约用水，住宅建筑每户的进户管上均应安装分户水表。

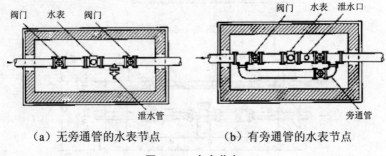

（a）无旁通管的水表节点　　　　（b）有旁通管的水表节点

图 3-25　水表节点

四、管道试压与冲洗

试压的目的是检验管道和附件安装的严密性是否达到设计和施工验收标准。

1. 试压前应具备的条件

（1）试压管段安装项目已安装完毕，对室内给水管道可安装至卫生器具的进水阀前。

（2）支、吊架安装完毕，管子不得涂漆和保温，经检验合格。

（3）直埋管道、室内管道隐蔽前，应有临时加固措施，安全可靠。

（4）试验装置完好，并已连接完毕，压力表应检验校正，其精度等级不应低于 1.5 级，表盘满刻度值为试验压力的 1.5～2.0 倍。

2. 水压试验的步骤

（1）在试压管段系统中高处装设排气阀，低点设灌水试压装置，注水由下部向上部充灌，这样有利于排气。

（2）系统注水采用清洁的水，注水时，先打开管路各高处的排气阀，直至空气排尽，系统中灌满水以后关闭排气阀和进水阀，当压力表针移动时，应检查系统有无渗漏，若出现及时维修。

（3）打开进水阀，启动注水泵缓慢加压到一定值时，暂停加压对系统进行检查，无问题再继续加压，直至达到试验压力值。

（4）试压合格后，应及时将管内水泄掉。拆除临时连接管路，将系统恢复正常状态。

（5）将水压试验结果填入管道系统试压记录表，并经监理工程师认可签字。

3. 给水系统冲洗

水压试验合格后，即可进行管道系统冲洗，冲洗方法如下：

（1）系统冲洗前应先制定出冲洗方案，包括冲洗水源、排泄出路、冲洗顺序和步骤以及各项准备工作和安全注意事项等。

（2）冲洗前，应将系统内仪表、不需要冲洗设备等采取措施隔离或拆除，冲洗后再复位。

（3）给水系统一般用洁净的水冲洗。在沿海城市可先用海水冲洗，然后再用淡水冲洗。

（4）冲洗时，以能达到最大流量和压力进行，并使水的流速不小于 1.5m/s。排水管断面积不小于被冲洗管断面积的 60%。

（5）水冲洗应连续进行，当设计无规定时，以出口的水色和透明度与入口处相一致为合格。

（6）管道冲洗合格后，将水排尽。若为生活饮用水管，应用含有 20～30mg/L 游离氯的水浸泡 24h，进行消毒，再用饮用水冲洗，经有关部门化验合格，才能使用。

（7）冲洗合格后，除进行必要的恢复工作之外，不得再进行影响管内清洁的作业，并填写"管道系统冲洗记录"。

4. 给水系统调试

（1）给水设备试运行：

1）给水设备启动后，各参数均应满足设计要求。

2）给水设备调试中察看其工作是否运行正常。

3）给水设备运转过程中，发生异常应及时处理。若运行正常，按运行时间要求进行。

（2）系统联动试验：

1）从各处返回的启泵信息能启动水泵。

2）系统联动后各用水点的压力和流量均应满足设计要求。

3）各种控制装置运行正常，无卡塞和失灵现象。

4）系统联动时，其管道压力及流速均应满足要求，阀门及器具无渗漏、损坏。

5）调试完毕后投入正常使用。

五、给水管道及配件安装质量及允许偏差

1. 主控项目

（1）室内给水管道的水压试验必须符合设计要求。当设计未注明时，各种材质的给水管道系统试验压力均为工作压力的 1.5 倍，但不得小于 0.6MPa。

检验方法：金属及复合管给水管道系统在试验压力下观测 10min，压力降不应大 于 0.02MPa，然后降到工作压力进行检查，应不渗不漏；塑料管给水系统应在试验压力下稳压 1h，压力降不得超过 0.05MPa，然后在工作压力的 1.15 倍状态下稳压 2h，压力降不得超过 0.03MPa，同时检查各连接处不得渗漏。

（2）给水系统交付使用前必须进行通水试验并做好记录。

检验方法：观察和开启阀门、水嘴等放水。

（3）生产给水系统管道在交付使用前必须冲洗和消毒，并经有关部门取样检验，符合国家《生活饮用水卫生标准》（GB 5749—2006）的规定方可使用。

检验方法：检查有关部门提供的检测报告。

（4）室内直埋给水管道（塑料管道和复合管道除外）应做防腐处理。埋地管道防腐层材质和结构应符合设计要求。

检验方法：观察或局部解剖检查。

2. 一般项目

（1）给水引入管与排水排出管的水平净距不得小于 1m。室内给水与排水管道平行敷设时，两管间的最小水平净距不得小于 0.5m；交叉铺设时，垂直净距不得小于 0.15m。给水管应铺在排水管上面，若给水管必须铺在排水管的下面时，给水管应加套管，其长度不得小于排水管管径的 3 倍。

检验方法：尺量检查。

（2）管道及管件焊接的焊缝表面质量应符合下列要求：

1）焊缝外形尺寸应符合图纸和工艺文件的规定，焊缝高度不得低于母材表面，焊缝与母材应圆滑过渡。

2）焊缝及热影响区表面应无裂纹、未熔合、未焊透、夹渣、弧坑和气孔等缺陷。

检验方法：观察检查。

（3）给水水平管道应有 0.002～0.005 的坡度坡向泄水装置。

检验方法：水平尺和尺量检查。

（4）给水管道和阀门安装的允许偏差应符合表 3-3 的规定。

（5）管道的支、吊架安装应平整牢固，其间距应符合规范规定。

检验方法：观察、尺量及手扳检查。

（6）水表应安装在便于检修、不受暴晒、污染和冻结的地方。安装螺翼式水表，表前与阀门应有不小于水表接口直径 8 倍的直线管段。表外壳距墙表面净距为 10～30mm；水表进水口中心标高按设计要求，允许偏差为±10mm。

检验方法：观察和尺量检查。

表 3-3　管道和阀门安装的允许偏差和检验方法

项次	项目			允许偏差/mm	检验方法
1	水平管道纵横方向弯曲	钢管	每米	1	用水平尺、直尺、拉线和尺量检查
			全长 25m 以上	≤25	
		塑料管复合管	每米	1.5	
			全长 25m 以上	≤25	
		铸铁管	每米	2	
			全长 25m 以上	≤25	
2	立管垂直度	钢管	每米	3	吊线和尺量检查
			5m 以上	≤8	
		塑料管复合管	每米	2	
			5m 以上	≤8	
		铸铁管	每米	3	
			5m 以上	≤10	
3	成排管段和成排阀门	在同一平面上间距		3	尺量检查

第二节　室内排水系统安装

排水系统的任务是将日常生活和生产过程中所产生的废水，以及降落在屋面的降水汇集后，通过排水系统迅速排至室外排水管中去，为人们提供良好的生活、生产、工作和学习环境。

一、排水系统分类和组成

1. 排水系统的分类

按所排除的污（废）水的性质不同，室内排水系统可分为三类。

（1）生活污（废）水排水系统：排除人们生活中的舆洗、洗涤、含有有机物和细菌的污水。生活污水须经过化粪池处理后，方可排入室外排水管道。

（2）工业污（废）水排水系统：排除工业生产过程中所产生的生产污水和生产废水。工业污（废）水系统排除工艺生产过程中产生的污（废）水，由于工业生产门类繁多，所排除的污（废）水性质也极为复杂，按其污染的程度分为生产污水排水系统和生产废水排水系统。生产污水是指在生产过程中被化学杂质污染，水的色味改变，需要经过技术处理后方可回收排放的水，生产污水的酸、碱度高，含有有毒的氰、酚、铬等化学物质；生产废水是指使用后只有轻度污染或仅是水温升高，经简单处理即可回收利用或循环利用的工业废水。生产污（废）水一般均应按排水的性质分流设置管道排出，如冷却水应回收循环使用，洗涤水可回收重复利用。

（3）屋面雨雪水排放系统：排除屋面的雨水和融化后的雪水。

上述三类污水如果分别设置管道排出建筑物外，称为室内排水分流制；若将其中两类或三类污（废）水合用管道排出，则称为室内排水合流制。应根据污（废）水的性质、污染程度、室外排水体制、污（废）水综合利用的可能性和处理要求等因素确定室内排水体制和设置室内排水系统。

2. 室内排水系统的组成

室内排水系统的组成应满足以下三个基本要求：首先要能够迅速通畅地将污（废）水排到室外；其次，排水管道系统气压稳定，有毒有害气体不进入室内，保证室内环境卫生；最后，管线布置合理，工程造价低。为满足以上要求，室内排水系统一般由污（废）水收集器、排水管系统、通气管、清通设备、抽升设备、污水局部处理设备等部分组成，如图3-26所示。

（1）污（废）水收集器：污（废）水收集器是指用来收集污（废）水的器具，它是室内排水系统的起点。如室内的卫生器具、工业废水的排水设备及雨水斗等。

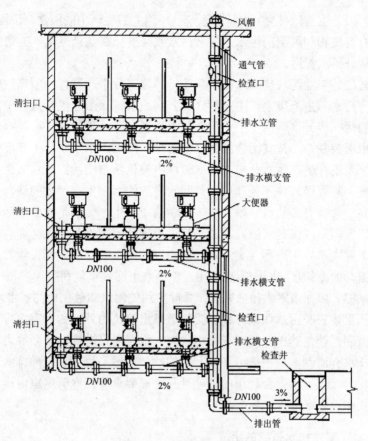

图 3-26　排水系统的组成

（2）排水管系统：排水管系统由器具排水管（含存水弯）、排水横支管、排水立管、排出管等组成。

1）器具排水管：器具排水管是指连接卫生器具与排水横支管之间的短管。除坐便器外，其他的器具排水管上均应设水封装置（如 S 形存水弯和 P 形存水弯等），以防止排水管道中的有害气体进入室内。

2）排水横支管：排水横支管是指连接两个或两个以上卫生器具的器具排水支管的水平管，应具有一定的坡度，坡向立管，并应尽量不转弯，直接与立管相连。

146

3）排水立管：连接排水横支管的垂直排水管的过水部分。排水立管的作用是收集其上所接的各横支管送来的污水并排至排出管。

4）排出管：排出管连接室内排水系统和室外排水系统，用来收集排水立管排来的污水，并将其排至室外排水管网中去。

（3）通气管系统：通气管是指排水立管上部不过水部分，作用是防止因气压波动造成水封破坏，有害气体进入室内，影响室内卫生环境。通气管管径应符合表 3-4 规定。通气管设置形式有普通通气管、辅助通气管和专用通气管等方式，如图 3-27 所示。

表 3-4　通气管最小管径　　　　　　　单位：mm

通气管名称	排水管管径						
	32	40	50	75	100	125	150
器具通气管	32	32	32		50	50	
环形通气管			32	40	50	50	
通气立管			40	50	75	100	100

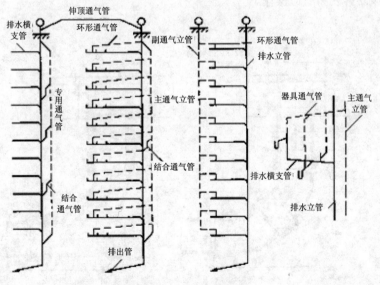

图 3-27　通气管系统

1）普通通气管：普通通气管也称伸顶通气管，即将排水立管伸出屋顶作为通气管，伸出屋顶高度不小于0.3m，并应大于当地积雪厚度。

2）辅助通气管：一般指环形通气管、器具通气管等。对于卫生、环境要求高的建筑物，污水管道都应设器具通气管。

3）专用通气管：专用通气管与污水立管并列敷设，在最高层的卫生器具以上0.15m处或在检查口以上污水立管上的伸顶通气管用斜三通相连通。专用通气管下端在最低污水横支管以下与污水立管用斜三通相连接。在中间层，每隔两层设结合通气管与污水立管相连通。

（4）清通设备：在排水管道适当位置应设置清扫口、检查口和室内检查井等，以清通建筑物内的排水管道，如图3-28所示。

1）清扫口：设置在排水横支管上，当排水横支管上连接两个或两个以上的大便器、三个或三个以上的其他卫生器具时，应在横贯的起端设置清扫口。清扫口顶面应与地面相平，且仅单向清通。横管起端的清扫口与管道相垂直的墙面的距离不得小于0.15mm，以便保证拆装和清通操作。

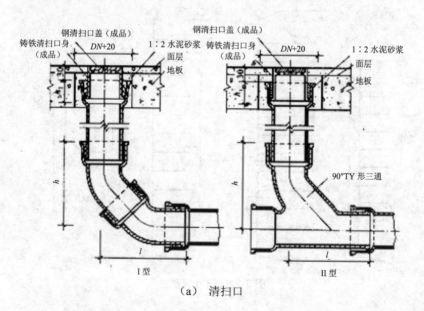

（a）清扫口

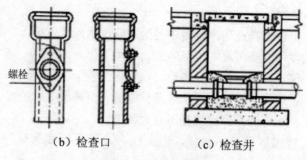

（b）检查口　　　　（c）检查井

图 3-28　清通设备

2）检查口：检查口是一个带盖板的开口短管，拆开盖板即可清通管道。它设置在排水立管上及较长的水平管段上。检查口的设置高度一般应高出地面 1m；并应高出该层卫生器具上边缘 0.15m，与墙面成 45°夹角。

3）室内检查井：对于不散发有害气体或大量蒸汽的工业废水管道，在管道转弯变径、改变坡度和连接支管处，可设置室内检查井。在直线管段上，排除生产废水时，检查井的间距不得大于 30m；排除生产污水时，检查井的间距不得大于 20m。对于生活污水排水管道，在室内不宜设置检查井。

（5）污水局部处理构筑物及污水抽升设备：常用的局部污水处理构筑物有化粪池、隔油池、沉淀池、降温池和接触消毒池等。

民用和公共建筑地下室、人防建筑、高层建筑地下技术层等必须设置污水抽升设备，将不能自流排出至室外的污水排出，以保持建筑物内的良好卫生。抽升建筑物内的污水所使用的设备一般为离心泵。

二、排水管道布置与敷设

1. 排水管道的布置原则

建筑内部排水管道系统的布置直接关系着人们的生活和生产，为了创造一个良好的生活和生产环境，建筑内部排水管道的布置应遵循以下原则：

（1）卫生器具及生产设备中的污水或废水应就近排入立管。

（2）使用安全可靠、不影响室内环境卫生。

（3）便于安装、维修及清通。

（4）管道尽量避震，避基础及伸缩缝、沉降缝。

（5）在配电间，卧室等处不宜设管道。

（6）管线尽量横平竖直，沿梁柱走，使总管线最短，工程造价低。

（7）占地面积小，美观。

（8）防止水质污染。

（9）管道位置不得妨碍生产操作、交通运输或建筑物的使用。

2. 排水管道布置要求

（1）自卫生器具至排出管的距离应最短，管道转弯应最少。

（2）排水立管宜靠近排水量最大的排水点。

（3）架空管道不得敷设在对生产工艺或卫生有特殊要求的生产厂房内，以及食品和贵重商品仓库、通风室、变配电间和电梯机房内。

（4）排水管道不得穿过沉降缝、伸缩缝、变形缝、烟道和风道。

（5）排水埋地管道，不得布置在可能受重物压坏处或穿越生产设备基础。

（6）排水立管不得穿越卧室、病房等对卫生、安静有较高要求的房间，并不宜靠近与卧室的相邻内墙。

（7）排水管道不宜穿越橱窗、壁柜。

（8）塑料排水立管应避免布置在易受机械撞击处，如不能避免时，应采取保护措施。

（9）塑料排水管应避免布置在热源附近，如不能避免，并导致管道表面受热温度大于 60℃时，应采取隔热措施。塑料排水立管与家用灶具边缘净距不得小于 0.4m。

（10）排水管道外表面如可能结露，应根据建筑物性质和使用要求，采取防结露措施。

（11）排水管道不得穿越生活饮用水水池部位的上方。

（12）室内排水管道不得布置在遇水会引起燃烧、爆炸的原料、产品和设备的上面。

（13）排水横管不得布置在食堂、饮食业厨房的主副食操作烹调备餐的上方。当受条件限制不能避免时，应采取防护措施。

（14）排水管道宜地下埋设或在地面上、楼板下明设，如建筑有要求时，可在管槽、管道井、管廊、管沟或吊顶内暗设，但应便于安装和检修。在气温较高、全年不结冻的地区，可沿建筑物外墙敷设。

（15）住宅卫生间的卫生器具排水管不宜穿越楼板进入他户。

3. 排水管道敷设

室内排水管道的敷设有明装和暗装两种方式。

明装是指管道沿墙、梁、柱直接敷设在室内，其优点是安装、维修、清通方便，工程造价低，但是不够美观，且因暴露在室内易积灰结露影响环境卫生。明装一般用于对环境要求不高的住宅、饭店、集体宿舍等建筑。

暗装是将管道敷设在管槽、管沟或管井中，工程造价较高。对于室内美观程度要求高的建筑物或管道种类较多时，应采用暗装的方式。

三、排水管道安装

1. 一般规定

（1）室内排水系统管材应符合设计要求。当无设计规定时，应按下列规定选用：

1）生活污水管道应使用塑料管、铸铁管等。

2）雨水管道应使用塑料管、铸铁管、镀锌和非镀锌钢管等。

3）悬吊式雨水管道应选用钢管、铸铁管或塑料管。易受震动的雨水管道应使用钢管。

（2）在生活污水管道上设置的检查口或清扫口，应符合设计要求。当设计未规定时应符合下列规定：

1）在立管上应每隔一层设置一个检查口，且在最底层和有卫生器具的最高层必须设置。如为两层建筑时，可仅在底层设置立管检查口；如有乙字形弯管时，则在该层乙字形弯管的上部设置检查口。检查口中心高度距操作地面一般为 1m，允许偏差±20mm，并应高于该层卫生器具上边缘 150mm，检查口朝向应便于检修。暗装立管，在检查口处应安装检修门。

2）在连接 2 个及 2 个以上大便器或 3 个及 3 个以上卫生器具的污水横管上应设置清扫口。当污水管在楼板下悬吊敷设时，可将清扫口设在上一层楼地面上，污水管起点的清扫口与管道相垂直的墙面距离不得小于 200mm；若污水管起点设置堵头代替清扫口时，与墙面距离不得小于 400mm。

3）在转角小于 135°的污水横管上，应设置检查口或清扫口。

4）污水横管的直线管段，应按设计要求的距离设置检查口或清扫口。

（3）金属排水管道上的吊钩或卡箍应固定在承重结构上。横管不大于 2m；立管不大于 3m。立管底部的弯管处应设置墩或采取固定措施。

（4）塑料排水管道支、吊架间距应符合表 3-5 的规定。

表 3-5　塑料排水管道支、吊架最大间距　　　　　单位：m

管径/mm	50	75	110	125	160
立管	1.2	1.5	2.0	2.0	2.0
横管	0.5	0.75	1.10	1.30	1.6

（5）排水通气管不得与风道或烟道连接，且应符合下列规定：

1）通气管应高出屋面 300mm，且必须大于最大积雪厚度。

2）在通气管出口 4m 以内有门、窗时，通气管应高出门、窗顶

600mm 或引向无门、窗一侧。

3）在经常有人停留的平屋顶上，通气管应高出屋面 2m，并应根据防雷要求设置防雷装置。

4）屋顶有隔热层应从隔热层板面算起。

（6）未经消毒处理的医院含菌污水管道，安装时，不得与其他排水管道直接连接。

（7）饮食业工艺设备引出的排水管及饮用水水箱的溢流管，不得与污水管道直接连接。

（8）通向室外的排水管，穿过墙壁或基础必须下返时，应用 45°三通和 45°弯头连接，并应在垂直管段顶部设置清扫口。

（9）由室内通向室外排水检查井的排水管，井内引入管应高于排出管或两管顶相平，并有不小于 90°的水流转角，如落差大于300mm 可不受角度限制。

（10）用于室内排水的水平管道与水平管道、水平管道与立管的连接，应采用 45°三通或 45°四通和 90°斜三通或 90°斜四通。立管与排出管端部的连接，应采用两个 45°弯头或曲率半径不小于 4 倍管径的 90°弯头。

（11）雨水管道不得与生活污水管道相连接。雨水斗的连接应固定在屋面承重墙上，连接管管径不得小于 100mm。

（12）凡有隔绝难闻气体要求的卫生洁具和生产污（废）水受水器的泄水口下方的器具排水管，均须设置存水弯。设存水弯有困难时，应在排水支管上设水封井或水封盒，其水封深度应分别不小于100mm 和 50mm。

（13）选定的支承件和固定支架的形式应符合设计要求。吊钩或卡箍应固定在承重结构上。铸铁管的固定间距，横管不得大于 2m，立管不得大于 3m；层高小于或等于 4m，立管可安设一个固定件，立管底部的弯管处应设支墩。

塑料管支承件的间距，立管外径为 50mm 的，应不大于 1.5m；外径为 75mm 及以上的，应不大于 2m，横管应不大于表 3-6 中的规定。

表 3-6　　塑料横管支承件的间距

外径/mm	40	50	75	110	160
间距/mm	400	500	750	1 100	1 600

（14）排水横干管要尽量少转弯，横干管与排出管之间、排出管与其同一检查井内的室外排水管之间的水流方向的夹角不得小于90°以保证水流畅通；当落差大于 0.3m 时，可以不受此限制。为便于排水，排出管与室外排水管连接时，其管顶标高不得低于室外排水管管顶标高。

（15）排出管及排水横干管在穿越建筑物承重墙或基础时，要预留孔洞，其管顶上部的净空高度不得小于房屋的沉降量，并且不小于 0.15m。排出管穿过地下室外墙或地下构筑物的墙壁处，应采取防水措施。高层建筑的排出管，应采取有效的防沉降措施。

（16）排水管安装，一般为承插管道接口，即以麻丝填充，用水泥或石棉水泥打口（捻口），不得用一般水泥砂浆抹口。

2. 排水管道安装工艺

（1）安装工艺流程：

室内排水管道安装程序：安装准备工作→排出管的安装→底层埋地横管及器具支管安装→立管安装→通气管安装→各层横支管安装→器具短支管安装等。

（2）安装准备：

1）按设计图纸上管道的位置确定标高，将管沟开挖至设计深度。

2）埋地铺设的管道宜分两段施工。第一段先作±0.000 以下的室内部分，至伸出外墙为止。待土建施工结束后，再铺设第二段，从外墙接入检查井。如果埋地管为铸铁管，地面以上为塑料管时，底层塑料管插入其承口部分的外侧应先用砂纸打毛。插入后用麻丝填嵌均匀，以石棉水泥捻口。操作时要避免塑料管变形。

3）按各受水口位置及管道走向进行测量，绘制实测小样图并详细注明尺寸。

4）埋地管道的管沟，应底面平整，垫层宽度应不小于管径的 2.5 倍，无突出的尖硬物，对塑料管一般可做 100～150mm 砂垫层，坡度与管道坡度相同。

5）清除管道及管件承口、插口的污物，铸铁管有沥青防腐层要用气焊设备将防腐层烤掉。

6）在管沟内安装的，要按图纸和管材、管件的尺寸，先将承插口、三通、阀门等位置确定，并可逐段定位。

7）地面上的管道安装，按管道系统和卫生设备的设计位置，结合设备排水口的尺寸与排水管管口施工要求，在墙柱和楼地面上画出管道中心线，并确定排水管道预留管口坐标，做出标记。

8）按管道走向及各管段的中心线标记进行测量，绘制实测小样图，详细注明尺寸。管道距墙柱尺寸为立管承口外侧与饰面的距离应控制在 20～50mm。

9）按实测小样图选定合格的管材和管件，进行配管和断管。预制的管段配制完成后，应按小样图核对节点间尺寸及管件接口朝向。

10）将材料和预制管段运至安装地点，按预留管口位置及管道中心线，依次安装管道和伸缩节，并连接各管口。管道安装一般自下向上分层进行，先安装立管，后安装横管，连续施工。

（3）排水管安装：

1）排水管的安装要求：

① 排水管应满足最佳水力条件：

a．卫生器具排水管与排水横支管可用 90°斜三通连接。

b． 横管与横管（或立管）的连接，宜采用 45°或 90°斜三（四）通，不得采用正三（四）通。

c．为减少管道堵塞的机会，排水立管宜靠近杂质最多、最脏和排水量最大的卫生洁具设置，水立管一般不允许转弯，当上下层位置错开时，宜用乙字管或两个 45°弯头连接；错开位置较大时，也可有一段不太长的水平管段。

立管管壁与墙、柱等表面应有 35～50mm 的安装净距。立管穿楼板时，应加段套管，对于现浇楼板应预留孔洞或镶入套管，其孔洞尺寸较管径大 50～100mm。

立管的固定常采用管卡，管卡的间距不得超过 3m，但每层必须设一个管卡，宜设于立管接头处。排水立管上应设检查口，其间距不宜大于 10m 以便于管道清通。若采用机械疏通时，立管检查口的间距可达 15m。

d. 立管与排出管的连接，宜采用两个 45°弯头或弯曲半径不小于 4 倍管径的 90°弯头。

e. 排出管与室外排水管道连接时，前者管顶标高应大于后者；连接处的水流转角不小于 90°，若有大于 0.3m 的落差可不受角度的限制。

f. 无通气立管时，最低排水横支管高度应按表 3-7 的规定选取。

表 3-7　最低排水横支管高度

图示	立管连接卫生器具的层数	垂直距离 h/mm
	≤4	450
	5～6	750
	7～9	3 000
	≥20	6 000

g. 排水横支管的位置及走向，应视卫生洁具和排水立管的相对位置而定，可以沿墙敷设在地板上，也可用间距为 1～1.5m 的吊环悬吊在楼板下。

为防止因管道过长而造成虹吸作用对卫生洁具水封的破坏，排水横支管不宜过长，一般不得超过 10m，同时，为减小阻塞及清扫口的数量，要尽量少转弯，尤其是连接大便器的横支管，宜直接与立管连接。排水立管仅设伸顶通气管时，最底排水横支管与立管连接处距排水立管管底的垂直距离，应符合规定。排水支管连接在排出管或排水横干管上时，连接点距立管底部的水平距离，不宜小于 3.0m。

h. 最低排水横支管直接连接在排水干管（或排出管）上时，应符合图 3-29 的规定。

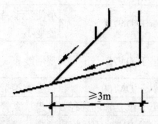

图 3-29 最低排水横支管直接与排水横干管（或排出管）连接

② 排水管预留洞口尺寸：排水管道穿过承重墙或基础处应预留洞口，尺寸见表 3-8。

表 3-8 排水管道穿过承重墙或基础处预留洞口尺寸　单位：mm

管径（d）	50～75	>100
洞口尺寸（高×宽）	300×300	（d+300）×（d+200）

③ 排水管最小埋深：在一般厂房内部，为防止管道受机械损坏，排水管最小埋深应遵守表 3-9 的规定。在铁轨下应采用钢管或给水铸铁管保护，且最小埋深不小于 0.1m。

表 3-9 排水管最小埋设深度

管材	地面至管顶距离/m	
	素土夯实、缸砖、木砖等地面	水泥、混凝土、沥青混凝土等地面
排水铸铁管	0.7	0.4
混凝土管	0.7	0.5
陶土管、硬聚氯乙烯管	1.0	0.6

④ 排水管最小管径：排水管的最小管径见表 3-10。

表 3-10　排水管的最小管径

管道名称	最小管径/mm	说　明
小便槽、3 个以上小便器排水管	不小于 DN75	小便污水易使管壁结垢，使管道内径变小
医院洗涤间的洗涤盆和污水盆排水管	不小于 DN75	常用纱布、纸类杂物堵塞
公共浴室排水管	不小于 DN100	长毛发等杂物堵塞
有立管接入的横管	不小于该立管的管径	考虑从立管带入的杂物最大尺寸
生活污水立管	不小于 DN50 且不小于接入的最大横管管径	考虑从横管带入的最大杂物尺寸和通气需要
公共食堂厨房污水管	比计算值至少大 1 号，但干管不小于 DN100，支管不小于 DN75	因含泥沙、菜屑、骨杂、油脂较多（必要时设置隔油具或隔油井）

2）排出管的安装：排出管是室内排水管道的总管，是指由底层排水横管三通至室外第一个排水检查井之间的管道。施工时，室外做至建筑物外墙 1m，室内一般做至一层立管检查口，如图 3-30 所示。排出管安装并经位置校正和固定后，应封填预留孔洞，其做法是用不透水材料（如沥青油麻或沥青玛碲脂）封填严实，并在内、外两侧用 1：2 水泥砂浆封口。

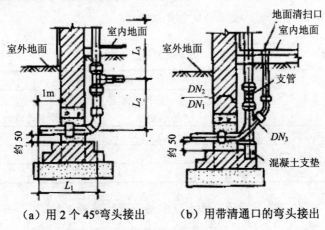

（a）用 2 个 45°弯头接出　　（b）用带清通口的弯头接出

图 3-30　排出管的安装

3）底层排水横管的安装：

①底层排水横管的预制及安装，应以所连接的卫生器具安装中心线，以及已安装好的排出管斜三通及 45°弯头承口内侧为量尺基准，确定各组成管段的管段长度，经比量法下料、打口预制，如图3-31 所示。

②横管与横管不得采用正三通或正四通连接，应采用 90°斜三通或 90°斜四通连接，横管与立管连接也应如此。

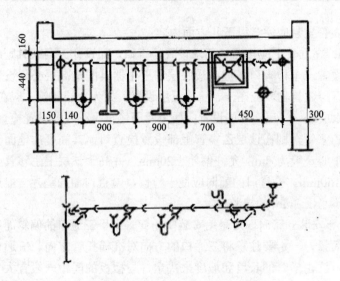

图 3-31　排水横管、支管的安装

4）立管的安装：

①确定立管位置。立管作用上承接横支管排泄的污水，立管的安装位置要考虑到横支管与墙的距离和不影响卫生器具的使用。定出安装距离后，在墙上做出记号，用粉囊在墙上弹出该点的垂直线即是该立管的位置。排水立管与墙面的距离应符合表 3-11 的规定。

②安装立管：安装立管时，应两人配合进行。楼上一人楼下一人，用绳子将立管插入下层管承口内，找正甩口及检查口方向，并将管道在楼板洞内临时固定，然后接口。管道安装一般自下向上分

层进行，安装时一定要注意将三通口的方向对准横管的方向。每层立管安装后，均应立即以管卡固定。立管底部的弯管处应设置支墩。

表 3-11　　排水立管中心与墙面距离及留洞尺寸　　单位：mm

管径	50	75	100	125～150
管中心与墙面距离	100	110	130	150
楼板留洞尺寸	100×100	200×200	200×200	300×300

立管安装应注意以下几方面内容：

a．在立管上应按图纸要求设置检查口，如设计无要求时则应每两层设置一个检查口，但在最底层和卫生器具的最高层必须设置。如为五层建筑物，应在一、三、五层设置；如为六层建筑，应在一、四、六层或一、三、六层设置；如为两层建筑可在底层设置检查口。如有乙字管，则在该层乙字管上部设置检查口，其高度由地面至检查口中心一般为 1m，允许偏差±20mm，并高于该层卫生移具上边缘的 150mm。检查口的朝向应便于检修，检查口盖的垫片一般选用厚度不小于 3mm 的橡胶板。

b．安装立管时，为避免安装横托管时由于三通口的偏斜而影响安全质量，一定要注意将三通口的方向对准横托管方向。三通口的高度，要由横管的长度和坡度来决定，与楼板的间距一般宜大于或等于 250mm，但不得大于 300mm。

5）通气管的安装：见表 3-12。

①伸出屋顶的通气立管高出屋面不小于 300mm，且必须大于积雪厚度。

②如在通气管出口 4m 以内有门、窗时，通气管应高出门、窗顶 600mm 或引向无门、窗一侧。

③ 在经常有人停留的平面屋顶上，通气管应高出屋面 2m，并应根据防雷要求设防雷装置。

④通气管出口不宜设在建筑物的檐口、阳台等挑出部分的下面。

表 3-12　通气管顶端设置要求

设置位置	示意图	说明
高出屋面高度	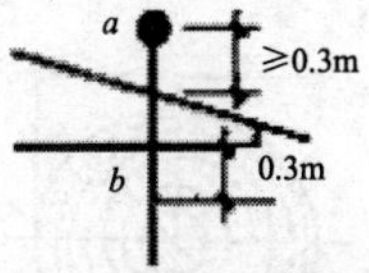	应自隔热层板面计必须大于最大积雪厚度，*ab* 段放大 1 级管径（最冷月平均气温低于 −13℃）
邻近建筑有门窗	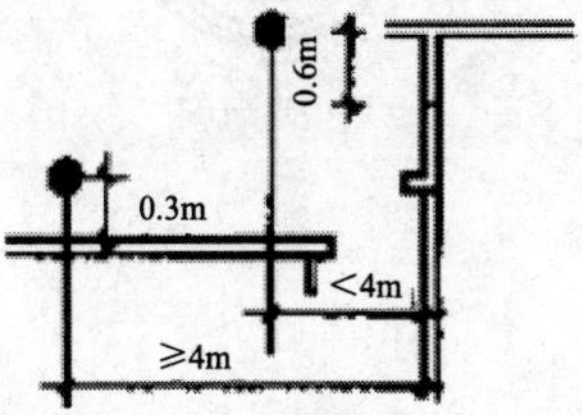	
常有人停留的屋面	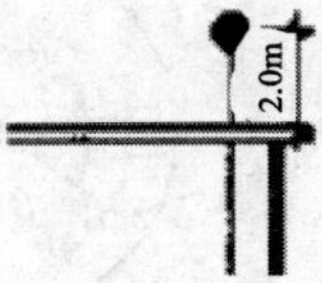	应考虑防雷措施
穿墙伸出	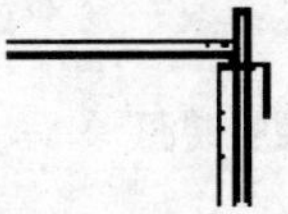	管顶口弯下、穿墙处应有防水措施
邻近有空调系统的新风进风口	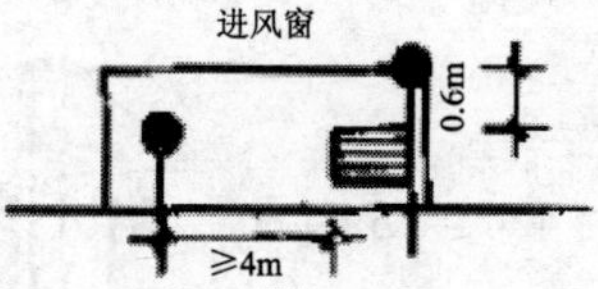	
建筑物排出部分	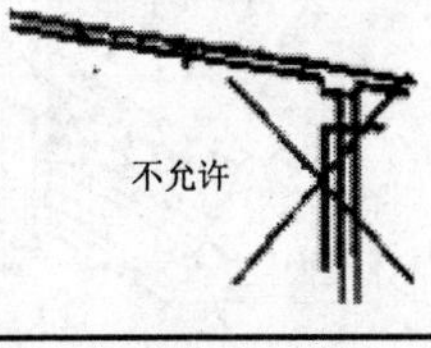	如檐口、阳台、雨篷等处易积聚气体难以散发

⑤通气管顶端应安装透气帽，如图 3-32 所示。

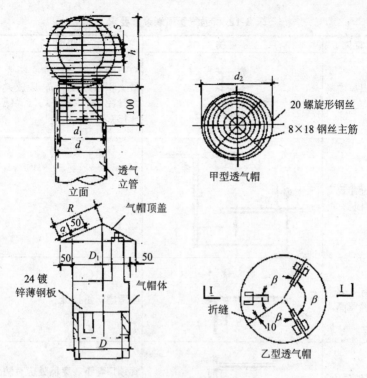

甲型透气帽

乙型透气帽

图 3-32 透气帽安装图

⑥通气管穿屋面应有防水措施，如图 3-33 所示。

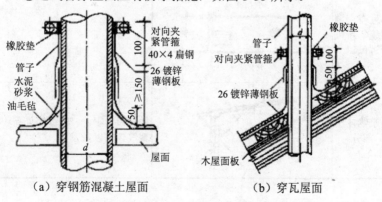

（a）穿钢筋混凝土屋面 （b）穿瓦屋面

图 3-33 透气管屋面安装图

⑦通气管用铸铁管、石棉水泥管等，其连接方式如图 3-34 所示。

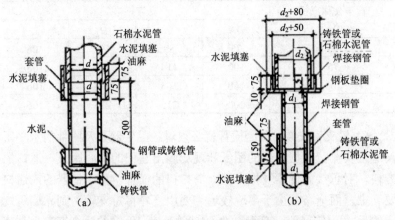

图 3-34　石棉水泥管与钢管或铸铁管的连接

⑧塑料通气管穿越屋面处应采取有效的防水措施，应设置金属套管及填塞纸筋灰，防水效果较好，且便于伸出屋面管道的维修与更换，见图 3-35 及表 3-13。

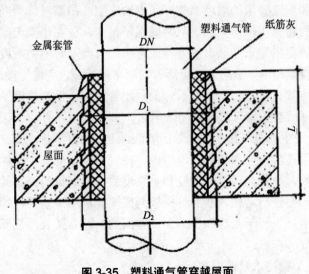

图 3-35　塑料通气管穿越屋面

表 3-13　金属套管规格　　　　　　　　　　　单位：mm

管子公称直径	套管规格			
DN	DN	D_1	D_2	L
50	75	89	102	106
75	100	114	126	106
100	150	165	178	106
150	200	215	228	106

6）横支管安装：预制横管就必须对各卫生器具及附件的水平距离进行实测。根据土建的图纸和现场测出它们的中心距及三通口的方向，对承接大便器及拖布盆、清扫口的横管。如大便器的三通口要朝上，而拖布盆由于离墙较远，要用直弯将短支管引到靠墙所规定的尺寸，该三通应有朝墙方向45°的角度。地漏的两个直弯也是朝上的方向。测出尺寸及方向，绘在草图上便可在地面预制，预制后的管子，如果用水泥接口，则要在养护一段时间待水泥具有初步强度后，才可吊装连接。

首先应在墙上弹画出横管中心线，在楼板内安装吊卡并按横管的长度和规范要求的坡度调整好吊卡的高度。吊装时，用绳子从楼板孔洞处将管段按排列顺序从两侧水平吊起，放在吊架卡圈上临时卡稳，调整横管上三通口的方向或弯头的方向及管道的坡度，调好后方可收紧吊卡。然后为防止落入异物堵塞管道，应进行接口连接，并随时将管口堵好，安装好后，应封闭管道与楼板或墙壁的间隙，并且保证所有预留管口被封闭堵严。

7）卫生器具下排水支立管的安装：卫生器具下排水支立管安装时，将管托起，插入横管的甩口内，在管道承口处绑上铁丝，并在楼板上临时吊住，调整好坡度和垂直度后，打麻捻口并将其固定在横管上，将管口堵住，然后将楼板洞或墙孔洞用砖塞平，填入水泥砂浆填实。为利于土建抹平地面，补洞的水泥砂浆表面应低于建筑表面10mm左右。

8）塑料排水管的安装：

①塑料管道上伸缩节安装：塑料管伸缩节必须按设计要求的位

置和数量进行安装。横干管应根据设计伸缩量确定，横支管上河流配件至立管超过 2m 应设伸缩节，但伸缩节之间的最大距离不得超过 4m。管端插入伸缩节处预留的间隙应为：夏季 5～10mm，冬季 15～20mm。

②管道的配管及粘接工艺：

A. 锯管及坡口施工要点：

a. 锯管长度应根据实测并结合连接件的尺寸逐层决定。

b. 锯管工具宜选用细齿锯、割刀和割管机等机具，断口平整并垂直于轴线，断面处不得有任何变形。

c. 插口处可用中号锉刀锉成 150°～300°坡口，坡口厚度宜为管壁厚度的 1/3 ～ 1/2，长度一般不小于 3mm。坡口完成后，应将残屑清除干净。

B. 粘合面的清理：管材或管件在粘合前应用棉纱或干布将承口内侧和插口外侧擦拭干净，使粘接面保持清洁，无尘沙与水迹。当表面粘有油污时，须用棉纱蘸丙酮等清洁剂擦净。

C. 管端插入承口深度：配管时，应将管材与管件承口试插一次，在其表面画出标记，管端插入的深度不得小于表 3-14 的规定。

表 3-14　塑料管管材插入管件承口深度

代号	管子外径	管端插入承口深度
1	40	25
2	50	25
3	75	40
4	110	50
5	160	60

D. 胶黏剂涂刷：用油刷蘸胶黏剂涂刷粘接插口外侧及粘接承口内侧时，应轴向涂刷，动作迅速，涂刷均匀且涂刷的胶黏剂应适量，不得漏涂或涂抹过厚。冬季施工时尤需注意，应先涂承口，后涂插口。

E. 承插口连接：承插口清洁后涂胶黏剂，立即找正方向将管道插入承口，使其准直，再加以挤压。应使管端插入深度符合所画标记，并保证承插接口的直度和接口的位置正确，为防止接口滑脱，还应静置 2～3min；预制管段节点间误差应不大于 5mm。

F. 承插接口的养护：承插接口插接完毕后，应将挤出的胶黏剂用棉纱或干布蘸清洁剂擦拭干净，根据胶黏剂的性能和气候条件静置至接口处固化为止。冬季施工时，固化时间应适当延长。

G. 安装要求：

a. 最底层排水横支管与排水立管连接处至排出管管底的垂直距离 A 如小于下列数值时，最底层找支管应单独排出建筑物外：

四层以下建筑　　　　≤450mm

五六层建筑　　　　　≤750mm

七层以上建筑　　　　底层单独排出

如底层排水管不能单独排出时，则应将管底部和排出管的管径加大一级。

b. 排水立管如转弯时，排水支管按图 3-36 连接，图中所示 A 按上述 a 项的要求取值。

c. 排水管的坡度（i），根据各产品标准而定。

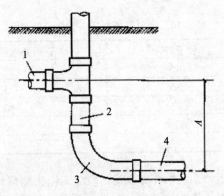

图 3-36　硬聚氯乙烯塑料排水管立管底部转弯部分构造图

1—最低横支管；2—立管；3—立管底部；4—排水管

四、排水管道试压

1. 隐蔽排水支管的灌水试验

对于楼层内隐蔽排水支管的灌水试验流程及方法如下：

（1）试压流程：放气囊封闭下游段→向管道内灌水至地漏上口→检查管道接口是否渗漏→认定试验结果。

（2）灌水试验示意如图3-37所示。

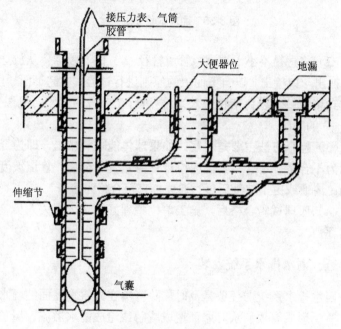

图 3-37 灌水试验

2. 排水主立管及水平干管通球试验

（1）施工时应先做通球试验方案，通球试验宜采取分段试验，分段时应考虑管径、放球口、出球口等因素，试验的分段情况如图3-38所示。

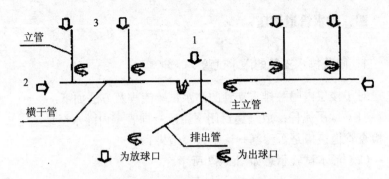

图 3-38　通球试验分段试验

（2）将直径不小于被试验管道管径 2/3 的塑胶球体从放球口放入，在出球口接出。以自下而上的原则进行试验，做完下面一段后，及时封堵管口（以免杂物进入），再进行上一段的试验，见图 3-38 中 1～3 的顺序。

（3）检查方法主要是观察。如果球体能顺利排出，即为合格，否则为不合格。不合格者，应检查管内是否有杂物，管道坡度是否准确。清通或更正坡度后再行通球，直至合格为止。

（4）通球试验合格后，施工单位整理好记录，有关人员签字后备案存档。

五、雨水排水系统安装

雨水排水系统的任务是及时排除降落在建筑物屋面的雨水、雪水，避免形成屋顶积水对屋顶造成威胁或造成雨水溢流、屋顶漏水等水患事故，以保证人们正常生活和生产活动。

1. 雨水排水系统的分类

屋面雨水系统按照管道的设置位置不同可分为外排水系统、内排水系统。雨水外排水系统是指屋面不设雨水斗，建筑物内部没有雨水管道的雨水排放方式，按照屋面有无天沟分为檐沟外排水和天沟外排水；雨水内排水系统是指屋面设雨水斗，雨水管道设置在建筑物内部的雨水排水系统，根据系统是否与大气相通分为密闭系统和敞开系统。

（1）雨水内排水系统：雨水内排水系统见表3-15。

表 3-15　雨水内排水系统

技术情况	封闭系统		敞开系统	
	直接外排式	内埋地管式	内埋地管式	内明渠式
特点	1. 室内雨水系统无开口部分，不会引起水患； 2. 管道系压力排水，不允许接入生产废水； 3. 排水能力较大		1. 可排入生产废水，省去生产废水系统； 2. 管内水流掺气增大排水负荷，有可能造成水患	1. 结合房屋内明渠排水，节省排水管渠； 2. 可减小管渠出口埋深
组成部分	房屋设有天沟、雨水斗、连接管、悬吊管、立管及排出管，如图3-39所示			
	房屋内不设置埋地管	房屋内设有密闭埋地管和检查口	房屋内设有敞开埋地管和检查口	房屋内设置排水明渠
适用条件	不允许地下管道冒水时		1. 无特殊要求的大面积工业厂房； 2. 除埋地管起端的1～2个检查井外，可以排入生活废水	1. 结合工艺明渠排水要求，设置雨水明渠； 2. 便于排出水流掺气，减少输送负荷并稳定水流
	地下管道或设备较多设置雨水管困难的厂房	1. 无直接外排水的条件； 2. 房屋内有设置雨水管道的位置		
管（材接口及防腐	连接管、悬吊管、立管及排出管须采用铸铁管、石棉水泥接口；在可能受到震动处应采用钢管、焊接接口			
	房屋内无埋地雨水管	埋地管为压力管，一般采用铸铁管	埋地管采用非金属管，如混凝土管或陶土管等	明渠用砖砌槽、混凝土槽等
优点	1. 不会产生雨水水患； 2. 避免了与地下管道和建筑物的矛盾； 3. 排水量较大	1. 不会产生冒水； 2. 排水量较大； 3. 适用于空中设施较复杂而地下可铺设埋地管道的房屋	1. 可省去废水管道，节省金属管材； 2. 维修管理较方便； 3. 便于生产废水排除	1. 可与厂内明渠结合，节省管材； 2. 稳定水流，减轻渠道负担； 3. 减小出口的埋深； 4. 便于维护

技术情况	封闭系统		敞开系统	
	直接外排式	内埋地管式	内埋地管式	内明渠式
缺点	1. 房屋内须另设生产废水管道； 2. 架空管道过长，易与其设备产生矛盾； 3. 可能产生凝结水； 4. 维护不便； 5. 用金属管道材料较多	1. 房屋须另设生产排水管道； 2. 金属管道材料用量大； 3. 维护方便； 4. 造价较高，施工较烦琐	1. 不能完全避免埋地管道冒水； 2. 易与房屋内地下管道及地下建筑产生矛盾； 3. 房屋较大时，可能造成埋地管道过多，施工不便	1. 受房屋内明渠条件限制； 2. 使用环境条件较差； 3. 管渠结合较为复杂

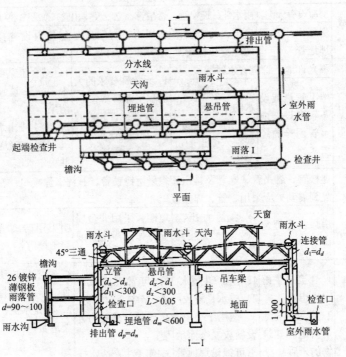

图 3-39 屋面雨水内排水系统

（2）雨水外排水系统：雨水外排水系统见表3-16。

表3-16　雨水外排水系统

特点	檐沟外排水	天沟外排水
	雨水系统各部分均铺设于室外，室内不会由于雨水系统的设置而产生水患	
组成部分	檐沟、承雨斗及立管，如图3-40～图3-42所示	天沟、雨水斗、立管及排出管，如图3-50～图3-52所示
选择条件	适用于小型低层建筑，室外一般不设置雨水管渠	用于大面积厂房屋面排水，室外常设有雨水管渠 1. 房屋内不允许设置雨水管道； 2. 房屋内不允许进雨水； 3. 天沟长度不宜大于50m。 有条件时应尽量采用
管道材料	管道多用26号镀锌铁皮制成的圆形或方形管，接口用锡焊、铸铁管及石棉水泥管等（石棉水泥捻口），也有用PVC—U管和玻璃钢管的	立管及排水管用铸铁管，石棉水泥接口，低矮厂房也可采用石棉水泥管，以套环连接口
铺设技术要求	1. 沿建筑长度方向的两侧，每隔15～20m设φ90～100mm的雨落管1根，其汇水面积不超过250m²； 2. 阳台上可用500mm的排水管	1. 天沟铺设、断面、长度及最小坡度等要求，如图3-51（a）所示； 2. 立管的铺设要求如图3-51（b）所示； 3. 立管直接排水到地面时，须采取防冲刷措施。在湿陷性土壤地区，不准直接排水； 4. 冰冻地区立管须采取防冻措施或设于室内； 5. 溢流口与天沟雨水斗及立管的连接方式如图3-52所示
优点	1. 室内不会因雨水系统而产生漏水、冒水； 2. 与房屋内各种设备、管道等无干扰； 3. 节省金属管道材料	
缺点	1. 不适用于大型建筑排水； 2. 排水较分散，不便于有组织排水	1. 房屋内须设生产废水管道； 2. 为保证天沟坡度，须增大垫层厚度，可能增大屋面负荷； 3. 须加强天沟防水

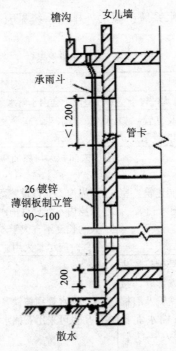

图 3-40 檐向外排水高沟

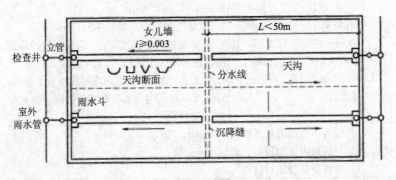

（a）平面

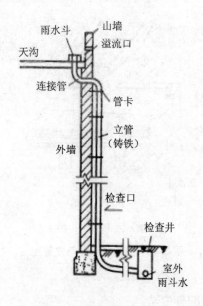

（b） 剖面

图 3-41 天沟外排水

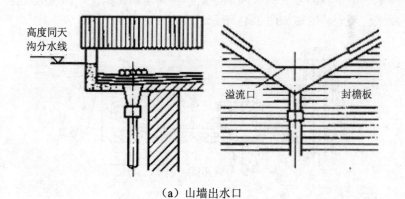

（a）山墙出水口

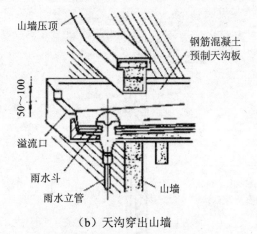

（b）天沟穿出山墙

图3-42　天沟雨水斗与立管连接

2. 雨水管道配件安装

（1）雨水斗安装：雨水斗安装时雨水斗与屋面连接处的结构应能使雨水畅通地自屋面流入斗内，防水油毡弯折应平缓，连接处不漏水。雨水斗的短管应牢固地固定在屋面承通结构上，接缝处不应漏水。雨水斗安装如图3-43所示。

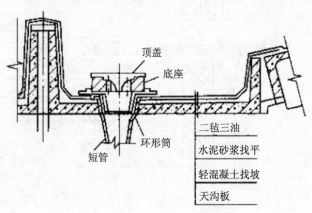

图3-43　雨水斗的安装

（2）悬吊管安装：悬吊管采用铸铁管，用铁箍、吊环等固定在墙上、架上及挂架上应有不小于 0.003 的坡度，当悬吊管长度大于 15m 时，应安装检查口或带法兰盘的三通，其间距离不大于 20m，位置最好靠近柱子、墙，便于检修。另外，在悬吊管堵头也应设检查口。悬吊管检查口间距见表 3-17。

表 3-17 悬吊管检查口间距

项次	悬吊管直径/mm	检查口间距/m
1	≤150	≤15
2	≥200	≥20

（3）雨水斗口安装：

1）挑檐板雨水斗口：按设计要求，先剔出挑檐板钢筋，找好雨水斗位置，核对标高，装卧雨水斗，用 $\phi6$ 钢筋加固，支好底托模板，用与挑檐同强度等级的混凝土浇筑密实，雨水口上边缘不能凸出找平层面。

2）女儿墙雨水斗口：根据设计位置及要求，在施工结构时，预留出水落口孔洞，水落口的雨水斗安装前应弹出雨水斗的中心线，找好标高，将雨水斗用水泥砂浆卧稳，用细石混凝土嵌固，填塞严密，外侧为砌筑清水墙时，应按砌筑排砖贴砌与外墙缝一致。

3）内排直式雨水斗口：宜采用铸铁，埋设标高应考虑水落口防水层增加的附加层、柔性密封、保护面层及排水坡度，水落口周围直径 500mm 范围内坡度不应小于 5%，并应用防水涂料或密封材料涂封，其厚度不应小于 2mm。

六、排水管道安装质量标准及允许偏差

1. 主控项目

（1）隐蔽或埋地的排水管道在隐蔽前必须做灌水试验，其灌水高度应不低于底层卫生器具的上边缘或底层地面高度。

检验方法：满水 15min，水面下降后，再灌满观察 5min，液面

不降，管道及接口无渗漏为合格。

（2）生活污水铸铁管道的坡度必须符合设计或表 3-18 的规定。

检验方法：水平尺、拉线尺量检查。

表 3-18　生活污水铸铁管道的坡度

项次	管径/mm	标准坡度/‰	最小坡度/‰
1	50	35	25
2	75	25	15
3	100	20	12
4	125	15	10
5	150	10	7
6	200	8	5

（3）生活污水塑料管道的坡度必须符合设计或表 3-19 中的规定。

检验方法：水平尺、拉线尺量检查。

表 3-19　生活污水塑料管道的坡度

项次	管径/mm	标准坡度/‰	最小坡度/‰
1	50	25	12
2	75	15	8
3	110	12	6
4	125	10	5
5	160	7	4

（4）排水塑料管必须按设计要求及位置装设伸缩节。如设计无要求时，伸缩节间距不得大于 4m。

高层建筑中明设排水塑料管道应按设计要求设置阻火圈或防火套管。

检验方法：观察检查。

（5）排水主立管及水平干管管道均应做通球试验，通球球径不小于排水管道管径的 2/3，通球率必须达到 100%。

检查方法：通球检查。

2. 一般项目

室内排水管道安装的允许偏差应符合表 3-20 的相关规定。

表 3-20 室内排水和雨水管道安装的允许偏差和检验方法

项次	项目			允许偏差/mm	检验方法
1	坐标			15	用水准仪（水平尺）、直尺、拉线和尺量检查
2	标高			±15	
3	横管纵横方向弯曲	铸铁管	每 1m	≤1	
			全长（25m 以上）	≤25	
		钢管	每 1m 管径小于或等于 100mm	1	
			管径大于 100mm	1.5	
			全长(25m 以上) 管径小于或等于 100mm	≤25	
			管径大于 100mm	≤38	
		塑料管	每 1 m	1.5	
			全长（25m 以上）	≤38	

第三节　室内消防系统安装

一、消防系统分类

消防系统按使用灭火物质可分为水消防系统、气体消防系统、干粉消防系统和泡沫消防系统，消防系统分类及使用条件见表 3-21。

表 3-21 消防系统的分类及适用条件

消防系统名称		适用范围	组成
水消防系统	消火栓系统	室内消防半径内的灭火	水源、管网、消火栓箱
	自动喷水灭火系统	自动喷水灭火	消防水泵、报警设备、管网、喷头等

	消防系统名称	适用范围	组成
气体消防系统	二氧化碳灭火器	局部小型灭火	产品
	"1211"、"1301"等灭火系统	封闭空间内不宜用水的场合	贮存容器、管网、喷头、报警装置等
干粉消防系统	干粉灭火器	局部小型灭火	产品
	干粉灭火系统	封闭空间内不宜用水的场合	贮存容器、管网、喷头、火灾探测报警装置等

二、消防系统设置原则

为了贯彻"以防为主，以消为辅"的方针，方便发生火灾时能及时扑灭，减少损失，保障安全，必须采取积极的防火措施。根据现行建筑设计防火规范和有关规定的要求，下列建筑物应设室内消防给水系统：

（1）高度不超过 24m 的单层厂房、库房及高度不超过 24m 的科研楼。

（2）超过 800 个座位的剧院、电影院、俱乐部和超过 1 200 个座位的礼堂、体育馆。

（3）体积超过 5 000m³ 的火车站、码头、展览馆、商店、医院、学校、图书馆等。

（4）超过 7 层的单元式住宅，超过 5 层的塔式、通廊式、底层设有商业网点的单元式住宅和超过 6 层或体积超过 10 000m³ 的其他民用建筑。

（5）国家级文物保护单位的重点木结构古建筑。

此外，根据现已开始试行的有关高层建筑设计防火规范的规定，对于 10 层及 10 层以上的住宅和建筑高度超过 24m 的其他民用和工业建筑，必须设置室内、外消火栓给水系统。

对于厂房和仓库，应根据建筑物的耐火等级、生产的火灾危险性和建筑体积的大小等因素来决定是否设置室内消防给水系统，或者提出对设置室内消防给水系统的要求。对于民用建筑，则应根据建筑物的性质、用途、高度以及发生火灾所造成后果的严重程度，来决定对设置室内消防给水系统仅担负扑灭初期火灾的任务。高层建筑，由于其建筑上的特点，一旦发生火灾，会使火势迅速蔓延，人员疏散困难，灭火难度大，往往使消防车难以接近，或者其高度已超出了消防车的供水能力，火灾造成的后果严重。所以，对这类高层建筑，室内消防给水系统应具有更大的能力，要求其不仅能扑灭初期火灾，而且要负担扑灭大火的任务，这就要求室内消防系统有更加完善的设备，技术先进，使用可靠。

三、消防管道安装

1. 消火栓管道安装

（1）安装工艺流程：

室内消防管道安装程序：安装准备→干管安装→立管安装→消火栓及支管安装→消防泵、水箱安装→水泵接合器安装→管道试压、冲洗→消火栓配件安装→系统调试。

（2）安装准备工作：

1）认真熟悉图纸，根据施工方案、技术交底、安全交底的具体措施选用材料，测量尺寸，绘制草图，预制加工。

2）核对有关专业图纸，查看各种管道的坐标、标高是否有交叉或排列位置不当，及时与设计人员研究解决，办理洽商手续。

3）检测预埋件和预留洞是否准确。

4）检查管材、管件、阀门、设备及组件等是否符合设计要求和质量标准。

5）要安排合理的施工顺序，避免工种交叉作业干扰，影响施工。

（3）干管安装：

1）喷洒管道一般要求适用镀锌管件（干管直径在100mm以上，无镀锌管件时，采用焊接法兰连接，试完压后做好标记拆下来加工镀锌）。需要镀锌加工的管道应选用碳素钢管或无缝钢管，在镀锌加工前不允许刷油和污染管道。需要拆装镀锌的管道应先安排施工。

2）喷洒干管用法兰连接每根配管长度不宜超过6m，直管段可把几根连接在一起，适用倒链安装，但不宜过长。也可调直后，编号依次顺序吊装，吊装时，应先吊起管道一端，待稳定后再吊起另一端。

3）管道连接紧固法兰时，检查法兰端面是否干净，采用 3～5mm 的橡胶垫片。法兰螺栓的规格应符合规定。紧固螺栓应先紧最不利点，然后依次对称紧固。法兰接口应安装在易拆装的位置。

4）消火栓系统干管安装应根据设计要求使用管材，按压力要求选用碳素钢管或无缝钢管。

5）注意事项：

①管道在焊接前应清除接口处的浮锈绣、污垢和油脂。

②当壁厚≤4mm，直径≤50 mm 时，应采用气焊；壁厚≥4.5 mm，直径≥70 mm 时，应采用电焊。

③不同管径的管道焊接，连接时如两管径相差不超过小管径的15%，可将大管端部缩口与小管对焊。如果两管径相差超过小管径的 15%，应加工异径短管焊接。

④管道对口焊接处不得开口焊接支管，焊口不得安装在支吊架位置上。

⑤管道穿墙处不得有接口（丝接或焊接），管道穿过伸缩缝处应有防冻措施。

⑥碳素钢管开口焊接时要错开焊缝，并使焊缝朝向易观察和维修的方向。

⑦管道焊接时应先焊三点以上，然后检查预留口位置、方向、变径等无误后，找直、找正，在焊接，紧固卡住，拆掉临时固定件。

（4）消防喷洒和消火栓的立管安装：

1）立管暗装在竖井内时，以防止立管下坠，在管井内预埋铁件上暗装卡件固定，立管底部的支吊架要牢固。

2）立管明装时，每层楼板要预留孔洞，立管可随结构穿入。

（5）消防喷洒分层干支管安装：

1）管道的分支预留口在吊装前应先预制好，丝接的用三通定位预留口，焊接的可在干管上开口焊上熟铁管箍，调直后吊装。所有预留口均加好临时堵。

2）需要加工镀锌的管道在其他管道未安装前试压、拆除、镀锌后进行二次安装。

3）走廊吊顶内的管道安装与通风道的位置要协调好。

4）喷洒管道不同管径连接不宜采用补芯，应采用异径管箍，弯头上不得用补芯，应采用异径弯头，三通上最多用一个补芯，四通上最多用两个补芯。

5）向上喷的喷洒头有条件的可与分支干管顺序安装好。其他管道安装完后不易操作的位置也应先安装好向上喷的喷洒头。

（6）消火栓及支管安装：

1）消火栓箱体要符合设计要求（其材质有木、铁和铝合金等），栓阀有单出口和双出口双控等。产品均应有消防部门的制造许可证及合格证方可使用。

2）消火栓支管要以栓阀的坐标、标高定位甩口，核定后再稳固消火栓箱，箱体找正稳定后再把栓阀安装好。栓阀侧装在箱内时，应在箱门开启的一侧，箱门开启应灵活。

3）消火栓箱体安装在轻质隔墙上时，应有加固措施。

（7）管道分区、分系统强度试验：

1）按计划规定的试验压力分层分系统进行水压试验，一般当系统压力等于或小于 1.0MPa 时，水压强度试验压力为设计工作压力的 1.5 倍，并不小于 1.4MPa；当系统设计工作压力大于 1.0MPa 时，水压强度试验压力应为该工作压力加 0.4MPa，但不大于 1.6 MPa。

2）水压强度试验的测试点应设在系统的最低点。向管网注水时，应缓慢升压，并及时排净管网内的空气；系统达到试验压力后，稳压 30min，目测管网应无变形、无泄漏且压力降不大于 0.05MPa。

3）水压严密性试验根据工程进度要求，可以和强度试验同时进行，也可以单独进行。与强度试压同时进行时，应注意强度试压合格后，再将管网水压降到工作压力，稳压 24h，无渗漏为合格。

4）冬期无保温环境试压时，要采取防冻措施，并及时把管网内的水泄尽，防止冻裂管件。也可采用气压试验，用 0.3MPa 压缩气体（宜采用空气或氮气）进行试压，其压力应保持 24h 压力降不大于 0.01

MPa 为合格。

2．自动喷水灭火管道安装

（1）施工工艺流程：

室内消防管道安装程序：支架安装→供水管安装→报警控制阀安装→配水立管安装→分层配水干管、支管安装→消防水泵、水箱、水泵接合器安装→管道试压、冲洗喷头短管安装→水流指示器、节流装置安装→报警阀组件、喷头安装→系统调试。

（2）支架制作安装：

1）按支架的规定间距和位置确定加工数量。此外，自动喷水灭火系统支架位置与喷头距离不得小于 300mm，其末端喷头的间距不得小于 750mm，在喷头之间每段喷水管上至少装一个固定支架，当喷头间距小于 1.8m 时，可隔断设置，支架间距不大于 3.6m。

2）在消防配水干管、立管、干支管及支管部位，应安装防晃支架，以防止喷头喷水时产生大幅度晃动。

3）防晃支架设置要求：在配水管中点设一个；配水干管及配水管、支管（$L>5m$，$D \geqslant DN50mm$）至少设一个；竖直安装的配水干管宜在终、始端设置各一个；高层建筑每隔一层距地面 1.5～1.8m 处宜安装防晃支架。

（3）管道安装：

1）自动喷水灭火管道采用镀锌钢管、镀锌无缝钢管，管径≤$DN100$ 管道接口为螺纹连接，管径>$DN100$ 管道应采用法兰连接。若设计要求消防管道采用镀锌无缝钢管法兰连接时，宜采用二次安装法。即在管段上装配碳钢平焊法兰，将组装管段进行预安装并进行逐段编号标志，拆除后送镀锌厂进行热浸镀锌工艺处理，载运至现场进行二次安装。

2）当管道变径时，宜采用镀锌异径管，在弯头处不得使用补芯；当需要采用补芯时三通上最多用一个，四通上不得超过两个。

3）自动喷水和水幕消防系统管道应敷设管道坡度。充水系统的管道坡度不小于 0.002，充气系统和分支管的管道坡度应大于 0.004。

4）管道穿越墙体或楼板应设套管。

5）管道中心距梁、柱、顶棚等最小距离应符合表 3-22 规定。

表 3-22　管道中心与梁、柱、顶棚最小距离　　单位：mm

公称直径	25	32	40	50	65	80	100	125	150
距离	40	40	50	60	70	80	100	125	150

四、消防设施安装

1. 消火栓安装

（1）消火栓系统设备规格：消防栓是具有内螺纹接口的球形阀式龙头，其作用是控制水流，平时关闭，发生火警时开启水流，消火栓一端与消防立管连接；另一端用内螺纹式快速接头与水龙带连接。

SN 系列室内消火栓有直角单出口式（SN 型）、45°单出口式（SNA型）和直角双出口式（SNS 型）等几种形式。常用消火栓出水口径有 50mm 和 65mm 两种。

水枪是灭火的主要工具，其喷嘴接口口径分为 13mm、16mm、19mm、22mm 四种规格；水龙带直径一般分为 50mm 和 65mm 两种规格，长度依据设计选定，通常有 10m、15m、20m、25m 等几种规格。消火栓，水龙带、水枪之间均采用内螺纹式快速接扣连接。

（2）消火栓安装要求：

1）室内消火栓应布置在通道便利之处，并设有明显标志。安装形式分为明装、暗装和半暗装的几种形式。消火栓管接口分箱底接口、箱侧边接口两种形式。

2）消火栓箱体位置应按设计位置施工，为避免水龙带因长度不够而产生消防死角，不得随意移动消火栓箱体。箱体安装应横平竖直，稳固可靠。

3）消火栓栓口距地面为 1.1m，消火栓与消防立管距离不宜过大。栓阀装在箱门开启侧，栓口朝下或与设置消火栓的墙面呈 90° 角。

4）消防水龙带应折好放在挂架上或卷实盘紧放在箱内，消防水枪应竖直放在箱体内侧，自救式水枪和软管应放在箱底部或挂卡上。水枪与水龙带及快速接头的连接可用铜丝绑扎。

5）在建筑物最高位应设置实验消火栓，以备在系统调试中检查水压、水量和监测系统控制的准确和灵活程度。

（3）消火栓箱的安装：

1）明装消火栓箱：明装于砖墙上的消火栓如图 3-44 所示；明装于混凝土柱上的消火栓箱如图 3-45 所示。

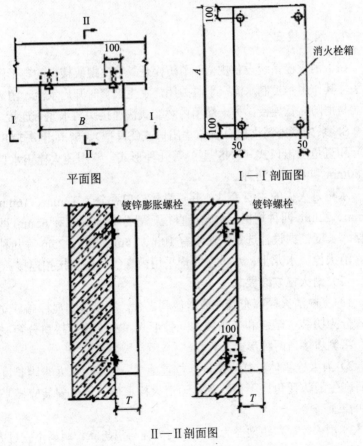

图 3-44　明装于砖墙上的消火栓箱

184

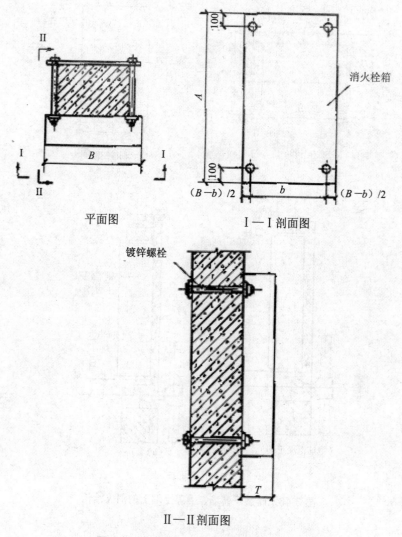

平面图　　　　　　　Ⅰ—Ⅰ剖面图

消火栓箱

镀锌螺栓

Ⅱ—Ⅱ剖面图

图 3-45　明装于混凝土柱上的消火栓箱

2）暗装消火栓箱：暗装于砖墙、混凝土墙上的消火栓箱如图3-46所示。

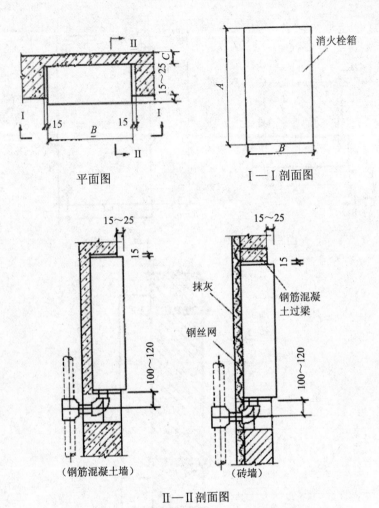

平面图 Ⅰ—Ⅰ剖面图

Ⅱ—Ⅱ剖面图

图 3-46　暗装于砖墙、混凝土墙上的消火栓箱

2．消防水泵安装

为了便于管理，室内消火栓灭火系统的消防水泵房，宜于其他水泵房合建。高层建筑的室内消防水泵房，宜设在建筑物的底层。独立设置的消防水泵房，其耐火等级不应低于二级。在建筑物内设

186

置消防水泵房时，应采用耐火极限不低于 2h 的隔板和 1.5h 的楼板，与其他部位隔开，并应设甲级防火门。泵房应有自己的独立安全出口，出水管不少于两条并与室外管网相连接。每台消防水泵应设有独立的吸水管，分区供水的室内消防给水系统，每区的进水管也不应少于两条。在水泵的出水管上应装设试验与检查用的出水阀门。水泵位置的工作方式应采用自灌式。固定式消防水泵应设有和主要泵性能相同的备用泵，但室外消防用水量不超过 25L/s 的工厂和仓库，或 7～9 层单元式住宅可不设备用泵。设有备用泵的消防水泵房，应设置备用动力。若采用双电源有困难时，可用内燃机作动力。

高层工业建筑应在每个室内消火栓外设置直接启动消防水泵的按钮以保证及时启动消防水泵及火场供水。消防水泵应保证在火警后 5min 内开始工作，并在火场断电时仍能正常运转。消防水泵与动力机械应直接连接。消防水泵房宜有与本单位消防队直接联络的通信设备。

3. 室内消防水箱的安装

室内消防水箱的设置，应据室外管网的水压和水量来确定。设有能满足室内消防要求的常高压给水系统的建筑物，可不设消防水箱；设置临时高压和低压给水系统的建筑物，应设消防水箱或气压给水装置。消防水箱设在建筑物的最高部位，其高度应能保证室内最不利点消火栓所需水压。若确有困难时，应在每个室内消火栓处，设置直接启动消防水泵的设备，或在水箱的消防出水管上安设水流指示器，当水箱内的水一流入消防管网，立即发出火警信号报警。另外，还可设置增压设备，其增压泵的出水量不应小于 5L/s，增压设施的气压罐调节水量不应小于 450L。

消防用水与其他用水合并的水箱，应有保证消防用水不作他用的技术措施。发生火灾后，由消防水泵供应的水不得进入消防水箱。消防水箱应贮存 10min 的室内消防用水量。对于低层建筑物，当室内消防用水量不超过 25L/s 时，消防水箱的储水量最大为 12m³；当室内消防用水量超过 25L/s 时，消防水箱的储水量最大为 18 m³。对于高层建筑物水箱的储水量，一类建筑（住宅除外）不应小于 18m³；

二类建筑（住宅除外）和一类建筑的住宅不应小于 12m³；二类建筑的住宅不应小于 6m³。高层建筑物并联给水的分区消防水箱，其消防储水量与高位消防水箱相同。消防水箱的安装如图 3-47 所示。

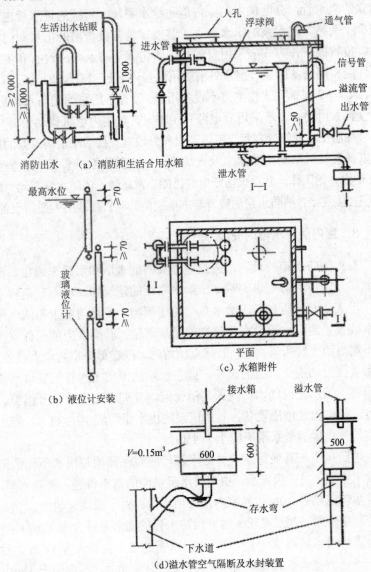

(a) 消防和生活合用水箱

(b) 液位计安装

(c) 水箱附件

(d)溢水管空气隔断及水封装置

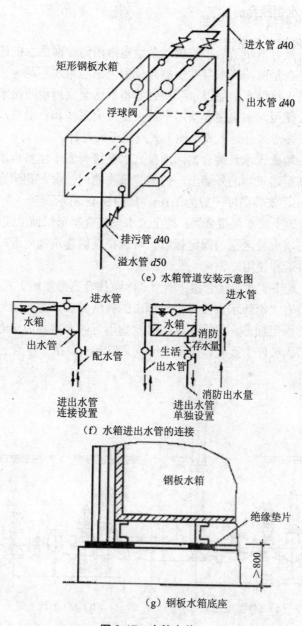

（e）水箱管道安装示意图

（f）水箱进出水管的连接

（g）钢板水箱底座

图 3-47 水箱安装

4．水泵接合器的安装

水泵接合器是消防车或机动泵给室内消防管网供水的连接口。其作用是在室内消防水泵发生故障或室内消防用水不足时，消防车从室外消火栓取水，通过水泵接合器将水送至室内消防给水网，供灭火设施使用。水泵接合器用于消火栓灭火系统和自动喷水灭火系统。其安装形式分地上式、地下式及墙壁式三种。

（1）墙壁式水泵接合器：墙壁式水泵接合器形似室内消火栓，可设在高层建筑物的外墙上，但与建筑物的门、窗、孔洞净距不宜小于 2.0m，安装高度一般为 1.1m，如图 3-48 所示。

（2）地上式水泵接合器：地上式水泵接合器形似地上式消火栓，应设置与消火栓区别的固定标志。可设在高层建筑物附近，便于消防人员接近和使用。

（3）地下式水泵接合器：地下式水泵接合器形似地下式消火栓，应采用铸有"消防水泵接合器"标志的铸铁井盖，并在附近设置指示位置的固定标志。可设在高层建筑物附近的专用井内，专用井应设在消防人员便于接近和使用的地点，但不应设在车行道上。

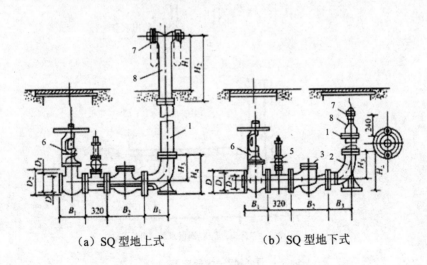

（a）SQ 型地上式　　　　（b）SQ 型地下式

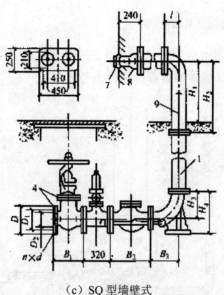

（c）SQ 型墙壁式

图 3-48　水泵接合器外形图

1—法兰接管；2—弯管；3—升降式单向阀；4—放水阀；5—安全阀；

6—楔式闸阀；7—进水用消防接口；8—本体；9—法兰弯管

水泵接合器的设置数量，应按室内消防用水量确定。每个水泵接合器的流量，应按 10～15 L/s 计算。当计算出来的水泵接合器数量少于两个时，仍应采用两个，以确保安全。当建筑高度小于 50m，每层面积小于 500m² 的普通住宅，在采用两个水泵接合器有困难时，也可采用一个。

水泵接合器已有标准定型产品，其接出口直径有 65mm 和 80mm 两种。

水泵接合器与室内管网连接处，应有阀门、止回阀、安全阀等。安全阀的定压一般可高出室内最不利点消火栓要求的压力 0.2～0.4MPa。

水泵接合器应设在便于消防车使用的地点，其周围 15～40m 范围内应设室外消火栓、消防水池，或有可靠的天然水源。

5．湿式报警阀组的安装

湿式报警阀组是一种当火灾发生时能迅速启动消防设备进行灭火，并发出报警信号的设备，如图 3-49 所示。

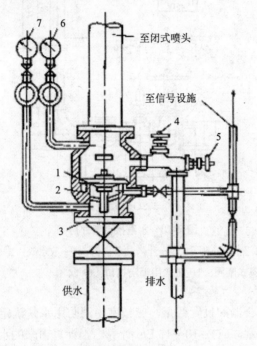

图 3-49　湿式报警阀

1—报警阀及阀芯；2—阀座凹槽；3—总闸阀；4—试铃阀

5—排水阀；6—阀后压力表；7—阀前压力表

（1）湿式报警阀组的安装顺序：水源蝶阀安装→湿式报警阀安装→报警管道及延时器、水力警铃、压力开关安装→排水阀、排水管安装→压力表安装。

（2）湿式报警阀宜安装于喷淋系统的总立管上，以便于观察和操作。距地面高度为 1.2m，两侧距墙不少于 0.5m，距正面墙不少于 1.2m。地面应有排水装置。

（3）水力警铃应安装在报警阀附近，如公共通道或值班室附近墙上，并应安装检修和测试用阀门。

6．喷头安装

（1）喷头安装应在系统试压、冲洗合格后进行，喷头连接短管在闭式系统管径为 $DN25$，在开式系统为 $DN32$，与喷头连接一律采用同心大小头。不得对喷头进行拆装改动，并严禁给喷头加任何涂抹层。

（2）应使用专用扳手安装，严禁利用喷头的框架拧紧。喷头框架、溅水盘损坏时，应采用相同型号规格的喷头进行更换，安装在易受机械损伤处的喷头应加防护罩。当喷头的公称直径小于 10mm时，应在配水干管或支管上设过滤器。

（3）喷水溅水盘与吊顶、顶棚、楼板、屋面板及门窗洞口的距离不宜大于 150mm，距边墙不宜大于 100mm。

7．其他组件安装

（1）水流指示器：水流指示器应在管道试压和冲洗合格后安装，规格、型号应符合设计要求，应垂直安装在水平管道上游侧，动作方向应与水流方向一致，安装后浆片、膜片应动作灵活，不得与管壁碰刮。水流指示器前后应保持 5 倍管径长度的直管段。

（2）节流装置：节流装置应设在直径为 50mm 以上水平管道上，减压孔板应装在水流转弯处下游一侧的直管段上，且与转弯处的距离不小于管段的 2 倍长度。

（3）压力开关：压力开关应竖直安装在通往水力警铃的报警管路上，不得擅自改动拆装。

（4）信号阀：信号阀应安装在水流指示器之前的管道上，与指示器距离应大于 300mm。

（5）排气阀：排气阀应在系统试压和冲洗后安装，安装在配水干、支管末段和配水干管顶部。

（6）末端试水设置：末端试水设置应安装在配水干管末端，其前方设压力表，其后安装试验放水口，并接至排水管。

五、室内消火栓系统安装质量标准及允许偏差

1. 主控项目

室内消火栓系统安装完成后应取屋顶层（或水箱间内）试验消火栓和首层取两处消火栓做试射试验，达到设计要求为合格。

检验方法：实地试射检查。

2. 一般项目

（1）安装消火栓水龙带，水龙带与水枪和快速接头绑扎好后，应根据箱内构造将水龙带挂放在箱内的挂钉、托盘或支架上。

检验方法：观察检查。

（2）箱式消火栓的安装应符合下列规定：

1）栓口应朝外，并不应安装在门轴侧。

2）栓口中心距地面为 1.1m，允许偏差±20mm。

3）阀门中心距箱侧面为 140mm，距箱后内表面为 100mm，允许偏差±5mm。

4）消火栓箱体安装的垂直度允许偏差为 3mm。

检验方法：观察和尺量检查。

第四节　室内热水系统安装

一、室内热水供应系统分类和组成

1. 热水供应系统的分类

热水供应系统根据建筑类型、规模、热源、用水要求、管网布置和循环方式可分为很多种类型，见表3-23。

表 3-23　热水供应系统类型

类型依据	系统名称	适用条件
按热水供应范围	局部热水供应系统	热水用量小且分散，如饮食店、小旅店等
	集中热水供应系统	热水用量大且集中，如宾馆、医院、公寓等
	区域热水供应系统	要求热水供应多且集中的住宅小区或大型企业
按热水管网布置图分布	上行下给式热水供应系统	1. 配水干管有条件设在屋顶的建筑； 2. 热水立管较多的建筑
	下行上给式热水供应系统	配水、回水管有条件布置在底层或有地下室的建筑
	上行下给返程式热水供应	加热器间及供、回水干管均设在屋顶
	下行上给返程式热水供应	加热器间及回水干管、供水干管均设在顶层
按热水供应系统敞开与否	开式热水供应系统	补水箱设置在系统最高位置，水箱与大气相通
	闭式热水供应系统	不设屋顶补水箱的系统
按热水管网循环方式	不循环热水供应系统	1. 管路短小的小型热水系统； 2. 连续用水或定时集中用水系统
	半循环热水供应系统	1. 层数不超过 5 层的建筑； 2. 对水温要求不太严格的系统
	全循环热水供应系统	对热水供应要求高的建筑
	倒循环热水供应系统	一般用于高层建筑
按热水供应系统分区	加热器集中设置的分区热水供应系统	一般适用于高度小于 100m 的高层建筑
	加热器分散设置的分区热水供应系统	适用于高度 100m 以上的超高层建筑

2. 热水供应系统的组成

热水供应系统的组成如图 3-50 所示，它主要包括锅炉、热媒循环管道、水加热器、配水循环管道等。

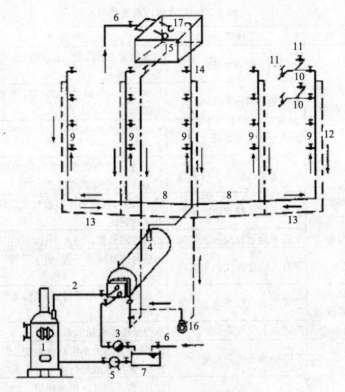

图 3-50　热水供应系统的组成

1—锅炉；2—热媒上升管（蒸汽管）；3—热媒下降管（凝结水管）；
4—水加热器；5—给水泵（凝结水泵）；6—给水管；7—给水箱（凝结水箱）；
8—配水干管；9—配水立管；10—配水支管；11—配水龙头；12—回水立管；
13—回水干管；14—透气管；15—冷水箱；16—循环水泵；17—浮球阀

　　热水供应系统的工作流程是：锅炉生产的蒸汽经热媒管送入水加热器将冷水加热。蒸汽凝结水由凝结水管排至凝水池。锅炉用水由凝水池旁的凝结水泵压入。水加热器中所需要的冷水由高位水箱供给，加热器中的热水由配水管送到各个用水点。不配水时，为保证热水温度，配水管和循环管仍循环流动着一定量的循环热水，用来补偿配水管路在此期间的热损失。

196

二、热水加热方式

在集中热水供应系统中，水的加热方式很多，选用时应根据热源种类，热能成本，热水用量，设备造价，有无维护管理费用等进行经济比较后确定。常用的加热方式有冷热介质直接加热和间接加热两种。

1. 蒸汽直接加热

将锅炉产生的蒸汽直接通入水中加热。这种加热方法采用的设备简单、投资少、热效率高，维护管理方便，但有噪声，冷凝水不能回收，水质易受热媒污染。因此，这种方式适用于工企业生活间、洗衣房及公共浴室等建筑。

常用蒸汽直接加热方法有以下两种：

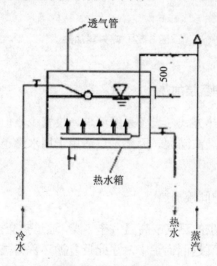

图 3-51　多孔管加热法

（1）多孔管加热法：蒸汽从多孔管中喷出，将水箱中的冷水加热如图 3-51 所示。多孔管设在热水箱底部由钢管制作而成，孔径一般为 2～3mm，小孔的总面积为多孔管断面的 2～3 倍。当采用开式水箱时，为防止停止供汽时，水箱中的水流入蒸汽管中，蒸汽管引入应高于水箱水面 0.5m 为宜，这种加热法由于噪声较大，多用于小型热水箱或浴室中。

（2）喷射器加热法：是指蒸汽通过喷射器将水加热，如图 3-52 所示。由于喷射器结构简单、加工容易、工作可靠、噪声小，常用于较大热水箱和热水池的加热方式中。

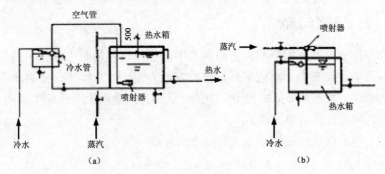

图 3-52　喷射器加热

2．热水锅炉直接加热

虽然这种加热方式，设备系统简单、投资少，但由于热水供应质量欠稳定，水温波动大。因此，只适用于用水量小的局部热水供应系统。

3．热水锅炉间接加热

利用锅炉产生的蒸汽或高温水作热媒，通过热交换器将水加热。热媒放出热量后又返回锅炉中，如此反复循环称为热间接加热。这种系统的热水不易被污染，热媒不必大量补充，无噪声，热媒和热水在压力上无联系。因此，常用于医院、饭店、旅馆等较大的热水供应系统。

间接加热常用开式热水箱加热、容积式水加热器加热和快速水加热器加热等。

（1）开式热水箱加热，如图 3-53 所示。

（2）容积式水加热器，如图 3-54 所示。

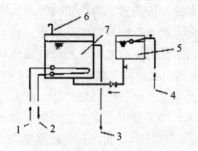 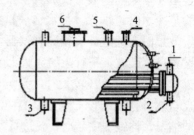

图 3-53　开式热水箱加热示意

1—蒸汽；2—凝结水；3—热水；

4—冷水；5—冷水箱；

6—透气管；7—热水箱

图 3-54　容积式水加热器

1—蒸汽（热水）入口；2—冷凝水

（回水）出口；3—进水管

4—出水管；5—接安全阀；6—人孔

（3）快速式水加热器：快速式水加热器具有体积小，效率高的优点，但是水头损失大，不能贮存热水供调节使用，若蒸气或冷水压力不稳定导致出水温度变化大。快速水加热器有板式加热和套管式加热器两种。

1）板式水加热器：板式水加热器是由不同规格的定型板经叠压而成，板片表面成波纹状，水紊动性好，可提高换热效率，但不易清除板间水垢，且水头损失较大。

2）套管式水加热器：由两根不同直径的钢管制成同心套管，将若干根这样的套管串联构成。热媒从上部进入套管内腔，放出热量后冷凝水由下部流出进入锅炉。而冷水由下部套管中的内管进入，被加热的水由上部送出。

三、热水管道及附件安装

1. 一般规定

热水管道的布置与给排水管道基本相同，应在满足安装和维修管理需要的前提下，使管线尽量短且简单。对于一般建筑物的热水管线为明装，只有在卫生设备标准要求高的建筑物及高层建筑热水管道才暗装。暗装管线放置在预留沟槽、管道竖井内。明装管道一般与冷水管道平行。热水水平和垂直管道当不能靠自然补偿达到补偿效果时应通过计算设置补偿器。热水上行下给配水管网最高点应设置排气装置，下行上给立管上配水阀可代替排气装置。

热水干管管线较长时，为防止管道由于热胀冷缩被破坏，应考虑自然补偿或装设一定数量的伸缩器。伸缩器可选用方形或套筒式伸缩器，伸缩器安装时，要进行预拉（或预压），同时设置好固定支架和滑动支架。

热水横管应有不小于 0.003 的坡度，为了便于排气和泄水，坡向与水流方向相反。在上分式系统配水干管的最高点应设排气装置，如自动排气阀、集气罐或膨胀水箱。在系统的最低点应设泄水装置或利用最低配水龙头泄水，泄水装置可为泄水阀或丝堵，其口径为 1/10～1/5 管道直径。为集存热水中析出的气体，防止被循环水带走，下分式系统回水立管应在最高配水点以下 0.5m 处与配水立管连接。热水管穿过基础、墙壁和楼板时，应设置套管，套管直径应大于热水管径 1～2 号，穿楼板用的套管要高出地面 5～10 cm，套管和管道之间用柔性材料填满。以避免地下水渗出入室内，穿基石的套管应密封。

2. 热水管道安装工艺

（1）安装工艺流程：预制加工→预埋预留→干管安装→支管安装→管道试压→管道防腐保温→管道冲洗。

（2）热水立管安装及连接：热水立管与水平干管连接时，立管应加弯管，以避免干管伸缩时对立管的影响。立管与导管连接要采用 2 个弯头，如图 3-55 所示；立管直线长度大于 15m 时，要采用 3 个弯头，如图 3-56 所示。

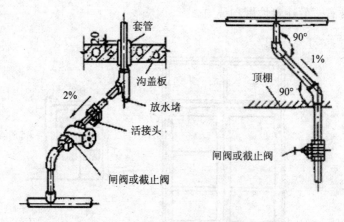

图 3-55　立管与导管连接时的弯头安装

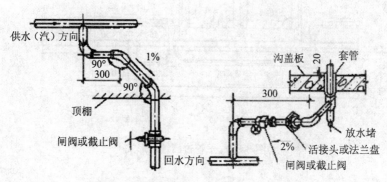

图 3-56　立管直线长度大于 15m 时弯头安装

（3）室内热水供暖干管铺设：对下供式和上供下回式系统的回水干管，当建筑物有地下室时，就铺设在地下室，如无地下室可铺设在地面上。地面上不允许铺设（如有过门）或高度不够时，可设置在半通行地沟或不通行地沟内。地沟上每隔一定距离应设活动盖板，以便于检修。地沟尺寸可根据管数、管径大小参照有关资料确定，一般沟深为 1.0～1.4m，宽为 0.8m。如允许地面明装，在遇到过门时，可采用两种方法：一种是在门下砌筑小地沟；一种是从门上绕过，如图 3-57 所示。过门装置的低处应装泄水装置，高处安装放气装置，并注意坡度和坡向。

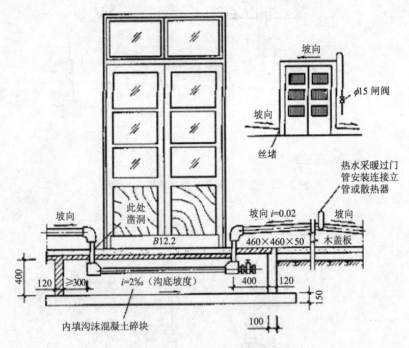

图 3-57 干管过门铺设形式

3. 温度调节器安装

在水加热器供水出口处，装设自动温度调节器以保证水加热器供水温度的稳定。温度调节器安装如图 3-58 所示。

温度调节器须直立安装，温包必须全部插入热水管道中。毛细管敷设弯曲时，其弯曲半径不得小于 60mm，并每隔 300mm 间距进行固定。为减少热损失，热水配水干管、机械循环的回水管和有可能结冻的自然回水管、水加热器、贮水器等均应保温。

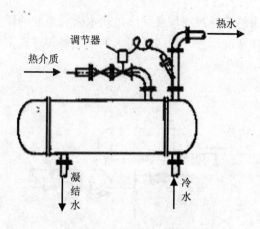

图 3-58 温度调节器的安装

4．循环水泵安装

循环水泵安装位置有两种情况，如图 3-59 所示。其中水泵吸水管安装不当对水泵效率及功能影响很大，轻则会影响水泵流量，重则会造成水泵不上水致使水泵不能运行。因此对水泵吸水管有如下安装要求：

（1）吸水管的安装应具有沿水流方向连续上升的坡度接至水泵入口，坡度应不小于 0.005，以防止吸水管中积存空气而影响水泵运转。

（2）吸水管靠近水泵进口处，应有一长为 2～3 倍管道直径的管段，避免直接安装弯头，否则水泵进口处流速分布不均匀，使流量减少。

（3）为保证应有的吸水坡度，吸水管应设支撑。

（4）为减少管道损失，吸水管要短，配件及弯头要少。

（5）为防止泵体受力，水泵出水管要求管路短捷，出水管阀门处应设支墩；并应设置逆止阀。

输送高、低温液体用的泵，启动前必须按设备技术条件的规定进行预热和预冷。

循环水泵的流量或扬程必须满足热水采暖系统的需要，否则，系统热媒循环速度缓慢，造成送回水温度之差超过正常值，系统回水温度过低。

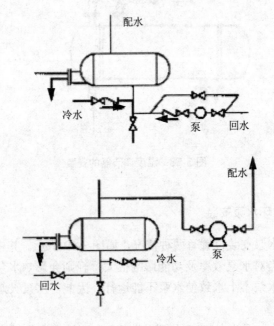

图 3-59　循环水泵装设位置

5. 膨胀管和膨胀罐安装

　　（1）若热水供应系统为闭式系统，膨胀管可由加热设备出水管上引出，将膨胀管水引至高位水箱中，如图 3-60 所示，膨胀管上不得设置阀门，其管径一般为 $DN20 \sim DN25$。

　　（2）膨胀罐是一种密闭式压力罐，如图 3-61 所示。这种设备适用于热水供应系统中不宜设置膨胀管和膨胀水箱的情况。膨胀罐可安装在热水管网与容积式加热器之间，与水加热器同在一室。应注意在水加热器和管网连接管上不得设置阀门。

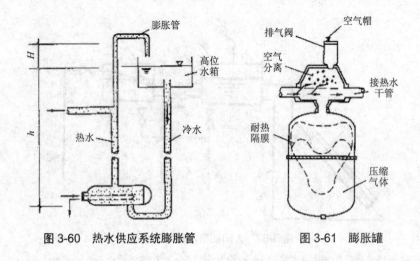

图 3-60　热水供应系统膨胀管　　　　图 3-61　膨胀罐

6. 太阳能热水器安装

（1）太阳能热水器的组成：太阳能热水器是指将太阳能转化为热能的设备，是太阳能热水系统中最关键的部件。太阳能热水器与一般的热交换器不同，热交换器是通过热媒进行流体之间的热交换，太阳能集热器是吸收太阳能，将太阳能辐射的热能传递给液体或气体。太阳能热水系统主要是由太阳能集热器循环管道和水箱组成，如图 3-62 所示，太阳能热水系统中的集热器采用平板型集热器，它具有结构简单、加工方便、使用可靠等优点，通常可提供 40～60℃生活热水。

1）集热器：由集热管、上下集管、集热板、罩板（一般为玻璃板）、保温层和外框组成。

平板型集热器是太阳能热水器的最关键性设备，其作用是收集太阳能并把它转化为热能，如图 3-63 所示。集热器由透明盖板、集热板、保温层及外壳四部分组成。透明盖板起防止外界影响的保护作用，同时减少热损失，提高集热效率，材料最好用钢化玻璃、透明塑料薄膜。集热板有管板式与扁盒式，其作用是吸收太阳能量并传给水。

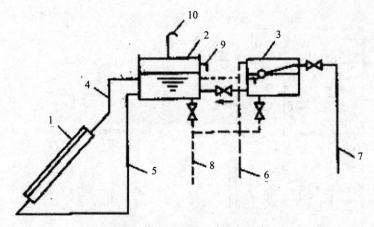

图 3-62　太阳能热水系统的组成

1—集热器；2—循环水箱；3—补给水箱；4—上升循环管；5—下降循环管；

6—热水出水管；7—给水管；8—泄水管；9—溢水管；10—透气管

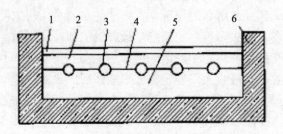

图 3-63　平板型集热器

1—盖板；2—空气层；3—排管；4—吸热板；5—保温层；6—外壳

① 集热管：一般用薄壁钢管、金属扁盒或瓦楞形金属盒制成，有条件时也可以用钢管、钛管或不锈钢管制成。其作用是使被加热的水或热媒通过并吸收集热板传递的热量而被加热。

② 集热板：一般用经过防腐处理的厚度为 0.3～0.5mm 的钢板、铝合金板、不锈钢板制作，与集热管接触严密。管板式集热板由集管、排管、吸热板组成，如图 3-64 所示。

③ 透明罩板：透明罩板可以起到使阳光透过，达到集热板或集

热管上，隔断与大气的对流散热，保护集热器内部装置的作用。常用含氧化铁低的水白玻璃，最好用钢化玻璃、透明塑料薄膜。

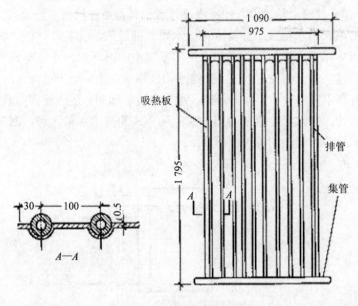

图 3-64　管板式加热器

④ 吸热黑色涂料：集热板和集热管的表面通常涂刷黑色涂料，其作用是吸收太阳辐射热。常用的涂料有无光黑板漆、丙烯酸黑漆、沥青漆等。

⑤ 外壳和保温层：常用的外壳材料主要有木材、钢板、铝板、塑料等，常用的保温材料有矿渣棉、玻璃棉、膨胀珍珠岩、泡沫塑料等。

2）循环管道：循环管道由上升循环管和下降循环管构成，用其连接太阳能集热器和循环水箱，使太阳能集热器产生的热水进行循环加热。

3）水箱：水箱包括循环水箱和补给水箱两种。

① 循环水箱：循环水箱用循环管道与太阳能集热器相连，供热水循环和贮备之用。常用的循环水箱容积为 500L 和 1 000L 两种，外形为方形，用钢板或铝合金板制成。循环水箱上设有热水循环管

管口、热水出水管口和补给水管口。循环水箱顶部应设透气管、溢水管，底部设泄水管。

②补给水箱：为方便冷水进入水箱时，通过挡板扩散流入，不致将箱内热水搅混，补给水可由水箱底部进入，并装有挡板。补给水箱与循环水箱相通，当热水供应系统中的循环水箱水位降低时，可通过补给水箱进行补充。补给水箱用钢板制造，矩形或圆形均可，但容积不宜过大。为保持水位，水箱内装浮球阀，还应设置溢水管、泄水管。热水箱冷水的补给方式有漏斗式和补给水箱两种，漏斗式冷水补给方式，如图 3-65 所示。

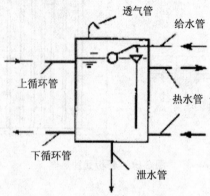

图 3-65　热水箱漏斗式冷水补给方式

（2）太阳能热水器的安装：

1）集热器的布置与安装：

①集热器的安装方位：在北半球，集热器的最佳布置方位是朝正南，如客观条件不允许时，可以在偏东或偏西 15°范围内安装。

②集热器安装倾角（与地面夹角）：池式、袋式（薄膜式）集热器只能水平设置。其他形式的集热器，最佳设置倾角应根据热水器使用季节和当地的地理纬度来确定。当春夏秋三季使用时，集热器倾角等于当地纬度；仅在夏季使用时，集热器夹角可比当地纬度少 10°左右；全年使用或仅在冬季使用时，集热器倾角可比纬度多 10°左右。

③热水器的设置应避开其他建筑物的阴影。热水器的位置应避

开风口，以减少热损失，同时为防止烟尘污染透明罩（或玻璃），也应避免设在烟囱或其他产生烟尘设施的下风口。

④制作吸热钢板槽时，其圆度应准确，间距一致。安装集热排管时，应用卡箍和钢丝紧固在钢板凹槽内。

⑤集热器玻璃，宜采用 3～5mm 厚的含铁量少的钢化玻璃，安装宜顺水流方向搭接或框式连接。

⑥集热器布置在屋面，为便于维修和管理，距屋面檐口距离应在 1.5m 以上，集热器之间应留有 0.2～0.5 m 的间距。

2）管道布置与安装：

①管道布置应以管线短，转弯少，便于安装和维修为原则。水平敷设的管道，应有不小于 0.005 的坡度，坡向集热器。为方便检修时排放系统存水，在系统的最低点应设排水装置。

②循环管道的管材宜采用镀锌钢管和螺纹连接。填料也宜采用聚四氟乙烯生料带。管道要固定在支架上面。

③管路上不宜设置阀门。

④在设置多台集热器时，集热器可以并联、串联或混联，但要保证循环流量均匀分布，为防止短路和滞流，循环管路要对称安装，各回路的循环水头损失平衡。

⑤集热器与循环总管连接时，宜采用活接头连接以便于检修拆卸。为方便控制水量和水温，循环水管的出水管上应设置阀门。

⑥管道全部安装完毕，应进行通水试验，试验压力为其工作压力的 1.5 倍，以不泄漏为合格。试验后的管道要进行保温。

3）水箱布置与安装：循环水箱和补给水箱一般布置在建筑物的屋面上。如果是强制循环式系统也可布置在低于集热器的场所。当屋面结构是空心楼板时，就不能直接在屋面上装设水箱。为避免影响集热器的集热效果，水箱可布置在集热器的一侧或中间，不管布置在什么位置，都要考虑水箱所产生的阴影不要投射在集热器上。

为确保系统正常循环，水箱应牢固地安装在钢筋混凝土或钢支架上，循环水箱底应高出集热器中心线。循环水箱与补给水箱之间的连接管道上应装设止回阀，防止循环水箱的热水在补给水箱浮球阀发生故障时，倒流入补给水箱内，补给水箱的进水管上应有阀门的装置。循环水箱和补给水箱的溢水管和泄水管可分别连接，连接后的管道直径要比原管径大 1~2 号，溢水管和泄水管可经隔断水箱排入排水管道，也可直接排入屋面天沟内。有条件时循环水箱要保温防护。

四、室内热水供应系统安装质量标准及允许偏差

1. 管道及配件安装

（1）主控项目：

1）热水供应系统安装完毕，管道保温之前应进行水压试验。试验压力应符合设计要求。当设计未注明时，热水供应系统水压试验压力应为系统顶点的工作压力加 0.1MPa，同时在系统顶点的试验压力不小于 0.3MPa。

检验方法：钢管或复合管道在系统试验压力下 10min 内压力降不大于 0.02MPa，然后降至工作压力检查，压力应不降，且不渗不漏；塑料管道系统在试验压力下稳压 1h，压力降不得超过 0.05MPa，然后在工作压力 1.15 倍状态下稳压 2h，压力降不得超过 0.03MPa，连接处不得渗漏。

2）热水供应管道应尽量利用自然弯补偿热伸缩，直线段过长则应设置补偿器。补偿器形式、规格、位置应符合设计要求，并按有关规定进行预拉伸。

检验方法：对照设计图纸检查。

3）热水供应系统竣工后必须进行冲洗。

检验方法：现场观察检查。

（2）一般项目：

1）管道安装坡度应符合设计规定。

检验方法：水平尺、拉线尺量检查。

2）温度控制器及阀门应安装在便于观察和维护的位置。

检验方法：观察检查。

3）热水供应管道和阀门安装的允许偏差应符合《室内热水供应

系统管道及配件安装施工工艺标准》（QB—CNCEC J051001—2004）的规定。

4）热水供应系统管道应保温（浴室内明装管道除外），保温材料、厚度、保护壳等应符合设计规定。保温层厚度和平整度的允许偏差应符合《室内热水供应系统管道及配件安装施工工艺标准》（QB—CNCEC J051001—2004）的规定。

2. 辅助设备安装

（1）主控项目：

1）在安装太阳能集热器玻璃前，应对集热排管和上、下集管做水压试验，试验压力为工作压力的 1.5 倍。

检验方法：试验压力下 10min 内压力不降，不渗不漏。

2）热交换器应以工作压力的 1.5 倍做水压试验。蒸汽部分应不低于蒸汽供汽压力加 0.3MPa；热水部分应不低于 0.4MPa。

检验方法：试验压力下 10min 内压力不降，不渗不漏。

3）水泵就位前的基础混凝土强度、坐标、标高、尺寸和螺栓孔位置必须符合设计要求。

检验方法：对照图纸用仪器和尺量检查。

4）水泵试运转的轴承温升必须符合设备说明书的规定。

检验方法：温度计实测检查。

5）敞口水箱的满水试验和密闭水箱（罐）的水压试验必须符合设计和相关的规定。

检验方法：满水试验静置 24h，观察不渗不漏；水压试验在试验压力下 10min 压力不降，不渗不漏。

（2）一般项目：

1）安装固定式太阳能热水器，朝向应正南。如受条件限制时，其偏移角不得大于 15°。集热器的倾角，对于春、夏、秋三个季节使用的，应采用当地纬度为倾角；若以夏季为主，可比当地纬度减少 10°。

检验方法：观察和分度仪检查。

2）由集热器上、下集管接往热水箱的循环管道，应有不小于

0.005 的坡度。

检验方法：尺量检查。

3）自然循环的热水箱底部与集热器上集管之间的距离为 0.3～1.0m。

检验方法：尺量检查。

4）制作吸热钢板凹槽时，其圆度应准确，间距应一致。安装集热排管时，应用卡箍和钢丝紧固在钢板凹槽内。

检验方法：手扳和尺量检查。

5）太阳能热水器的最低处应安装泄水装置。

检验方法：观察检查。

6）热水箱及上、下集管等循环管道均应保温。

检验方法：观察检查。

7）凡以水做介质的太阳能热水器，在 0℃以下地区使用，应采取防冻措施。

检验方法：观察检查。

8）太阳能热水器安装的允许偏差应符合表 3-24 的规定。

表 3-24　太阳能热水器安装的允许偏差和检验方法

项　目			允许偏差	检验方法
板式直管太阳能热水器	标高	中心线距地面/mm	±20	尺量
	固定安装朝向	最大偏移角	不大于 15°	分度仪检查

第五节　室内燃气管道系统安装

室内燃气管道系统是指民用建筑、公共建筑及工厂车间各类用户内部的燃气管网。室内燃气管道系统的组成主要包括调压箱、引入管、立管、水平管、燃气表管、燃气支管、阀门和燃烧器等。

一、一般规定

（1）承担城镇燃气室内工程的施工单位必须具有国家相关行政

管理部门批准或有其认可的资质和证书。从事施工人员的操作应经过培训，并持证上岗，焊接人员须有上岗资格证。

（2）城镇燃气工程施工应按已审定的设计文件实施，需要修改设计和材料改用时，应该经原设计单位同意。

（3）用户室内燃气管道的最高压力和用气设备的燃气燃烧器采用的额定压力应符合《城镇燃气设计规范》（GB 50028—2006）规定。

（4）室内燃气管道安装前须用对管道、管件、管道附件及阀门等内部进行清扫，保证其内部清洁。

（5）室内燃气管道安装前土建工程应能满足安装要求。

（6）室内燃气管道系统满足防雷、防静电规定。

（7）严禁在冻土层直接敷设燃气管道，防止管道受低温应力的破坏。

（8）燃气管道所用的管材、管件、管道附属设备、密封填料应符合国家现行标准和规范规定。安装前须做好检查工作，不合格者不得使用。

二、材料设备的要求

1. 钢管的要求

燃气用钢管需要满足下列国家现行标准，工作温度低于−20℃的钢管及钢制管件应有低温冲击韧性实验结果。否则应按照《金属低温冲击韧性实验法》（YB19—64）的要求进行试验，其指标不得低于规定值的下限。

2. 调压、计量、燃烧设备的要求

调压、计量、燃烧设备应符合现行国家标准的规定。

3. 阀门的要求

燃气管道上应选用现行国家标准中适用于输送燃气介质，并且有良好密封性和耐腐蚀性的阀门。在室内一般选用球阀和旋塞阀，

阀门安装前应做以下检查和试验：

（1）外观检查：检查阀门各部件，不允许有裂纹、气孔、缩孔、渣眼和浇注不足等缺陷，检查密封表面不得有任何缺陷。

（2）阀门安装前试验：

1）强度试验：阀门水压试验时，尽量将体内空气排净，再往阀门内加水压达到试验压力，在规定的持续时间，未发现渗漏为合格。

2）严密性试验：试验压力为阀门的公称压力 PN，在规定的持续时间，不漏为合格。

三、室内燃气管网布置形式

室内燃气管网根据燃气介质，进户压力及楼层高度不同，管网布置也不尽相同，常见管网布置形式有低压进户多层管网系统，如图 3-66 所示，中压进户高层管网系统，如图 3-67 所示，公共建筑燃气管网系统，如图 3-68 所示。

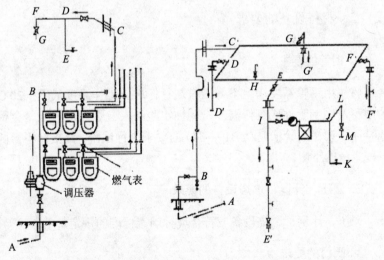

图 3-66　低压进户多层管网系统　　图 3-67　中压进户高层管网系统

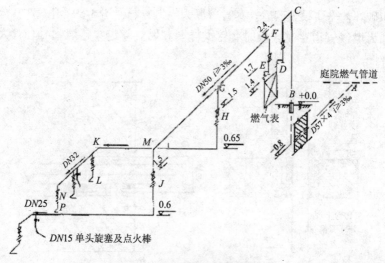

图 3-68　公共建筑燃气管网系统

四、室内燃气管道施工工艺方法

1．剔凿穿楼板、穿墙洞眼

首先根据图纸确定立管和引入管的位置，吊线定位，从顶层开始凿穿楼板孔，然后分层吊垂线确定下一层孔位。标出洞眼位置后，用工具剔凿洞眼，应注意防止伤人或损坏其他物体。凿水泥楼板时，应先凿近身一边，后凿靠墙一边。

2．绘制安装草图

剔凿眼洞工作全部完成后，绘制安装草图，现场实际测出管道的建筑长度。绘制草图可以先画后测，也可以边画边测，总之实测完毕，草图也随之完成。

3．套管制作与安装

套管是燃气管道穿越墙、楼板时，为了保护燃气管道免受损伤和破坏，需要设置套管，套管一般为钢制管材，图 3-69 和图 3-70 分别为燃气管道穿越楼板时套管大样图和燃气管道穿越墙壁时套管大样图。

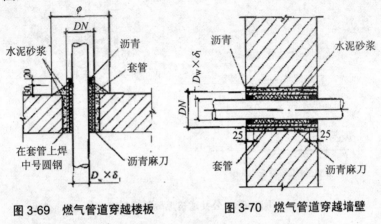

图 3-69　燃气管道穿越楼板　　　　图 3-70　燃气管道穿越墙壁

4. 配管

配管制作顺序通常按管径由大到小，由干管到支管，直至灶具和热水器。

配管时须注意由于土建结构的尺寸偏差较大，即使是相同布置的房间，管道长度也可能不一样，需要逐段加工安装。加工尺寸都是以安装尺寸为依据，如图 3-71 所示。

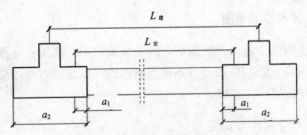

图 3-71　建筑长度与安装长度

216

5. 管道安装顺序和连接要求

燃气管道安装顺序一般应按燃气流程进行，先安装引入管，再安装立管、水平管、支管、煤气表管直至灶具末端的灶具控制阀。管道螺纹连接接口填料的选用和调制对螺纹接口的严密性是关键，同时填料的缠绕方向和缠绕量都是影响密封的重要因素。

五、管道系统安装

1. 引入管安装

引入管是室外管道与室内管网的连接管，根据建筑物及地理环境的特点，可采用不同的形式，常用引入管的形式有地上引入式、嵌墙引入式、地下引入式引入管，如图 3-72～图 3-74 所示。

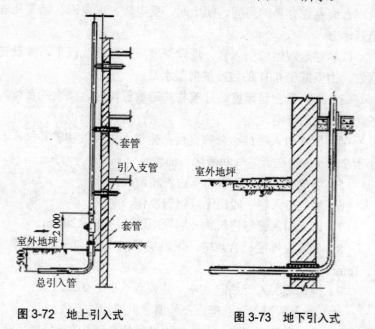

图 3-72　地上引入式　　　　图 3-73　地下引入式

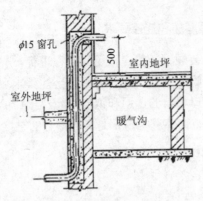

图 3-74 嵌墙引入式

引入管的安装需要满足下列规定:

(1) 燃气引入管不得敷设在卧室、浴室、地下室、易燃易爆品仓库、有腐蚀介质的房间、配电间、变电间、电缆沟、烟道及进风道等地方。

(2) 输送湿燃气引入管,埋设深度应在冰冻线以下,并设置凝水缸,由不低于 0.01 的坡度坡向凝水缸。

(3) 引入管穿越墙壁、建筑物基础或管沟时,须设置套管,并应考虑沉降的影响。

(4) 燃气引入管最小公称直径:输送人工煤气和矿井气,不应小于 25mm;输送天然气和液化石油气时,不应小于 15mm。

(5) 燃气引入管的位置与室内管相适应。

(6) 燃气引入管一般用无缝钢管制作。

(7) 地上引入管与建筑物外墙净距以为 100~120mm。

(8) 保温层厚度符合规定,保温层保持平整,凹凸偏差不宜超过 2mm。

(9) 湿燃气引入管坡向室外,其坡度不小于 0.01。

(10) 嵌入式引入管管槽应在外墙非承重部位开凿。

(11) 引入管距外墙 1m 范围内不准有接头,弯曲段只能用弯头,不得有钢制焊接弯头。

2．立管及室内管道安装

（1）室内管道一般应明设，当建筑和工艺有特殊要求时，可暗设，但必须便于安装检修。燃气管道安装时，宜避免将管体焊缝朝向墙面。

（2）暗装敷设的管道可敷设在管槽或管道井中；管道穿越竖井内的隔板时要加套管，管道与套管的间距不应小于 5mm；暗设的燃气管道管槽应设活动门和通风孔，暗设的管沟应填充干沙；工业和实验室用的燃气管道可敷设在混凝土地面中，燃气管道引入和引出处应设套管；暗设的燃气管道可与空气、惰性气体、上水、热力管道等一起敷设在管道井、管沟或设备层中，此时燃气管道必须采用无缝钢管焊接连接；敷设燃气管道的管沟与其他管沟相交时，管沟之间应密封，燃气管道应敷设在钢套管中；敷设燃气管道的设备层和管道井应通风良好。

（3）燃气管道一般应涂以黄色防腐识别漆。

（4）室内燃气管道不应敷设在潮湿和有腐蚀性介质的房间，当必须敷设时，必须采取防腐措施。

（5）燃气管道不得穿越易燃易爆品仓库、配电间、变电室、电缆沟、烟道和风道等地方。

（6）燃气管道严禁引入卧室，当燃气水平管穿过卧室、浴室或地下室时，必须采取焊接并设置套管。燃气管道立管不得设在卧室、浴室或厕所。

（7）室内燃气管道穿越楼板、楼梯平台、墙壁和隔墙时，必须安装在套管中，套管内的燃气管道不得有接口。

（8）在人行走的地方，燃气管道敷设高度不低于 2.2m；室内明设的燃气管道与墙面的净距，管径小于 $DN25$ 时，不宜小于 30mm；管径在 $DN25\sim DN40$ 时，不宜小于 50mm；管径等于 $DN50$ 时，不宜小于 60mm；管径大于 $DN50$ 时，不宜小于 90mm。

（9）燃气管道必须要考虑在环境温度下的极限变形，自然补偿不能满足要求时，应设补偿器。

（10）室内燃气管道输送湿燃气时，坡度不小于 0.003，必要时燃气管道设排污管。

（11）液化石油气管道不应设在地下室，半地下室或设备层内。

（12）燃气管道必须沿墙、柱、梁及楼板敷设，严禁悬空。

（13）立管垂直度：一根立管为一段，两层及两层以上按楼层分段，各抽查 5%，但均不少于 10 段。

（14）沿墙、柱、楼板和加热设备构架上明设的燃气管道应采用支架、管卡或吊卡固定。燃气钢管的支撑不得设置在管件、焊口、螺纹连接处。立管宜以管卡固定，水平管转弯处 2m 以内固定托架不应少于 1 处。

（15）室内燃气管道和电气设备、相邻管道间的净距不应小于国家标准《城镇燃气设计规范》（GB 50028—2006）的规定。

（16）地下室、半地下室、设备层敷设人工煤气和天然气的管道时，房间净高不应小于 2.2m，应有良好的通风设施，应有固定的防爆照明措施；燃气管道与其他管道一起敷设时，应敷设在其他管道外侧；燃气管道应采用焊接或法兰连接；应用非燃烧实体墙与电话间、变电间、修理间和储藏室隔开；地下室燃气管道末端应设置分散管，并引出地上。

（17）燃气管道不得穿越烟道、通风道及柱子，遇到必须穿越的梁时，应符合结构要求并经土建结构技术人员同意，敷设在套管内。

（18）厨房内水平管的高度不小于 1.8m，管道距离屋顶的净距不小于 0.15m，室内燃气管道与给排水热力管道的平行距离不应小于 100mm，交叉距离不小于 100mm。

（19）室内燃气管道坡度不小于 0.003，小口径坡向大口径，支管坡向立管，管道不得坡向燃气表。

3. 室内燃气设备安装

（1）自动切断阀的安装：安装前检查自动切断阀的型号规格是否符合要求，并检查产品合格证；检查阀体无裂纹和损伤，无漏洞现象；检查操作连杆是否灵活，密封是否可靠；切断阀处于闭合状态时进行强度和严密性试验；操作杆朝上并与水平面呈垂直状态；自动切断阀的控制器和排风扇应尽可能安装在低处。

（2）燃气表：燃气表应具有法定计量检定机构出具的检定合格书；应有出厂合格证、质量保证书；超过有效期的燃气表应全部进行复检；燃气表外表面应无明显的损伤；应按照说明书要求放置，倒放的燃气计量表应复检；燃气表的安装位置应满足抄表、检修和安全使用的要求；室外燃气表应安装在防护箱内。

家用燃气表安装：高位表表底距离地面不宜小于 1.4m，低位表距地面净距不宜小于 0.1m；高位表与墙面净距不得小于 10mm；燃气表安装后应横平竖直，不得倾斜；燃气表应用专用表连接件安装。

（3）罗茨表一般安装在立管上，进口在上，出口在下；压力和温度修正时，取压和测温一般设置在仪表前。

（4）连接灶具的连接软管长度不得超过 2m，宜用卡箍固定。

（5）安装灶具的房间应有自然通风和自然采光，有直接接通室外的门窗或排放口，房间不得低于 2.2m。

（6）燃气热水器不得安装在浴室，可以安装在厨房或其他房间，不宜安装在室外。

（7）热水器排气罩上部应有不小于 250mm 的垂直上升的烟气导管。

第四章　室内卫生器具安装

第一节　卫生器具的种类及材质

一、卫生器具的种类

卫生器具是建筑物内水暖设备的重要组成部分，是供洗涤、收集和排放生活及生产中所产生污（废）水的设备。常用卫生器具按用途可分为以下几类。

1. 盥洗沐浴类卫生器具

盥洗沐浴类卫生器具包括洗脸盆、洗手盆、浴盆、沐浴器、净身器等。

（1）洗脸盆：洗脸盆一般装置在盥洗室、浴室、卫生间内供洗脸、洗手、洗头使用，其形式规格较多，常见的有长方形、三角形、椭圆形三种造型。

（2）浴盆：普通浴盆设在卫生间或公共浴室，主要用于清洗身体，浴盆按造型有方形和长方形两种。按水龙头安装方式有一般冷热水龙头方式、混合水龙头方式、固定淋浴器式、移动软管淋浴器式等多种。

（3）淋浴器：淋浴器一般设置在公共浴室、集体宿舍、体育馆内，是用流动水冲洗头部和全身，借着水流自身压力和冲刷对人体有一种机械刺激作用。多用于公共浴室，与浴盆相比具有占地面积小、费用低、形式多、卫生好等优点。

2. 洗涤用卫生器具

（1）洗涤盆：洗涤盆是装置在厨房或公共食堂内，用于清洗碗碟、蔬菜等物品之用。

洗涤盆按其用途有家用和公共食堂用；按其安装方式分为墙架式、柱脚式和台式等；按其构造形式有单格、双格，有带搁板和无搁板；按制作材料和造型其种类更多，如家用洗涤盆多为单格或双格，有陶瓷、搪瓷制品和不锈钢制品等，还可与水磨石台板、大理石台板、瓷砖台板或塑料贴面的工作台组嵌成一体。水嘴开关可用手动旋钮、脚踏开关、光控开关等方式。洗涤盆可以设置冷热水龙头或混合水龙头，排水口在盆底的一端，口上设十字栏栅，卫生要求严格时还设有过滤器，为使水在盆内停留，备有橡皮或金属制的塞头。

在医院手术室、化验室等处，因工作需要常装置肘式开关或脚踏开关的洗涤盆。

（2）化验盆：化验盆装置在工厂、科学研究机关、学校化验室或实验室内，通常都是陶瓷制品，盆内已有水封，排水管上无须装存水弯，也无须盆架，用木螺钉固定于实验台上，盆的出口配有橡皮塞头。根据使用要求，化验盆可装置单联、双联、三联的鹅颈龙头。

（3）污水盆：污水盆装置在公共建筑的厕所、盥洗室内，供清扫厕所、冲洗拖布、倾倒污水之用。污水盆深度一般为 400～500mm，多为水磨石或水泥砂浆抹面的钢筋混凝土制品。

（4）地漏：地漏设在厕所、盥洗室、浴室及其他需要排放污水的房间内。地漏一般用生铁或塑料制成，为阻止杂物落入管道，在排水口处盖有箅子。地漏装在地面最低处，地面应有不小于 0.01 的坡度坡向地漏，箅子顶面应比地面低 5～10mm。

（5）存水弯：存水弯是一种弯管，在里面存有一定深度的水，这个深度称为水封深度。水封可防止排水管网所产生的臭气、有害气体或可燃气体通过卫生洁具进入室内，因此，每个卫生洁具均应装有存水弯，常用的存水弯如图 4-1 所示。

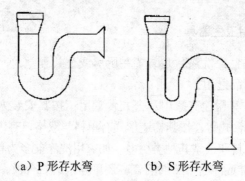

（a）P 形存水弯　　　（b）S 形存水弯

图 4-1　存水弯

3. 便溺用卫生器具及冲洗设备

便溺用卫生器具包括大便器、大便槽、小便器、小便槽等。

（1）大便器：大便器主要用于接纳、排除粪便。有坐式大便器与蹲式大便器之分，其中，坐式大便器用于住宅、宾馆类建筑，而蹲式大便器多设于公共建筑。大便器冲洗方式有直接冲水式、虹吸式冲洗、虹吸联合式、喷射虹吸式和旋涡虹吸式等多种。其中冲洗式和虹吸式坐便器如图 4-2 和图 4-3 所示。

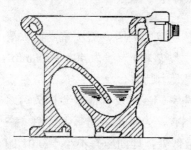

图 4-2　冲洗式坐便器

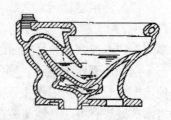

图 4-3　虹吸式坐便器

（2）大便槽：大便槽是个狭长开口的槽，用水磨石或瓷砖建造。从卫生观点评价，大便槽并不好，受污面积大，有恶臭，而且耗水量大，不够经济。但大便槽设备简单，建造费用低，因此可在建筑标准不高的公共建筑或公共厕所内采用。

大便槽的槽宽一般 200～250mm，底宽 150mm，起端深度 350～400mm，槽底坡度不小于 0.015，大便槽底的末端做有存水门坎，存水深 10～50mm，存水弯及排出管管径一般为 150mm。在使用频繁的建筑中，大便槽的冲洗设备宜采用自动冲洗水箱进行定时冲洗。

（3）小便器：小便器安装在公共男厕中，有挂式和立式两种安装方式。一般均带有冲洗装置。布置在学校、办公楼、影剧院、旅馆、工厂等公共卫生间内。

1）挂式小便器悬挂在墙上，其冲洗设备可采用自动冲洗水箱，也可采用阀门冲洗，每只小便器均应设存水弯。

2）立式小便器安装在对卫生设备要求较高的公共建筑，如展览馆、大剧院、宾馆、大型酒店等男厕所内，多为两个以上成组安装。立式小便器的冲洗设备常为自动冲洗水箱。

（4）小便槽：小便槽是用砖沿墙砌筑的浅槽，由于具有建造简单、经济、占地面积小、可同时供多人使用等优点，故被广泛装置在工业企业、公共建筑、集体宿舍男厕所中。

小便槽宽 300～400mm，起端槽深不小于 100mm，槽底坡度不小于 0.01，槽外侧有 400mm 的踏步平台，平台做成 0.01 坡度坡向槽内。

小便槽可用普通阀门控制的多孔冲洗管冲洗，但应尽量采用自动冲洗水箱冲洗。冲洗管设在距地面 1.1m 高度的地方，管径 15～20mm，管壁开有直径 2mm、间距 30mm 的一排小孔，小孔喷水方向与墙面呈 45°夹角。小便槽长度一般不大于 6m。

4. 其他类卫生器具

（1）漱口盆：漱口盆主要用来清洁口腔和牙齿，由于吐出的分泌物、牙膏、痰沫等污物会污染盥洗设备，不易清洗且很不卫生，所以从卫生角度来看，宜在医院病房、住宅和旅馆卫生间的盥洗盆旁边设漱口盆，并预留出配件所需的空间，其安装高度和与盥洗盆的间距应考虑避免污染盥洗盆，一般位于盥洗盆的右上方，比洗脸盆盆沿高出 80～100mm，附有专用冲洗盆沿的冲洗阀。

（2）呕吐盆：呕吐盆是用来收纳呕吐的食物及分泌物的器具，一般设在饭店、餐厅中卫生间的前厅，盆上方宜设扶手，配备冲洗设备。

二、卫生器具的材质

目前，制作卫生器具的材料主要有陶瓷、搪瓷、人造大理石、塑料、玻璃钢以及人造玛瑙等。

1. 陶瓷卫生器具

陶瓷卫生器具主要有配套卫生器具、洗面器、大便器、小便器、高低水箱、洗涤槽、妇洗器等，还有陶瓷皂盒、手纸盒、存水弯、化妆板、衣帽钩、毛巾架托等。其材料经久耐用、抗腐蚀、不老化；它表面有釉，光亮细腻，具有良好的洗刷功能；装饰丰富多彩，有单色釉、彩色釉和窑变釉等；给人以亲近感、安全感。因陶瓷卫生器具的原料来自于大自然的无机非金属材料，而且制品经高温浇成，不含对人体有刺激或过敏的物质，因此最容易被人们所接受。为防止破损，陶瓷卫生器具在运输过程中应小心。

2. 搪瓷卫生器具

搪瓷卫生器具主要以浴缸为主，还有洗面器和洗涤槽等，基材分铸铁和钢板两种。铸铁搪瓷浴缸是以铸铁浴缸毛坯为底胎；钢板冲压搪瓷浴缸，为一次拉伸模压成型，其内部均用优质瓷进行涂瓷。

搪瓷材料的卫生器具，具有表面光洁明亮、瓷质坚硬、无孔隙、抗撞击、不褪色、耐腐蚀等性能，它的稳定性能、蓄热能力、隔音效果较好，热损耗和热膨胀系数也很小，使用寿命长，适用于宾馆、饭店和民用住宅。

3. 人造大理石器具

人造大理石卫生器具是以不饱和聚酯树脂做胶黏剂，用石粉、石渣做填充材料加工研制而成的。在不饱和聚酯树脂固化过程中，把石渣、石粉均匀牢固地粘接在一起后，即形成坚硬的人造大理石。

人造大理石的物理、化学性能优于天然大理石。

人造大理石卫生器具具有造型美观、富丽，表面光洁、平滑，色泽鲜艳、花色多样，变形较小，耐酸、耐碱、耐污迹等优点，适用于宾馆、旅馆及民用住宅。

4. 塑料器具

近年来，塑料卫生器具是一种新型卫生器具，它是以各种塑料为主原料，采用注塑模压等成型工艺方法制成的。这些制品具有表面光滑、强度高、价格低、冲击韧性好、不变形、耐化学性好、色彩柔和、外形美观、使用舒适、坚固耐用、安装方便等优点。塑料卫生器具主要有塑料浴盆、坐便器、坐便器盖、高低水箱等，适用于宾馆、旅店、住宅等。

5. 玻璃钢卫生器具

玻璃钢卫生器具主要有玻璃钢浴缸、坐便器、蹲便器、小便器和洗面器等多种。它具有造型雅致、体感舒适、色泽鲜艳等特点，并具有强度高、质量轻、耐水耐热、耐化学腐蚀、经久耐用、安装运输方便、维修简单等优点，适用于旅馆、住宅、活动房屋、车船的卫生间等。

玻璃钢卫生器具耐水、耐腐蚀，但使用及清洗均受一定限制。玻璃钢浴缸在使用时，以先放冷水或冷热水同时放为宜。在洗涤过程中，不得使用浓度较高的强酸、强碱或颗粒较粗的物质擦洗污垢，可以用轻质泡沫塑料或擦布蘸上肥皂粉、洗涤剂等擦除污垢，然后用清水洗干净。

6. 人造玛瑙健身浴缸

人造玛瑙健身浴缸主要由浴缸、单级离心泵、配套电机、水和气的循环管道、喷嘴、触电保安器等组成。在使用时，浴缸的前后左右 6 个喷嘴喷出射流和汽泡，使浴缸中浴液形成旋流运动状态，水流均匀柔和、流量适中，对人体穴位进行水流按摩，可解除疲劳、松弛身心、洁净皮肤、舒筋活血，达到健身防病的目的。

第二节　卫生器具的选择与布置

卫生器具的选择与布置是建筑给排水设计的一项重要内容，它的选择和布置应满足人们的使用习惯，满足建筑物的功能，并与建筑装饰相协调。

一、卫生器具的选择

卫生器具选择见表 4-1。

表 4-1　卫生器具选用表

卫生器具名称		规格型号	适用场合
大便器	坐式	挂箱虹吸式 S 型	适用于一般住宅、公共建筑卫生间和厕所内
		挂箱冲落式 S 型	同上
		挂箱虹吸式 P 型	同上
		挂箱冲落式 P 型	适用于污水立管布置在管道井内，且器具排水管不得穿越楼板的中上等高层住宅、旅馆
		挂箱冲落式 P 型软管连接	同上，但立管明敷，可防止结露水下跌，一般用于北方地区
		坐箱虹吸式 P 型	污水立管布置在管道井内，一般适用于上等高层旅馆
		坐箱虹吸式 S 型	适用于中上等旅馆
		坐（挂）箱式节水型	缺水地区的中等居住建筑
		自闭式冲洗阀	供水压力有 0.04～0.4MPa 的，公共建筑物内、住宅水表口径和支管口径不小于 25mm
		高水箱型	旧式维修更换用，用水量小，冲洗效果好
		超豪华旋涡虹吸式连体型	高级宾馆、宾馆中的总统客房、使领事馆、康复中心等对噪声有特殊要求的卫生间
		儿童型	适用于幼儿园使用

卫生器具名称		规格型号	适用场合
大便器	蹲式	高水箱	中低档旅馆、集体宿舍等公共建筑
		低水箱	由于建筑层高限制不能安装高水箱的卫生间
		高水箱平蹲式	粪便污水与废水合流，既可大便冲洗又可淋浴冲凉排水
		自闭式冲洗阀	同坐式大便器
		脚踏式自闭冲洗阀	医院、医疗卫生机构的卫生间
		儿童用	幼儿园
小便器		手动阀冲洗立式	24h 服务的公共卫生间内
		自动冲洗水箱冲洗立式	涉外机构、机场、高级宾馆的公共厕所间
		自动冲洗水箱冲洗挂式	中上等旅馆、办公楼等
		手动阀冲洗挂式	较高档的公共建筑
		自闭式手揿阀立式	供水压力 0.03～0.3MPa 旅馆、公共建筑
		光电控制半挂式	缺水地区、高级公共建筑物
小便槽		手动冲洗阀	车站、码头供国人使用，24h 服务的大型公共建筑
		水箱冲洗	一般公共建筑、学校、机关、旅馆
大便槽		—	蹲位多于 2 个时，低档的公共建筑、客运站、长途汽车站、工业企业卫生间、学校的公共厕所
化验室		双联化验龙头	医院、医疗科研单位的实验室
		三联化验龙头	需要同时供 2 人使用，且有防止重金属掉落入排水管道内的要求时的化学实验室
洗涤盆		双联化验龙头	医疗卫生机构的化验室，科研机构的实验室
		三联化验龙头	
		脚踏开关	医疗门诊、病房医疗间、无菌室和传染病房化验室
		单把肘式开关	医院手术室，可供冷水或温水
		双把肘式开关	医院手术室，同时供应冷水和热水
		回转水嘴	厨房内需要对大容器洗涤
		光电控自动水嘴	公共场所的洗手盆（池）
		普通龙头	高级公寓房内
洗涤池		普通龙头	住宅、中低档公共食堂的厨房内
洗菜池		普通龙头	中低档公共食堂的厨房内

卫生器具名称	规格型号	适用场合
污水池	普通龙头	住宅厨房、公共建筑和工业企业卫生间内
洗脸盆	普通龙头	适用于住宅、中档公共建筑的卫生间内、公共浴室
	单把水嘴台式	浴盆、洗脸盆两用的盒子卫生间内
	混合水嘴台式	高级宾馆的卫生间内
	立式	宾馆、高级公共建筑的卫生间内
	角式	当地位狭小时
	理发盆	公共理发室、美容厅
洗手盆	自闭式节水水嘴	水压 0.03～0.3MPa 公共建筑物内
	光电控水嘴	高级场所的公共卫生间内,工作电压180～240V,50Hz,水压 0.05～0.6MPa,有效距离 8～12m
舆洗槽		集体宿舍、低档旅馆、招待所、学校、车站码头
浴盆	普通龙头	住宅、公共浴室、较低档旅馆的卫生间内
	带淋浴的冷热水混合龙头	中级旅馆的卫生间
	带软管淋浴器冷热水混合龙头	中级旅馆
	带裙边,单把暗装门	高级旅馆、公寓的卫生间
	带裙边、单柄混合水嘴软管淋浴	适用于有供热水水温稳定的热水供应系统的高级宾馆
	电热水器供热水	无集中热水供应系统和居住建筑物内,供电充沛的地区
淋浴器	单管供水	标准较低的公共浴室、工业企业浴室、气候炎热的南方居住建筑
	单管带龙头	医院入院处理间
	脚踏开关单管式	缺水地区、公共浴室
	脚踏开关调温节水阀	缺水地区、公共浴室
	双管供水	公共浴室。工业企业浴室
	管件斜装	有防止烫伤要求时
	移动式	适用于不同身高的人使用
	电热式	供电充沛的无集中热水供应系统的居住建筑

卫生器具名称	规格型号	适用场合
妇洗器	单孔 双孔 恒温消毒水箱蹲式	高级医院 高级宾馆的总统房卫生间及高级康复中心 最大班女工在 100 人以上的工业企业

二、卫生器具的布置

卫生器具的布置是根据卫生器具的平面尺寸、卫生器具与墙壁的间距、使用卫生器具时的活动空间等因素来确定。而卫生间的布置取决于卫生器具所需面积、豪华程度以及工程设备费用等。

1. 住宅卫生间的布置

住宅卫生间布置应符合《住宅设计规范》[GB 50096—1999（2003）]的规定。普通住宅卫生间内卫生器具布置间距要求如图 4-4 所示。

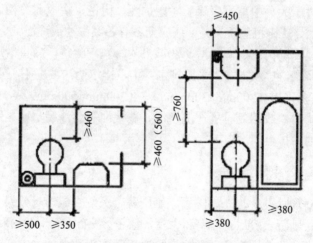

图 4-4 卫生间内卫生器具布置间距

（1）坐便器到对面墙最小净距应为 460mm。

（2）便器与洗脸盆并列，从坐便器的中心线到洗脸盆的边缘至少应相距 350mm，坐便器中心线离浴盆的边缘至少为 380mm。

（3）洗脸盆放在浴盆或坐便器对面，两者净距至少为 760mm。

（4）洗脸盆边缘至对墙最小间距应有 460mm，对身体魁梧者，460mm 还嫌小，因此也有采用 560mm。

（5）洗脸盆的上部与镜子的底部间距为 200mm。

2. 盥洗间的布置

盥洗间主要用于集体宿舍、学校、幼儿园、运动馆、火车站、招待所、病房楼等场所，供早晚洗漱、洗衣服、洗碗等使用。盥洗槽一般为钢筋混凝土砌筑外贴瓷砖或水磨石制成，槽底应有 0.003 的坡度，坡向排水口。盥洗槽有单排靠墙或双排居中两种布置方式。槽顶距地面高 700～750mm，水嘴间距 650～700mm，水嘴距地面高 1 000～1 100mm，槽壁宽度应以能放置口杯、香皂盒为准。

3. 公共食堂厨房布置

对于大、中型厨房除了考虑炉灶、厨柜、搁板、冷柜、烤箱、消毒柜、洗碗机等厨具外，还应配备有各类洗池或洗涤盆、洗菜池、洗米池、洗肉池、洗鱼池、洗瓜果池、洗碗池等，应供给冷水、热水、蒸汽。排水方式多采用排水明沟，排水明沟坡度不小于 0.01，宽×高多采用（300mm×300mm）～（300mm×500mm），沟顶部采用活动式铸铁或铝制箅子，洗肉池、洗碗池等含油废水应先经过隔油器除油后排至明沟中。

4. 公共厕所的布置

商场、办公楼、教学楼、影剧院、医院、旅馆等建筑物内设置的公共厕所一般均有前室和内室，前室一般布置有洗脸盆和拖布池，大、小便器布置在厕所的内室，对于无专人服务的情况宜采用蹲便器，尤其是医院内设置的厕所均应采用蹲便器，卫生器具的冲洗阀开关、水龙头开关均应采用脚踏式、肘式、膝式或光电控制式。

第三节　卫生器具的安装

一、卫生器具的安装程序及条件

1. 卫生器具的安装程序

卫生器具安装的一般程序：准备工作→卫生器具及配件检验→卫生器具的安装→卫生器具配件预装→卫生器具与墙、地缝处理→卫生器具外观检查→通水试验等。

2. 卫生器具的安装条件

（1）所有卫生器具连接管道已进行试压、闭水试验合格，并已隐检合格。

（2）卫生器具、配件已检查，配件齐全，部分卫生器具可先进行预装后再安装。

（3）浴盆的隐装要等土建做完防水层以后再安装。

（4）其余卫生器具应等室内装修基本完成后再安装。

二、卫生器具的安装高度要求

（1）卫生器具的安装应采用预埋螺栓或膨胀螺栓安装固定。

（2）卫生器具安装高度如设计无要求时，应符合表 4-2 的规定。

表 4-2　卫生洁具的安装高度

项次	卫生器具名称		卫生器具的安装高度/mm		备注
			居住和公共建筑	幼儿园	
1	污水盆（池）	架空式落地式	800 500	800 500	—

项次	卫生器具名称		卫生器具的安装高度/mm		备注
			居住和公共建筑	幼儿园	
2	洗涤盆（池）		800	800	自地面至器具上边缘
3	洗脸盆、洗手盆（有塞、无塞）		800	500	
4	盥洗槽		800	500	
5	浴盆		≤520	—	
6	蹲式大便器	高水箱	1 800	1 800	自台阶面至高水箱底 自台阶面至低水箱底
		低水箱	900	900	
7	坐式大便器	高水箱	1 800	1 800	
		低水箱 外露排水管式	510	—	
		虹吸喷射式	470	370	
8	小便器	挂式	600	450	自地面至下边缘
9	小便槽		200	150	自地面至台阶面
10	大便槽冲洗水箱		≥2 000	—	自台阶面至水箱底
11	妇女卫生盆		360	—	自地面至器具上边缘
12	化验盆		800	—	自地面至器具上边缘

（3）卫生器具给水配件安装高度，如无设计要求，应符合表 4-3 的规定。

表 4-3　卫生器具给水配件的安装高度

项次	给水配件名称		配件中心距地面高度/mm	冷热水龙头距离/mm
1	架空式污水盆（池）水龙头		1 000	—
2	落地式污水盆（池）水龙头		800	—
3	洗涤盆（池）水龙头		1 000	150
4	住宅集中给水龙头		1 000	—
5	洗手盆水龙头		1 000	—
6	洗脸盆	水龙头（上配水）	1 000	150
		水龙头（下配水）	800	150
		角阀（下配水）	450	—

项次		给水配件名称	配件中心距地面高度/mm	冷热水龙头距离/mm
7	盥洗槽	水龙头	1 000	150
		冷热水管上下并行其中热水龙头	1 100	150
8	浴盆	水龙头（上配水）	670	150
9	淋浴器	截止阀	1 150	95
		混合阀	1 150	—
		淋浴喷头下沿	2 100	—
10	蹲式大便器（台阶面算起）	高水箱角阀及截止阀	2 040	
		低水箱角阀	250	
		手动式自闭冲洗阀	600	
		脚踏式自闭冲洗阀	150	
		拉管式冲洗阀（从地面算起）	1 600	
		带防污助冲器阀门（从地面算起）	900	
11	坐式大便器	高水箱角阀及截止阀	2 040	
		低水箱角阀	150	
12	大便槽冲洗水箱截止阀（从台阶面算起）		≥2 400	
13	立式小便器角阀		1 130	
14	挂式小便器角阀及截止阀		1 050	
15	小便槽多孔冲洗管		1 100	
16	实验室化验水龙头		1 000	
17	妇女卫生盆混合阀		360	—

注：装设在幼儿园内的洗手盆、洗脸盆和盥洗槽水嘴中心离地面安装高度应为 700mm，其他卫生器具给水配件的安装高度，应按卫生器具实际尺寸相应减少。

三、卫生器具安装固定方法

为减少薄木砖处的抹灰厚度，使木螺钉能安装牢固，砌墙时根据卫生器具安装部位将浸过沥青的木砖嵌入墙体内，木砖应削出斜度，小头放在外边，突出毛墙 10mm 左右。如果事先未埋木砖，可采用木楔，木楔直径一般为 40mm 左右，长度为 50～75mm。其做法是在墙上凿一较木楔直径微小的洞，将木楔打入洞内，再用木螺钉将器具固定在木楔上。卫生器具常用的固定方法，如图 4-5 所示。

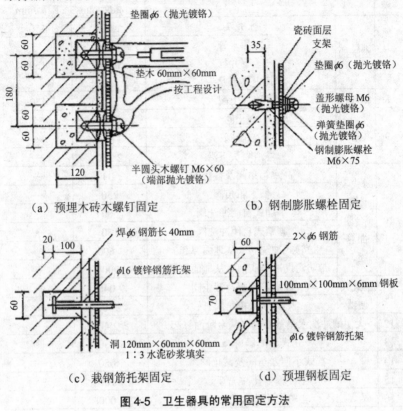

（a）预埋木砖木螺钉固定　　　　　（b）钢制膨胀螺栓固定

（c）栽钢筋托架固定　　　　　（d）预埋钢板固定

图 4-5　卫生器具的常用固定方法

四、便溺卫生器具的安装

1. 大便器的安装

常用的大便器有坐式、蹲式和槽式大便器三种。

（1）坐式大便器安装：坐式大便器的形式比较多样，品种也各异，坐式大便器本身有存水弯，多用于住宅、宾馆、医院等。坐式大便器分为高水箱坐式大便器和低水箱坐式大便器两种。高水箱坐式大便器安装如图 4-6 所示，低水箱坐式大便器安装如图 4-7 所示。

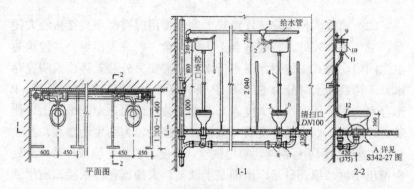

图4-6　高水箱坐式大便器安装图

1—三通；2—角式截止阀；3—浮球阀配件；4—冲洗管；5—坐式大便器；

6—盖板；7—弯头；8—三通；9—弯头；10—高水箱；11—冲洗管配件；12—胶皮碗

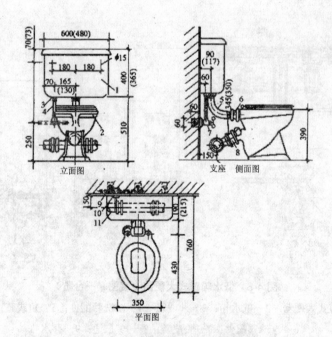

图4-7　低水箱坐式大便器安装图

1—低水箱；2—坐式大便器；3—浮球阀配件；4—水箱进水管；5—冲洗管及配件；

6—胶皮碗；7—角型截止阀；8—三通；9—给水管；10—三通；11—排水管

（2）蹲式大便器安装：蹲式大便器使用时臀部不直接接触大便器，卫生条件较好，特别适合于集体宿舍、机关大楼等公共建筑的卫生间内。蹲式大便器本身不带水封，需要另外装置铸铁或陶瓷存水弯。铸铁存水弯分为 S 形和 P 形，S 形存水弯一般用于低层，P 形存水弯用于楼间层，大便器一般都安装在地面以上的平台上以便装置存水弯。高水箱冲洗管与大便器连接处，为防生锈渗漏，扎紧皮碗时一定用 14 号铜丝，禁用铁丝，为便于以后更换或检修，此处应留出小坑，填充砂子，上面装上铁盖。大便器在排水接口应用油灰将里口抹平挤实，接口处应用白灰麻刀和砂子混合物填充，保证接口的严密性，以防渗漏。蹲式大便器有低水箱蹲式大便器及高水箱蹲式大便器，其安装分别如图 4-8 和图 4-9 所示。

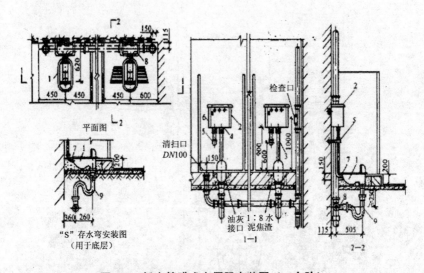

图 4-8　低水箱蹲式大便器安装图（一台阶）

1—蹲式大便器；2—低水箱；3—冲洗管；4—冲洗管配件；5—角式截止阀；

6—浮球阀配件；7—胶皮碗；8—90°三通；9—存水弯

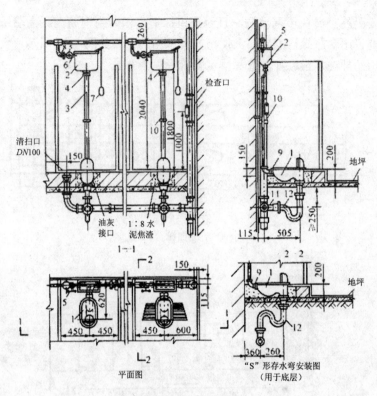

图 4-9　高水箱蹲式大便器安装图（一台阶）

1—蹲式大便器；2—高水箱；3—冲洗管；4—洗管配件；5—角式截止阀；

6—浮球阀配件；7—拉链；8—弯头；9—胶皮碗；10—单管立式支架；

11—90°三通；12—存水弯

（3）大便槽安装：大便槽是一个狭长开口的槽，一般用于建筑标准不高的公共建筑或公共厕所。大便槽的起端一般装有自动或手拉冲洗水箱，水箱底部距踏步面不应小于1 800mm，水箱可用1.5mm厚的钢板焊制，制成后内外涂防锈底漆两遍，外刷灰色面漆两遍。水箱支架用角钢制成，并按要求高度牢固在墙上，方法是：在砖墙上打墙洞，支架伸进墙洞的末端做成开脚，在墙洞内填塞水泥砂浆前，应先用水把洞内碎砖和灰砂冲净，校正支架后，用水泥砂浆及

239

浸湿的小砖块填塞墙洞，直至洞口抹平。如遇到钢筋混凝土墙壁，则可用膨胀螺栓固定。大便槽冲洗水箱的布置如图 4-10 所示，大便槽的冲洗水量、冲洗管和排水管管径见表 4-4。

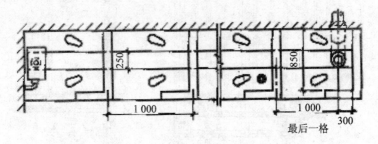

平面图

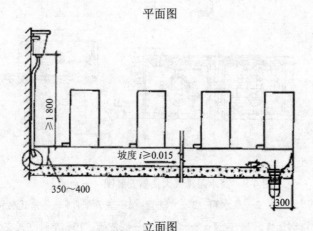

立面图

图 4-10　大便槽冲洗水箱平、立面布置

表 4-4　大便槽的冲洗水量、冲洗管和排水管管径

蹲位数	每蹲位冲洗水箱/L	冲洗管管径/mm	排水管管径/mm
3～4	12	40	100
5～8	10	50	150
9～12	9	70	150

注：① 若采用水泥或陶土排水管，则其管径一律不得小于 150mm;
　　② 每个大便槽的蹲位数不宜大于 12 个，否则管径过大，冲洗困难。

240

2. 小便器的安装

（1）挂式小便器安装：挂式小便器是依靠自身的挂件固定在墙上的，为了能很好地冲洗小便斗，在其内部进水孔处设有 1 排小孔，使水进入后经小孔均匀淋洗小便斗壁。小便斗根据同时使用人数的多少，其冲洗设备可采用自动冲洗水箱或小便器龙头，在有小便器的地板上应设置地漏或排水沟。挂式小便器安装及固定如图 4-11 所示。

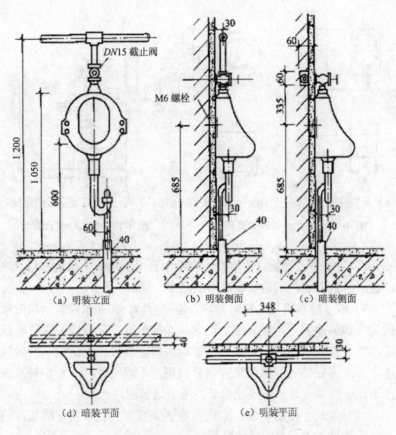

（a）明装立面　　　　（b）明装侧面　　　　（c）暗装侧面

（d）暗装平面　　　　（e）明装平面

图 4-11　挂式小便器安装固定示意图

1）首先从给水甩头中心向下吊坠线，并将垂线画在安装小便器的墙上，量尺画出安装后挂耳中心水平线，将实物量尺后在水平线上画出的两侧挂耳间距及 4 个螺钉孔位置的十字记号。在上下两孔间凿出洞槽预埋防腐木砖，或凿剔出预栽木螺栓，下好的木砖面应平整，外表面与墙平齐，且在木砖的螺栓孔中心位置上钉上铁钉，铁钉外露装饰墙面。待墙面装饰做完，木砖达到强度，拔下铁钉，把完好无损的小便器就位，用木螺栓加上铅垫把挂式小便器牢固地安装在墙上，小便器安装尺寸如图 4-12 所示，小便器配件如图 4-13 所示。

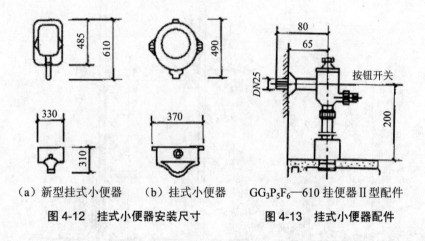

（a）新型挂式小便器　　（b）挂式小便器　　　GG$_3$P$_5$F$_6$—610 挂便器 II 型配件

图 4-12　挂式小便器安装尺寸　　　图 4-13　挂式小便器配件

2）用短管、管箍、角形阀连接给水管甩头与小便器进水口，冲洗管应垂直安装，压盖安设后均应严实、稳固。

3）取下排水管甩头临时封堵，擦净管口，在存水弯管承口内周围均应填匀油灰，下插口缠上油麻，涂抹铅油，套好锁紧螺母和压盖，连接挂式小便排出口和排水管甩头口，然后扣好压盖，拧紧锁母。存水弯安装时，应理顺方向后找正，不可别管，否则容易造成渗水，中间如用丝扣连接或加长，可用活节固定。

（2）立式小便器安装：立式小便器安装在卫生设备标准较高的公共建筑男厕中，多为成组装置。

立式小便器安装前，应检查排水管与给水管甩头是否在一条垂直线上，符合要求后，将排水管甩头清扫干净，取下临时封堵，用干净布擦净承口内，抹好油灰安上存水弯管。立式小便器安装见图4-14。在立式小便器排出孔上用3mm厚橡胶圈及锁母组合安排好排水栓，在坐立小便器的地面上铺设好水泥、白灰膏的混合浆（1∶5），将存水弯管的承口内抹匀油灰，便可将排水栓短管插入存弯水口内，再将挤出来的油灰抹平，找均匀，然后将立式小便器对准上下中心坐稳就位。经校正安装位置与垂直度，符合要求后，将角式长柄截止阀的丝扣上缠好麻丝抹匀铅油，穿过压盖与给水管甩头连接，用扳手上至松紧适度，压盖内加油灰按实压平与墙面靠严。角形阀出口对准喷水鸭嘴，量出短接尺寸后断管，套上压盖与锁母分别插入喷水鸭嘴和角式长柄截止阀内。拧紧接口，缠好麻丝，抹上铅油，拧紧锁母至松紧度合适为止，然后在压盖内加油灰按平即可。

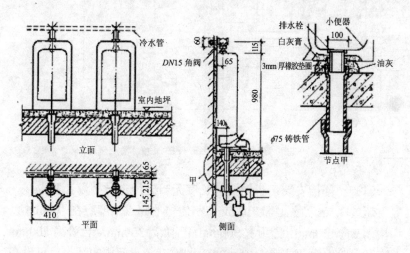

图4-14 立式小便器的安装固定

（3）光电数控小便器安装：安装方法同立式小便器安装，其光电数控的附属设施的安装配合电气、土建等其他工种完成，如图4-15所示。

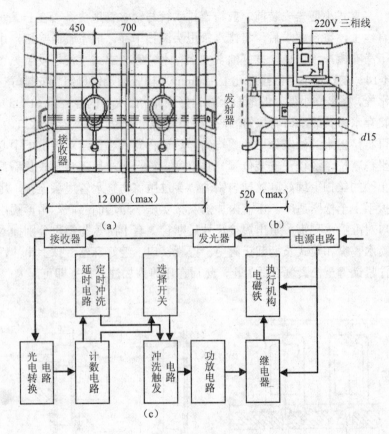

图 4-15　光电数控小便器

（4）小便槽安装：小便槽的长度无明确规定时按设计要求，一般不超过 3.5m，最长不超过 6m，小便槽的起点深度应在 100mm 以上，槽底宽 150mm，槽顶宽 300mm，台阶宽 300mm，台阶高 200mm 左右，台阶向小便槽有 0.01～0.02 的坡度。小便槽的污水口可设在槽的中间，也可设于靠近污水立管的一端，但不管是中间还是某一端，从起点至污水口，均应有 0.01 的坡度坡向污水口。污水口应设置罩式排水栓。

小便槽应沿墙 130mm 高度以下铺贴白瓷砖，以防腐蚀，但也可用水磨石或水泥砂浆粉刷代替瓷砖。小便槽污水管管径一般为75mm，在污水口的排水栓上装有存水弯。在砌筑小便槽时，为防止砂浆或杂物进入污水管内，污水管口可用木头或其他物件堵住，待土建施工完毕后再装上罩式排水栓，也可采用隔栅的铸铁地漏。节门冲洗式小便槽安装如图 4-16 所示，自动冲洗式小便槽的安装固定及其尺寸见图 4-17 及表 4-5。

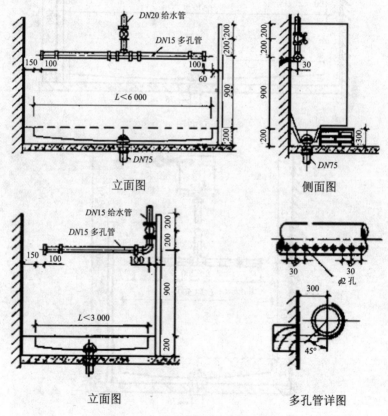

图 4-16　节门冲洗式小便槽安装

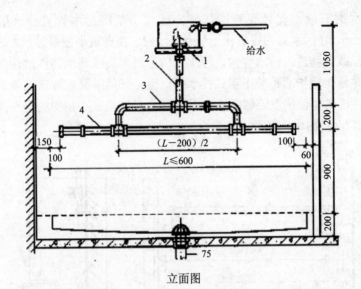

给水

2

1

3

4

150
100

(L−200)/2

L≤600

100

60

1 050

200

900

200

75

立面图

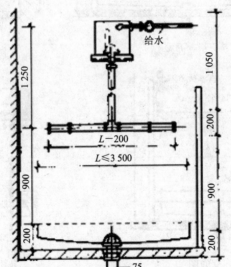

给水

1 250

900

200

L−200

L≤3 500

1 050

200

900

200

75

立面图

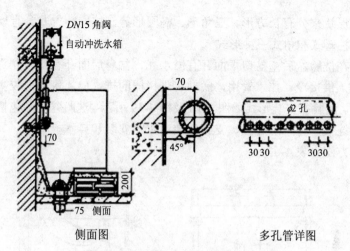

DN15 角阀

自动冲洗水箱

70

200

75 侧面

侧面图

多孔管详图

70

45°

φ2孔

30 30　30 30

图 4-17　自动冲洗式小便槽的安装

1—冲洗阀；2～4—管道

表 4-5　自动冲洗式小便槽安装固定尺寸

小便槽长度/m	水箱有效容积/L	冲洗阀 1	管道 2	管道 3	管道 4
1.0	3.8	20	20	—	15
1.1～2.0	7.6	20	20	—	15
2.1～3.5	11.4	20	20	—	15
3.6～5.0	15.2	25	25	20	20
5.1～6.0	19.0	25	25	20	20

　　自动冲洗水箱用普通阀门控制的多孔管冲洗时，多孔管安装在离地面 1 100mm 的位置，管径不小于 20mm，管的两端用管帽封闭，喷水孔孔径为 2mm，孔距为 30mm。安装时，孔的出水方向应与墙面呈 45°的夹角。一般地，多孔冲洗管较易受到腐蚀，故宜采用塑料管。

五、盥洗、沐浴类卫生器具安装

1. 洗脸盆安装

洗脸盆一般安装在盥洗室、浴室、卫生间，供洗脸、洗手用。

247

按其形状来分有长方形、三角形、椭圆形等，按安装方式分有墙架式、柱脚式和角式三种形式。

在洗脸盆后壁盆口下面开有溢水孔，盆身后面开有安装龙头用的孔，供接冷、热水管用，底部有带栏栅的排水口，可用橡胶塞头关闭。洗脸盆安装形式如图 4-18 及图 4-19 所示。洗脸盆安装包括给水管连接、排水管连接、支架安装、水嘴安装和排水栓安装，具体操作方法见表 4-6。

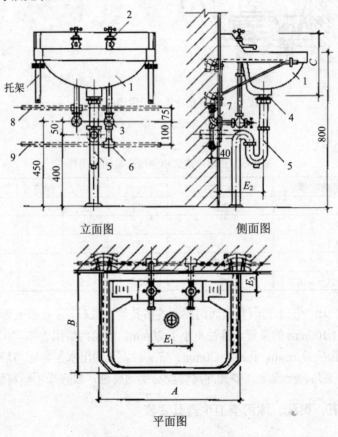

图 4-18　单个洗脸盆安装图

1—洗脸盆；2—龙头；3—角阀；4—排水栓；5—存水弯；

6—三通；7—弯头；8—热水管；9—冷水管

248

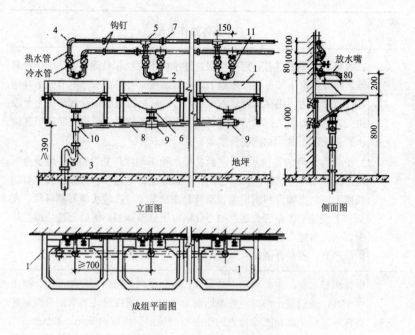

图 4-19 成组洗脸盆安装图

1—洗脸盆；2—龙头；3—存水弯；4—弯头；5，9，10—三通；

6—排水栓；7—活接头；8—排水管；11—截止阀

表 4-6 洗脸盆安装方法

安装部位	具体操作方法
给水管连接	先量好管道尺寸，配好给水短管，再将角阀装上。若是暗装管道，带铜压盖，要先将压盖套在短节上，管子上好后，将压盖内填满油灰，推向墙面找平、压实，清理外溢油灰。将铜管按所需尺寸断好，须煨弯的把弯煨好。将角阀与水嘴的锁母卸下，背靠背套在铜管上，两端分别缠好油麻丝，上端插入水嘴根部，带上锁母，下端插入角阀出水口内，带上锁母，将铜管调直找正。上端用自制呆扳手拧紧，下端用扳手拧紧，清除锁母处外露填料

安装部位	具体操作方法
排水管连接	1. S 形存水弯的连接：应在洗脸盆排水栓下端丝扣处涂铅油，缠少许麻丝，将存水弯上节拧到排水栓上，松紧适度。再将存水弯下节的下端插入排水管口内，将存水弯套入上节内，然后把胶垫放在存水弯的下节连接处，把锁母用手拧紧后调直找正，再用扳手拧紧。最后用油麻填塞排水管口间隙，并用油灰将排水管口塞严、抹平； 2. P 形存水弯的连接：先在洗脸盆排水栓下端丝扣处涂铅油，缠少许麻丝，将存水弯立节拧在排水栓上，松紧适度。再将存水弯横节按需要的长度配好，把锁母和铜压盖背靠背套在横节上，在端头缠好油麻丝，先试一下安装高度是否合适，如不合适可用立节调整，然后把胶垫放在锁母口内，将锁母拧至松紧适度。把铜压盖内填满油灰后推向墙面找平，按压严实，擦净外溢油灰
支架安装	应按照排水管口中心在墙上画垂线，由地面向上量出规定的高度，画出水平线，洗脸盆上沿口一般距地面为 800mm 或按设计要求。再根据盆宽在水平线上画出支架位置的十字线。按印记剔成 ϕ30mm ×120mm 孔洞，将洗脸盆支架找平栽牢。再将洗脸盆置于支架上找平、找正。最后将 ϕ4mm 螺栓上端插到脸盆下面的固定孔内，下端入支架孔内，带上螺母拧至松紧适度
水嘴安装	先将水嘴锁母、根母、胶垫卸下，在水嘴根部垫好油灰，插入洗脸盆水嘴孔眼，下面再套上胶垫，带上根母后用左手按住水嘴，右手用自制呆扳手将根母拧至松紧适度。洗脸盆安装冷、热水水嘴时，一般冷水水嘴的手柄中心处有蓝色或绿色标志，热水水嘴的手柄中心处有红色标志，冷水水嘴应装在右边的安装孔内，热水水嘴应装在左边的安装孔内。如洗脸盆仅装冷水水嘴时，应装在右边的安装孔内，左边有水嘴安装孔的应用瓷压盖涂油灰封死
排水栓安装	先将排水栓根母、眼圈、胶垫卸下，将胶垫垫好油灰后插入洗脸盆排水口孔内，排水栓中的溢流口要对准洗脸盆排水口中的溢流口眼。外面加上垫好油灰的胶垫，套上眼圈，带上根母，再用自制扳手卡住排水栓十字筋，用平口扳手上根母至松紧适度

暗装管道立式洗脸盆的安装固定及规格见图 4-20、表 4-7；明装管道立式洗脸盆的安装固定如图 4-21 所示。

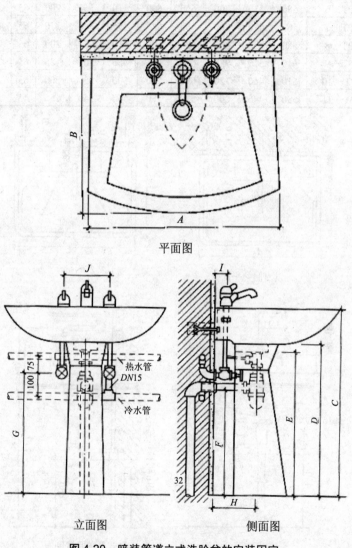

平面图

立面图

侧面图

图 4-20 暗装管道立式洗脸盆的安装固定

表 4-7　暗装管道立式洗脸盆规格　　　　单位: mm

型号	A	B	C	D	E	F	G	H	I	J
PT—4	710	560	800	660	590	500	550	200	65	200
PT—6	680	530	800	660	600	510	560	200	65	200
PT—7	560	430	800	560	585	495	540	170	65	180
PT—8	680	520	800	685	600	510	560	200	65	200
PT—9	610	510	780	610	545	455	503	185	65	200
PT—10	610	460	720	610	590	500	550	200	65	200
PT—11	590	445	800	520	580	490	540	155	45	200

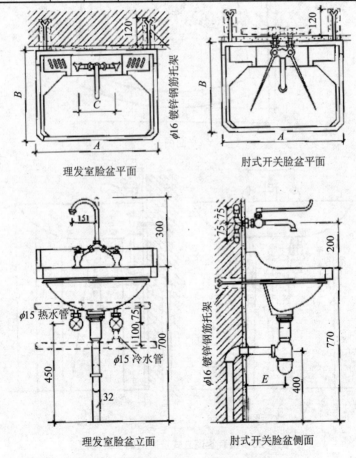

理发室脸盆平面　　　　肘式开关脸盆平面

理发室脸盆立面　　　　肘式开关脸盆侧面

图 4-21　明装管道立式洗脸盆的安装固定

暗装管道洗脸盆安装固定及型号尺寸见图4-22、表4-8。

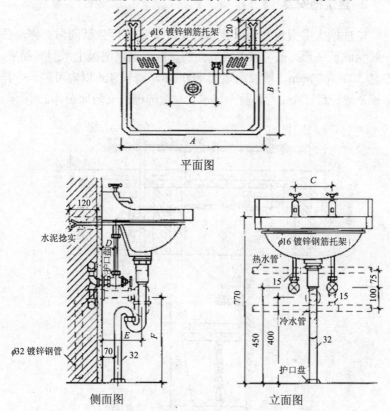

平面图

侧面图　立面图

图 4-22　暗装管道洗脸盆的安装固定

表 4-8　暗装管道洗脸盆安装型号及尺寸　　　单位：mm

尺寸	型号														
	5	6	12	13	14	18	19	21	22	27	33	39	40	41	42
A	560	510	510	410	510	560	510	460	360	560	510	410	560	530	560
B	410	410	310	310	360	410	410	290	260	410	410	310	460	450	410
C	420	380	380	（130）	360	150	150	（155）	（110）	400	380	（130）	380	200	180
D	140	130	65	65	65	65	65	70	65	120	120	65	65	65	65
E	175	175	100	100	100	200	175	100	85	175	175	175	200	175	175
F	270	250	260	200	250	300	280	225	200	210	210	210	210	215	410

注：括号内为右单眼至中心的距离。19 为中心单眼。13、21、22、27、33、39 为右单眼进水。

253

2. 盥洗槽安装

盥洗槽大多数设在公共建筑的盥洗室和工厂生活间内。盥洗槽一般制成长条形，也可布置成双面的，常用钢筋混凝土水磨石制成，槽宽 500～600mm，槽缘距地面 800mm，槽长 4m 以内可装一个排水栓，槽长超过 4m 可装两个排水栓。盥洗槽的安装如图 4-23 所示。

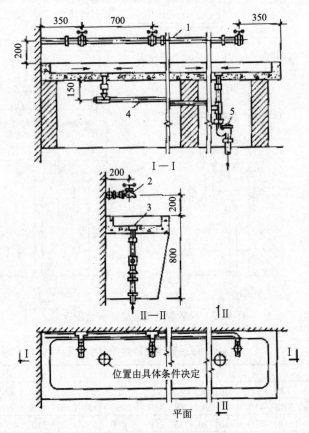

图 4-23 盥洗槽的安装

1—给水管；2—龙头；3—排水栓；4—排水管；5—存水弯

3. 浴盆

浴盆安装在住宅、宾馆、医院等卫生间及公共浴室内，有长方形和方形两种。浴盆安装首先应根据设计位置与标高，将浴盆正面、侧面中心位置、上沿标高线和支座标高线画在所在位置墙上。按照放线位置砌砖墩支座，砖墩支座达到要求后，用水泥砂浆铺在支座上，将浴盆对准墙上中心线就位放稳后调整找平。安装排水栓及浴盆排水管时，将浴盆配件中的弯头与抹匀铅油缠好麻丝的短横管相连接，再将横短管的另一端插入浴盆三通的中口内，拧紧锁母，三通的下口插入竖直短管，连接好接口，将竖管的下端插入排水管的预留甩头内。然后将排水栓圆盘下加进胶垫，抹匀铅油，插进浴盆的排水孔眼里，在孔外也加胶垫和眼圈在丝扣上抹匀铅油，缠好麻丝，用扳手卡住排水口上的十字筋与弯头拧紧连接好，最后溢水立管套上锁母，缠紧油麻丝，插入三通的上口，对准浴盆溢水孔，拧紧锁母。浴盆安装如图 4-24～图 4-26 所示。

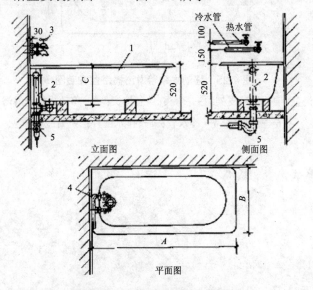

图 4-24　冷热水龙头浴盆安装图

1—浴盆；2—排水配件；3—龙头；4—弯头；5—存水弯

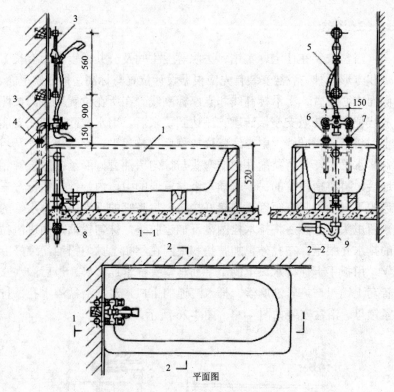

图 4-25 移动式软管淋浴器浴盆安装图

1—浴盆；2—滑动支架；3—弯头；4—接头；5—移动式软管淋浴器；

6—热水管；7—冷水管；8—排水配件；9—存水弯

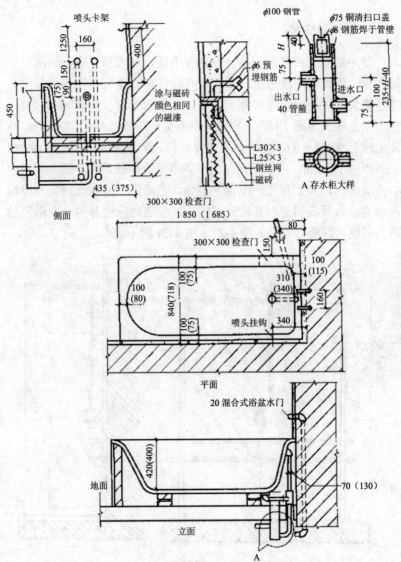

注：①图中括号尺寸为小号雀浴盆；②采用20混合式蛇形管及喷头上水门；③存水柜用热沥青浸渍；④H指楼板厚度。

图 4-26   浴盆安装固定

4. 淋浴器安装

淋浴器具有占地面积小，设备费用低，耗水用量小，清洁卫生等优点，因此被广泛应用。淋浴器有成品件，也有在现场组装的。莲蓬喷头下缘距地面高度为 2.0～2.2m，给水管管径为 15mm，其冷、热水截止阀离地面 1.15m，相邻两淋浴头间距为 900～1 000mm。地面上应有 0.005～0.01 的坡度坡向排水口。淋浴器安装首先由地面向上画出 1 150mm，用水平尺画出一条水平线，然后将冷热水阀门中心位置画出，测量尺寸，配管上零件，在阀门上方加活接头。根据淋浴器组数预制短管，并按顺序组装，安装时应注意男、女浴室的喷头高度。淋浴器安装如图 4-27～图 4-29 所示。

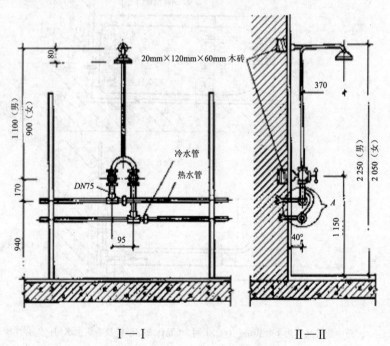

I—I   II—II

258

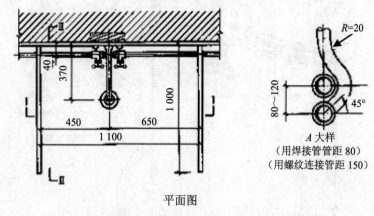

平面图

图 4-27 混合水淋浴器的安装固定

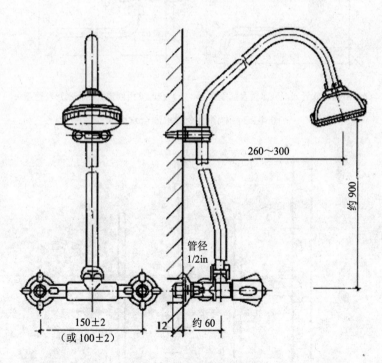

（a）固定式混合水管莲蓬头

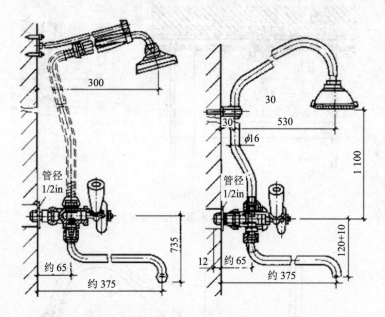

（b）浴盆用软管式混合水管及莲蓬头　（c）洗脸盆用固定式混合水管及莲蓬头

图 4-28　淋浴用冷热水混合水龙头

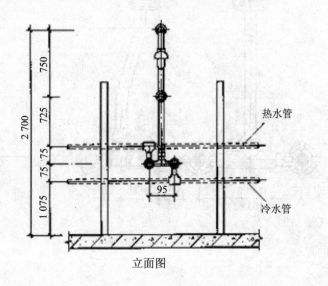

热水管

冷水管

立面图

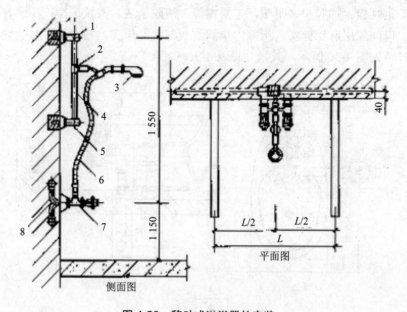

图 4-29　移动式淋浴器的安装

1—上支架；2—调节架；3—莲蓬头；4—滑杆；

5—下支架；6—蛇皮管；7—混合阀；8—弯头

5. 妇女卫生盆安装

妇女卫生盆（妇洗器）一般安装在妇产医院、工厂女卫生间及设备完善的居住建筑和宾馆卫生间内，供妇女使用。妇女卫生盆安装时，先将排水预留管口周围清理干净，将临时管堵取下，检查有无杂物。然后将妇女卫生盆排水三通下口铜管装好。将妇女卫生盆排水管插入预留排水管口内，将净身盆稳正找平，妇女卫生盆尾部距墙尺寸要一致。将妇女卫生盆固定螺栓孔及底座画好印记，移开净身盆，将固定螺栓孔印记画好十字线，剔成ϕ20mm×60mm 的孔眼将螺栓插入洞内栽好或用ϕ6mm 的膨胀螺栓固定。再将妇女卫生盆孔眼对准螺栓放好，与原印记吻合后再将妇女卫生盆下垫好白灰膏，排水铜管套上压盖。将妇女卫生盆稳牢，用水平尺找平、找正。固定螺栓上加胶垫、眼圈，拧紧螺母，清除余灰，擦拭干净。排水管口间隙用麻丝捻实，压盖内填满油灰与地面压实。妇女卫生盆的安装如图 4-30 所示，其尺寸见表 4-9。

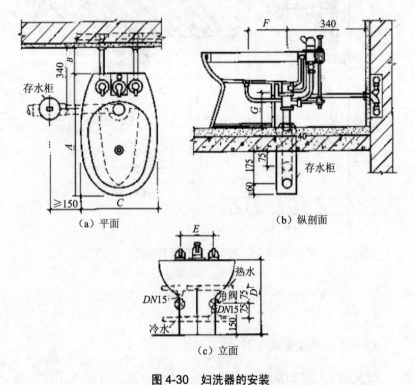

（a）平面　　　　　　　（b）纵剖面

（c）立面

图 4-30　妇洗器的安装

表 4-9　妇女卫生盆的安装尺寸　　　　　单位：mm

型号	尺寸							型号	尺寸						
	A	B	C	D	E	F	G		A	B	C	D	E	F	G
PT—4	590	160	370	360	160	191	160	PT—9	590	160	370	360	160	191	155
PT—6	590	160	370	360	160	191	170	PT—10	590	160	370	360	160	191	195
PT—8	575	160	370	360	160	191	150								

六、洗涤用卫生器具的安装

1. 洗涤盆的安装

洗涤盆多装在住宅厨房及公共食堂厨房内，供洗涤碗碟和食物用。以安装形式分为墙架式、柱脚式，又有单格、双格之分等。洗涤盆可设置冷热水龙头或混合水龙头，排水口在盆底的一端，口上有十字栏栅，备有橡胶塞头。安装在医院手术室、化验室等处的洗涤盆因工作需要常设置肘式开关或脚踏开关。常用的洗涤盆多为陶瓷制品，也有采用钢筋混凝土磨石子制成。洗涤盆的安装如图4-31～图4-34所示。

洗涤盆排水口径为 50mm，排水管如是通往室外的明沟，也可不设置存水弯；如与排水立管连接，则应装设存水弯。安装排水栓时应垫上橡胶圈并涂上油灰，并注意将排水栓溢流孔对准洗涤盆溢流孔，然后用力将排水栓压紧，在下面用根母将排水栓拧紧，这时应有油灰挤出，挤在外面的油灰可用纱布擦拭干净，挤在里面的应注意防止堵塞溢流孔。安装好排水栓后，可接着将存水弯连接到排水栓上。

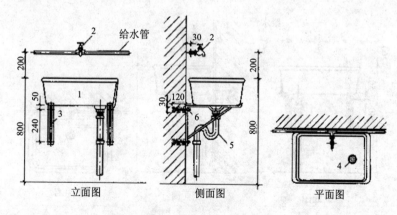

立面图　　　　　　侧面图　　　　　　平面图

图 4-31　洗涤盆安装图

1—洗涤盆；2—龙头；3—托盘；4—排水栓；5—存水弯；6—螺栓

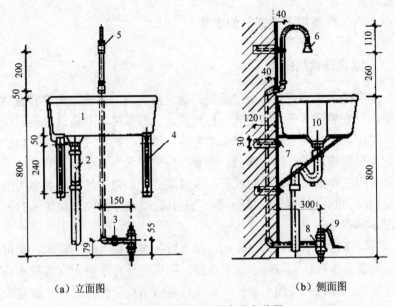

（a）立面图　　　　　　　　　　　（b）侧面图

图 4-32　脚踏开关洗涤盆安装图

1—洗涤盆；2—存水弯；3—活接头；4—托架；5—管卡；6—洗手喷头；

7—螺栓；8—弯头；9—脚踏开关；10—排水栓

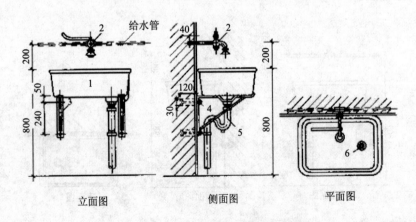

立面图　　　　　　　　侧面图　　　　　　　　平面图

图 4-33　单把肘式开关洗涤盆安装图

1—洗涤盆；2—单把肘式开关；3—托盘；4—螺栓；5—存水弯；6—排水栓

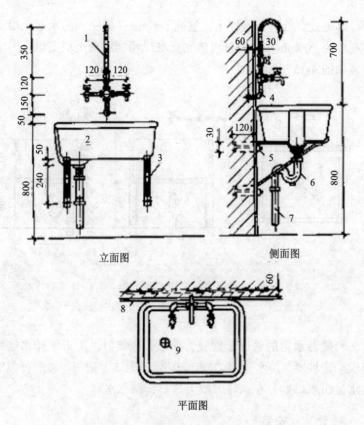

立面图　　　　　　　　　　　侧面图

平面图

图 4-34　三联化验龙头洗涤盆安装图

1—三联化验龙头；2—洗涤盆；3—托架；4—弯头；5—螺栓；6—存水弯；
7—排水管；8—给水管；9—排水栓

洗涤盆如只装冷水龙头，则龙头应与盆中心对正；如果设置冷热水龙头，则可按照热水管在上、冷水管在下、热水管在左上方、冷水管在右下方的要求进行。冷热水两横管的中心间距 150mm。

2. 污水盆安装

污水盆也叫拖布盆，多设在公共厕所或盥洗室中，一般盆口距地面较低，盆深一般为 400～500mm。污水盆有落地式和架空式两种，落地式直接置于地坪上，盆高 500mm；架空式污水盆上沿口安装高度为 800mm，盆脚采用砖砌支墩或预制混凝土块支墩，污水盆安装如图 4-35 所示。

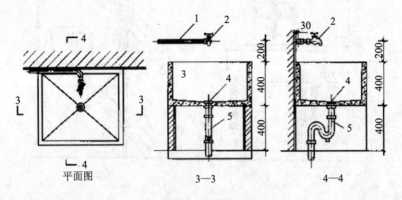

图 4-35 污水盆的安装
1—给水管；2—龙头；3—污水池；4—排水栓；5—存水弯

一般污水盆的管道配置较为简单。砌筑时，为方便排水盆底宜形成一定坡度。排水栓为 DN50，安装时应抹上油灰，然后再固定在污水盆出水口处。存水弯一般为 S 形铸铁存水弯。

3. 化验盆安装

（1）化验盆一般安装在实验台一端，排水管采用铸铁管、塑料管或陶土管，将化验盆置于支架上，上部可用木螺丝固定在实验台上，找平找正即可。

（2）常用的陶瓷化验盆内已设存水封，排水管上不需要再装设存水弯，直接将排水管连接在排水栓上。

（3）根据使用要求，化验盆上可装单联、双联或三联鹅颈龙头。龙头镶接时，不准用管钳，应用活铬扳手拧紧以防止损坏表面镀铬层。安装龙头的管子穿过木质化验台时，应用锁母加以固定，台面上还应加护口盘，如图 4-36 所示。

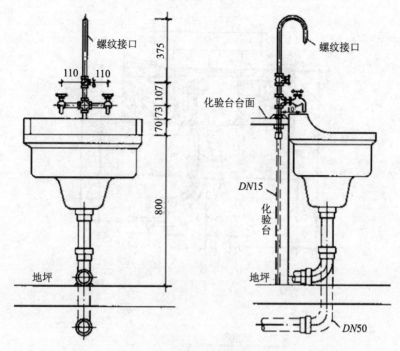

图 4-36 化验盆

4. 地漏安装

厕所、盥洗室、卫生间及其他房间须从地面排水时，应设置地漏。采用不带水封地漏时，排水管上加装存水弯，不宜采用水封深度只有 20mm 的钟罩式地漏。地漏一般安装在易溅水的器具及不透水地面的最低处，为方便排水，地漏顶面应低于设置处地面 5～10mm，周围地坪面也要有不小于 0.01 坡度坡向地漏。图 4-37 为地漏安装图，为阻止杂物进入管道，地漏盖有箅子。地漏本身不带有水封时，排水支管应设置水封。当地漏装在排水支管的起点时，可同时兼做清扫口用。

267

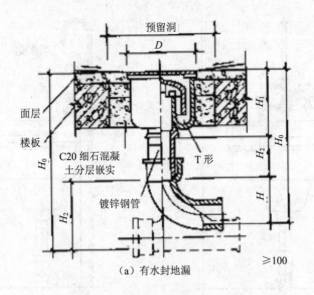

（a）有水封地漏

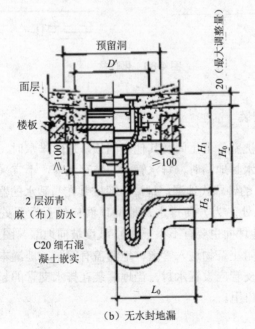

（b）无水封地漏

图 4-37　地漏安装图

七、卫生器具安装质量标准及允许偏差

1. 主控项目

（1）排水栓和地漏的安装应平正、牢固，低于排水表面，周边无渗漏。地漏水封高度不得小于 50mm。

检验方法：试水观察检查。

（2）卫生器具交工前应做满水和通水试验。

检验方法：满水后各连接件不渗不漏；通水试验给、排水畅通。

2. 一般项目

（1）卫生器具安装的允许偏差应符合表 4-10 的规定。

表 4-10　卫生器具安装的允许偏差和检验方法

项次	项目		允许偏差/mm	检验方法
1	坐标	单独器具	10	拉线、吊线和尺量检查
		成排器具	5	
2	标高	单独器具	±15	
		成排器具	±10	
3	器具水平度		2	用水平尺和尺量检查
4	器具垂直度		3	吊线和尺量检查

（2）有饰面的浴盆，应留有通向浴盆排水口的检修门。

检验方法：观察检查。

（3）小便槽冲洗管，应采用镀锌钢管或硬质塑料管。冲洗孔应斜向下方安装，冲洗水流同墙面呈 45°角。镀锌钢管钻孔后应进行二次镀锌。

检验方法：观察检查。

（4）卫生器具的支、托架必须防腐良好，安装平整、牢固，与器具接触紧密、平稳。

检验方法：观察和手扳检查。

第五章　室内采暖系统安装

第一节　采暖系统分类、组成及形式

一、采暖系统组成

采暖系统是建筑工程中一个重要组成部分，任何形式的采暖系统都是由热源、供热管道和散热设备三个基本部分组成。

1．热源

热源部分是指热介质制备设备，如锅炉等。此外还可以利用工业余热、太阳能、地热、核能等作为采暖系统的热源。

2．供热管道

供热管道指热媒的输送管网，包括室内外采暖管道等。

3．散热设备

散热设备是指各类型散热器、暖风机和散热板等。

二、采暖系统分类

采暖系统根据不同的特征，有各种不同的分类方法。

1．按供热区域划分

（1）局部采暖系统：热源、管道、散热设备连成一个整体。如火炉供暖、煤气供暖、电热供暖等。

（2）集中采暖系统：锅炉单独设在锅炉房内或城市热网的换热站，通过管道同时向一幢或多幢建筑物供热的采暖系统。

（3）区域采暖系统：由一个区域锅炉房或换热站向城镇的某个生活区、商业区或厂区集中供热的系统。

2. 按热媒分类

（1）热水采暖系统：以热水为热媒的供热系统称为热水采暖系统。水在锅炉内被加热后，通过管道输送到每个房间的散热设备中，散热设备向房间内散热，使空气加热，放热后的水再经管道回到锅炉重新被加热。一般居民小区供热均采用热水采暖系统供热。按热水温度的不同分为低温热水供暖系统和高温热水供暖系统，供水温度95℃、回水温度70℃的为低温热水供暖系统；供水温度高于100℃的为高温热水供暖系统。按系统的循环动力不同，又分为自然循环供暖系统和机械循环供暖系统。

（2）蒸汽供暖设备：以蒸汽为热媒的供热系统称为蒸汽采暖系统。水在锅炉内被加热汽化变成蒸汽，蒸汽沿着管道被输送到各采暖间的散热器中，在散热设备中放出汽化热凝结成水，经凝结水管流回锅炉内重新被加热变成蒸汽。一般情况下有条件的工业厂房采用此类热媒的供暖。热媒蒸汽供暖系统中，蒸汽压力低于70kPa为低压蒸汽供暖系统，蒸汽压力小于大气压的为真空蒸汽供暖系统。

三、采暖系统形式

建筑采暖系统管路布置形式及图示见表5-1。

表 5-1　　建筑采暖系统管路布置形式及图示

类别	布置方式	具体做法	图示
低压蒸汽采暖系统	双管上分式	双管上分式蒸汽采暖系统如图 1 所示。系统的蒸汽干管与凝结水管完全分开。蒸汽干管敷设在顶层房间的顶棚下或吊顶上	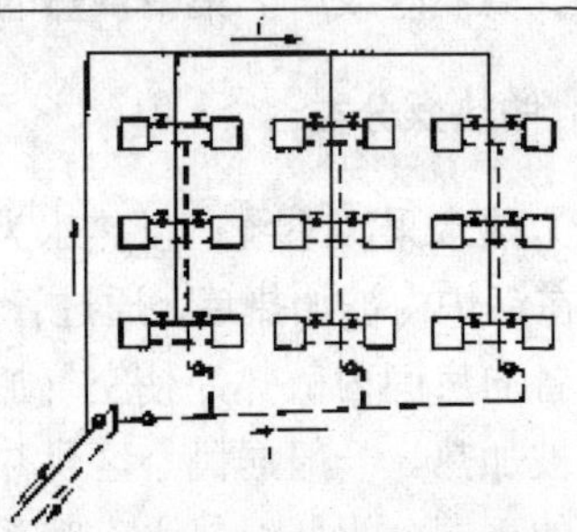 图 1　双管上分式蒸汽采暖系统
	双管中分式	双管中分式蒸汽采暖系统如图 2 所示。多层建筑的蒸汽采暖系统，当顶层顶棚下面和底层地面不能敷设干管时采用	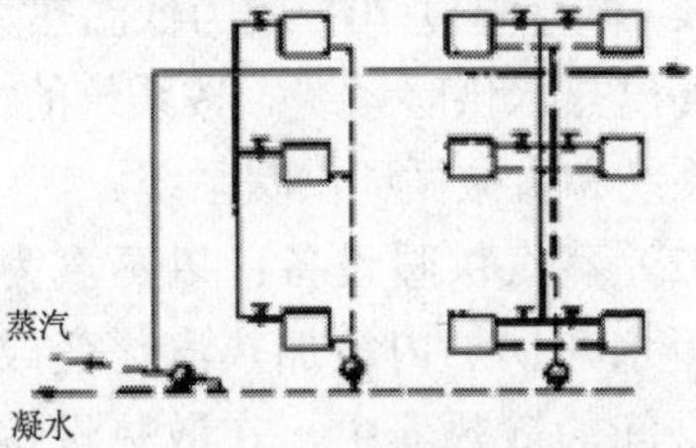 图 2　双管中分式蒸汽采暖系统
	双管下分式	双管下分式蒸汽采暖系统如图 3 所示，蒸汽干管和凝结水干管敷设在底层地面下专用的采暖地沟内。蒸汽通过立管向上供汽	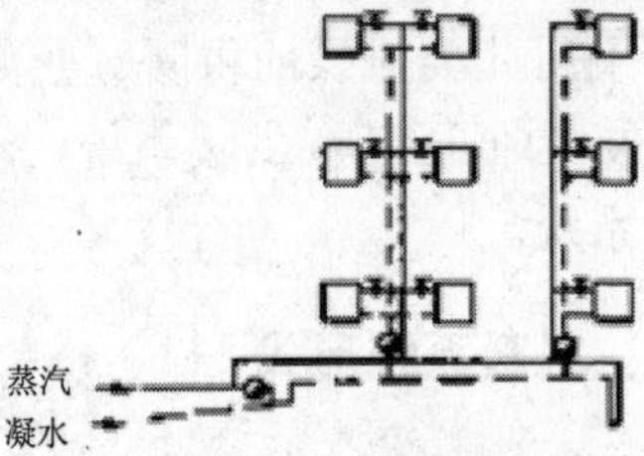 图 3　双管下分式蒸汽采暖系统
	重力回水式	凝结水依靠重力直接回锅炉，如图 4 所示，这种系统要求锅炉房位置很低，锅炉内水面高度要比凝结水干管至少低 2.25m	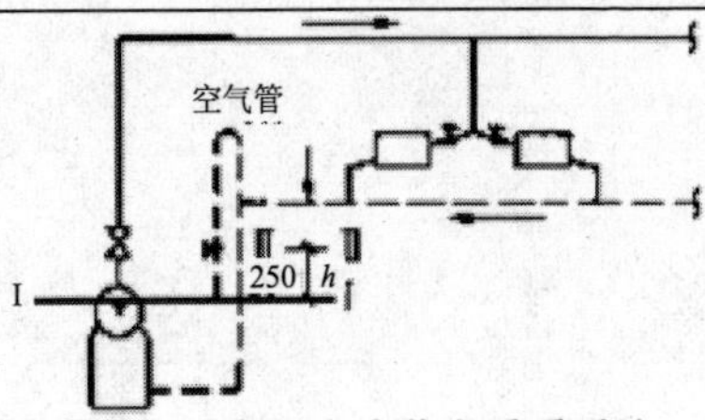 图 4　重力回水式蒸汽采暖系统

272

类别	布置方式	具体做法	图示
机械循环热水供暖系统	双管上行下回式	这种形式只要注意与自然循环双管系统的区别即可，其他相同。如图 5 所示	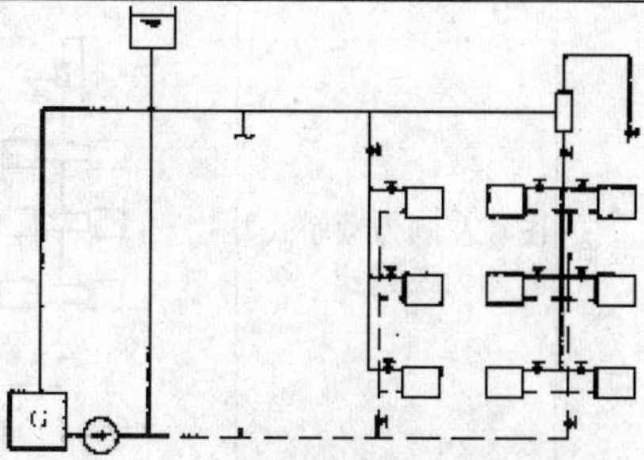 图 5　机械循环双管上行下回式
	双管下行下回式	这种形式与双管上行下回式的不同点在于供水干管也敷设于最底层散热器的下部。排气方法可采用散热器上部设放气阀。如图 6 所示。 为了解决上行式管道敷设时可能出现的困难以及上下层冷热不均的问题，可将供水干管敷设在中间楼层的顶棚下面	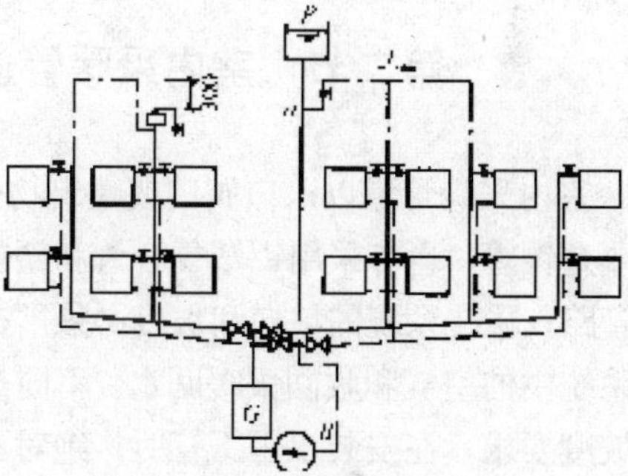 图 6　机械循环双管下行下回式
	单管水平式	图 7 画出了四种连接方式，上两种系为水平串联式，下两种系水平并联（跨越）式。水平单管与垂直单管相比，省管材，管子穿楼板少，造价低，施工容易。但应注意解决好串接式管子热伸长问题，避免接头漏水	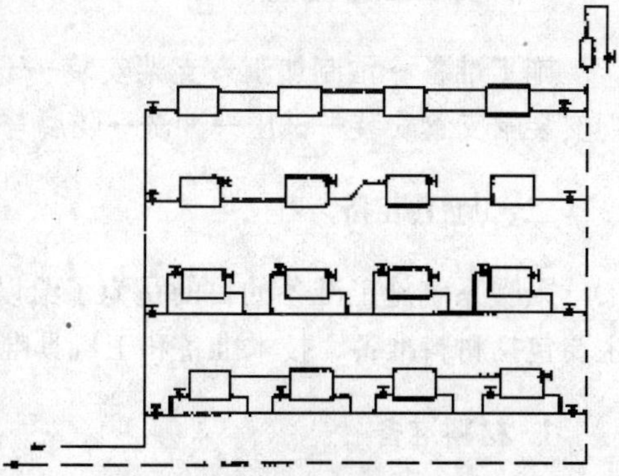 图 7　机械循环单管水平式

273

类别	布置方式	具体做法	图示
机械循环热水供暖系统	单管垂直式	图 8 左侧为顺序式，右侧为跨越式	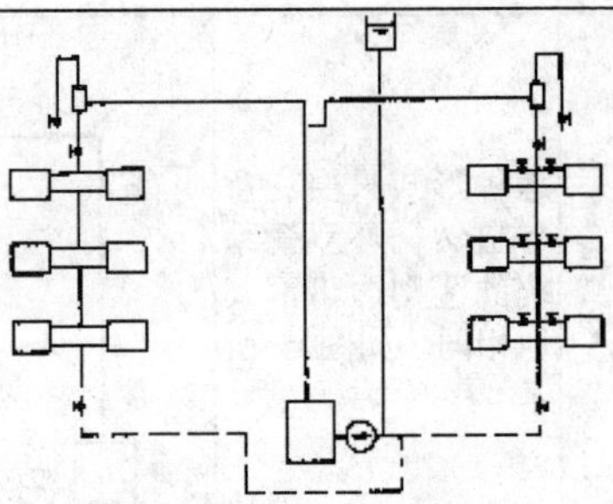 图 8　机械循环单管垂直式

第二节　室内采暖管道及配件安装

室内采暖管道以入口阀门或建筑物外墙皮 1.5m 为界。使用管材主要是钢管，也有采用铝塑复合管和塑料管。采暖系统管道为闭路循环管路，采暖系统的坡向和坡度必须严格按设计施工，以保证顺利排除系统中的空气和收回采暖回水。不同热媒的采暖系统有不同的坡向和坡度要求，在安装水平干管时，绝对不许装成倒坡。室内管道要做到横平、竖直、规格统一、外观整齐，不能影响室内的美观。

一、安装工艺流程

施工准备→预制加工→支架安装→干管安装→散热器安装→立管安装→支管安装→试压→冲洗→防腐与保温→调试。

二、施工准备

采暖系统施工准备的目的是为了给以后的施工创造良好条件，主要包括材料准备、技术准备和工机具准备。

1. 材料准备

（1）根据施工进度计划，提出材料计划，其中包括进场计划和

274

采购计划等，还要组织材料采购和主要设备的订购。

（2）材料进场后，要对其材质、规格、型号、数量、误差及外观缺陷等进行检验，符合国家技术标准或设计要求的为合格材料，不合格的材料不得验收。

2. 技术准备

（1）图纸资料准备：图纸是施工的依据，对于采暖系统施工所需图纸主要有设计说明书、工艺流程图、设备布置图、管道布置图、管口方位图、管道支、吊架图及其标准图、大样图等。施工前应按设计组成进行图纸收集，特别是仅有标准号的图纸不得遗漏。为保证施工顺利进行，收集图纸的同时还应准备好与工程施工有关的国家标准、规范、操作规程、安全规程等资料。

（2）熟悉图纸资料：当图纸资料准备齐全后，应对其进行熟悉。熟悉图纸资料的过程和方法可按单张图纸和整套图纸的步骤方法进行。一般先看基本图和详图，有必要时，还应熟悉土建图。在熟悉图纸阶段，应特别注意图纸是否有错误，与其他专业有无矛盾。若存在矛盾，为方便图纸会审时向设计方质疑，应做好记录。

（3）施工图会审：在熟悉图纸的基础上，为解决发现的矛盾和问题，应提请业主组织会审，图纸会审由设计院和土建、装饰等相关专业人员参加，确定解决办法，做好详细记录，由与会者签字，该记录属施工图的组成部分。若图纸有修改处，应请设计单位出具修改通知书或修改图纸。

（4）技术交底：技术交底由设计单位将工程的具体情况向施工单位交底和施工单位向下层层交底两类，有会议和现场两种形式。一般情况下，大工程先会议交底，在会议上交底不清楚之处，再进行现场交底。

（5）编制施工组织设计：施工组织设计是安装施工的组织方案，是施工企业实行科学管理的重要环节。其主要内容包括工程概况、施工方案、施工进度计划、需用计划、施工准备工作计划和施工平面规划图等内容。

3. 工机具准备

开工前应先检查现有施工机械的性能状况，并加强维修，不足时应加以补充。对于担负新工艺所需施工机械应提出采购计划，并报请有关部门批准。添置的工机具，检查有无合格证书和必要的检验手续。

三、干管安装

室内采暖系统中，供热干管是指供热管、回水管与数根采暖立管相连接的水平管道部分，包括供热干管及回水干管两类。当供热干管安装在地沟、管廊、设备层、屋顶内时，应做保温层；而明装于顶层板下和地面时则可不做保温。不同位置的采暖干管安装时机也不同：位于地沟的干管，在已砌筑完清理好的地沟、未盖沟盖板前进行；位于顶层的干管，在结构封顶后安装；位于天棚内的干管，应在封闭前进行；位于楼板下的干管，在楼板安装后进行。

1. 画线定位

首先应根据施工图所要求的干管走向、位置、标高和坡度，检查预留孔洞，挂通线弹出管子安装的坡度线；为便于管道支架制作和安装，取管沟标高作为管道坡度线的基准，为保证弹画坡度线符合要求，挂通线时如干管过长，挂线不能保证平直度时，中间应加铁钎支承。

2. 管段加工预制

按施工草图进行管段的加工预制，包括断管、套丝、上零件、调直、核对好尺寸，按环路分组编号，码放整齐。

3. 安装卡架

按设计要求或规定间距安装。吊卡安装时，先把吊棍按坡向、顺序依次穿在型钢上，吊环按间距位置套在管上，再把管抬起穿上螺栓拧上螺母，将管固定。安装托架上的管道时，先把管就位在托架上，把第一节管装好 U 形卡，然后安装第二节管，以后各节管均照此进行，紧固好螺栓。

4．干管就位安装

（1）干管安装应从进户或支路分点开始，装管前要检查管腔并清理干净。在丝头处涂好铅油缠好麻，一人在末端扶平管道，一人在接口处把管固定对准丝扣，慢慢转动入扣，用一把管钳咬住前节管件，用另一把管钳转动管到松紧适度，对准调直时的标记，要求丝扣外露 2～3 扣，并清掉麻头，依此方法装完为止。

管道地上明设时，可在底层地面上沿墙敷设，过门时设过门地沟或绕行，如图 5-1 所示。

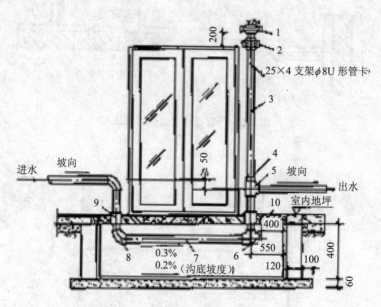

图 5-1 采暖管道过门示意图

1—排气阀；2—闸板阀；3—空气管；4—补芯；5—三通；

6—丝堵；7—回水管；8—弯头；9—套管；10—盖板

（2）制作羊角弯时，应成两个 75°左右的弯头，在连接处锯出坡口，主管锯成鸭嘴形，拼好后即应点焊、找平、找正、找直，然后再进行施焊。羊角弯接合部位的口径必须与主管口径相等，其弯曲半径应为管径的 2.5 倍左右。干管过墙安装分路做法，如图 5-2 所示。

（3）干管与分支干管连接时，应避免使用 T 形连接，否则，当干管伸缩时有可能将直径较小的分支干管连接焊口拉断，正确的连接如图 5-3 所示。

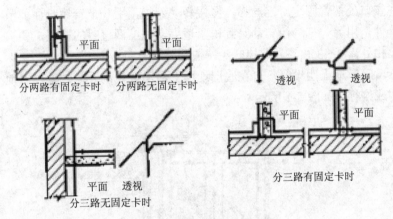

图 5-2　干管过墙安装分路做法

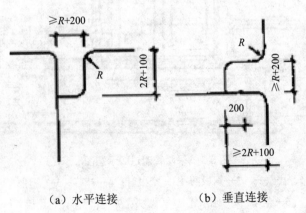

（a）水平连接　　　　（b）垂直连接

图 5-3　干管与分支干管连接

（4）分路阀门离分路点不宜过远。如分路处是系统的最低点，必须在分路阀门前加泄水丝堵。集气罐的进出水口，应开在偏下约为罐高的 1/3 处。丝接应与管道连接调直后安装。其放风管应稳固，如不稳可装两个卡子。集气罐位于系统末端时，应装托、吊卡。

（5）采用焊接钢管，先把管子调直，清理好管膛，将管运到安装地点，安装程序从第一节开始；把管就位找正，对准管口使预留口方向准确，找直后用气焊点焊固定，然后施焊，焊完后应保证管道正直。

（6）遇有伸缩器，应在预制时按规范要求做好预拉伸，并做好记录，按位置固定，与管道连接好。波纹伸缩器应按要求位置安装好导向支架和固定支架，并分别安装阀门、集气罐等附属设备。

（7）管道安装完，检查坐标、标高、预留口位置和管道变径等是否正确，然后找直，用水平尺校对复核坡度，调整合格后，再调整吊卡螺栓 U 形卡，使其松紧适度，平正一致，最后焊牢固定卡处的止动板。

（8）摆正或安装好管道穿墙处的套管，填堵管洞口，预留口处应加好临时管堵。

穿墙套管做法如图 5-4 所示。

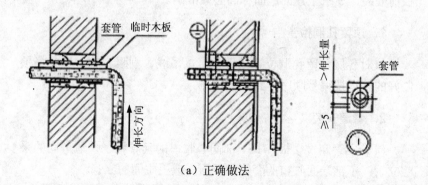

（a）正确做法

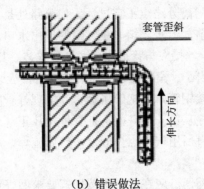

（b）错误做法

图 5-4 穿墙套管的做法

5. 试压

干管安装完毕后，为方便进行该管段的油漆和保温应进行阶段性的管道试压，室内采暖系统的压力试验通常采用水压试验。

四、立管安装

立管安装一般在抹灰后和散热器安装完毕后进行，如需在抹地板前安装，要求土建的地面标高必须准确。

1. 预留孔洞检查

核对各层预留孔洞位置是否垂直，吊线、剔眼、栽卡子。将预制好的管道按编号顺序运到安装地点。

2. 管道安装

（1）立管穿过楼板，其上部同心收口的套管用于普通房间的采暖立管；下部端面收口的套管用于厨房或卫生间的立管。

（2）管道连接：安装前先卸下阀门盖，有钢套管的先穿到管上，按编号从第一节开始安装。涂铅油缠麻丝将立管对准接口转动入扣，一把管钳咬住管件，一把管钳拧管，拧到松紧适度，对准调直时的标记要求，丝扣外露 2～3 扣，直到预留口平正为止，并清理干净麻头。依此顺序向上或向下安装到终点，直至全部立管安装完。

（3）立管、支干管连接：采暖干管一般布置在离墙面较远处，需要通过干、立管间的连接短管使立管能沿墙边而下，使立管能沿墙边而下，少占建筑面积，还可减少干管膨胀对支管的影响，这些连接管的连接形式如图 5-5～图 5-8 所示。

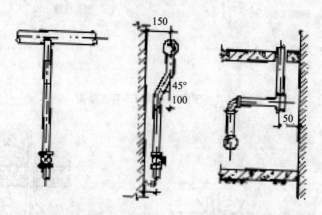

（a）与热水（汽）管连接　　　　（b）与回水干管连接

图 5-5　干管与立管连接形式

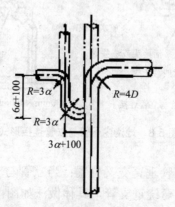

图 5-6　主干管与分支干管连接形式

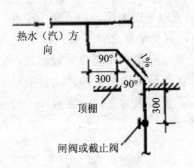

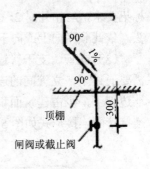

（a）蒸汽采暖（4 层以下）　　　　（b）蒸汽采暖（3 层以下）
　　热水采暖（5 层以下）　　　　　　热水采暖（4 层以下）

图 5-7　顶棚内立管与干管连接图

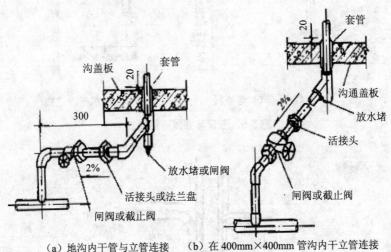

（a）地沟内干管与立管连接　　（b）在 400mm×400mm 管沟内干立管连接

图 5-8　地沟内干管与立管连接形式

（4）立管与支管垂直交叉位置：当立管与支管垂直交叉时，立管应设半圆形让弯绕过支管，具体做法如图 5-9 所示，加工尺寸见表 5-2。

表 5-2　让弯尺寸表

DN/mm	α/ (°)	α₁/ (°)	R/ mm	L/ mm	H/ mm
15	94	47	50	146	32
20	82	41	65	170	35
25	72	36	85	198	38
32	72	36	105	244	42

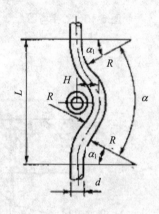

图 5-9　让弯加工

（5）主立管用管卡或托架安装在墙壁上，下端要支撑在坚固的支架上，其间距为 3～4m，管卡和支架不能妨碍主立管的胀缩。

（6）当立管与预制楼板承重部位相碰时，应将钢管弯制绕过，或在安装楼板时，把立管弯成乙字弯（又称来回弯），如图 5-10 所示；也可将立管缩进墙内，如图 5-11 所示。

（7）立管固定：检查立管的每个预留口标高、方向、半圆弯等是否准确、平正。将事先栽好的管卡子松开，把管放入卡内拧紧螺栓，用吊杆、线坠从第一节管开始找好垂直度，扶正钢套管，填塞套管与楼板间的缝隙，加好预留口的临时封堵。

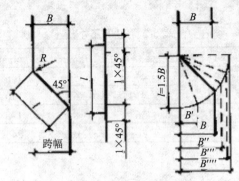

图 5-10　乙字弯图

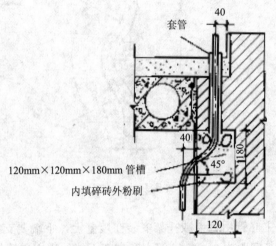

图 5-11　立管缩墙安装图

五、支管安装

（1）检查散热器安装位置及立管预留口是否正确。量出支管尺寸和灯叉弯的大小，支管与散热器连接如图 5-12 所示。

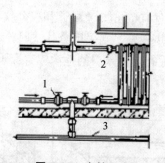

图 5-12　支管的安装

1—闸阀；2—活接头；3—回水干管

（2）配支管，按量出支管的尺寸，减去灯叉弯的尺寸，然后断管、套丝、煨灯叉弯和调直。将灯叉弯两头抹铅油缠麻，装好油任，连接散热器，把麻头清洗干净。

（3）为达到美观，暗装或半暗装的散热器灯叉弯必须与炉片槽墙角相适应。

（4）用钢尺、水平尺、线坠校对支管的坡度和平行距墙尺寸，并复查立管及散热器有无移动。按设计或规定的压力进行系统试压及冲洗，合格后办理验收手续，并将水泄净。

（5）立支管变径，不宜使用铸铁补芯，应使用变径管箍或焊接法。

六、热水供暖系统热力入户安装（热水集中采暖分户热计量系统）

系统热力入口宜设在建筑物负荷对称分配的位置，一般在建筑物中部，铺设在用户的地下室或地沟内。入口处一般装有必要的仪表和设备，以进行调节、检测和统计供应热量，一般有温度计、压力表、过滤器或除污器等，必要时应设调节阀和流量计，但系统小时不必全设。

1. 设在地沟（检查井）内的热力入口

设在地沟（检查井）内的热力入口，如图 5-13 所示，地沟应加设人孔，人孔高出地面 100mm。流量计和积分仪可采用整体式热量表，也可采用分体式热量表，当采用分体式时，积分仪与流量计的距离不宜超过 10m。设有热力入口的地沟应有深不小于 300mm 的集水坑。

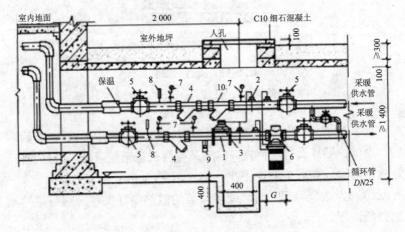

（a）I—I 剖面

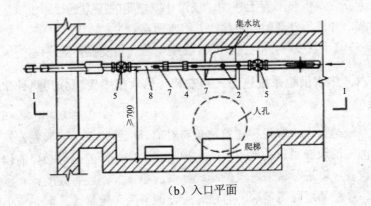

（b）入口平面

图 5-13　在地沟（检查井）内的热力入口

1—流量计；2—温度压力传感器；3—积分仪；4，10—水过滤器；5—截止阀；
6—自力式压差控制阀；7—压力表；8—温度计；9—泄水阀

2. 设在地下室的热力入口

设在地下室的热力入口，如图 5-14 所示，应设置可靠的支撑，地下室内应有良好的采光、足够的操作空间，供热管道穿越地下室外墙应加柔性防水套管。

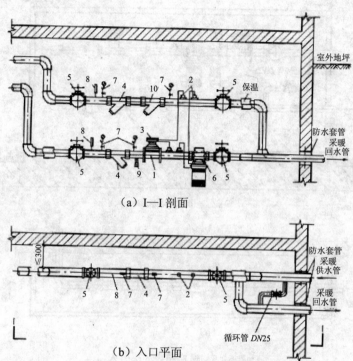

（a）I—I 剖面

（b）入口平面

图 5-14　在地下室的热力入口

1—流量计；2—温度压力传感器；3—积分仪；4，10—水过滤器；5—截止阀；
6—自力式压差控制阀；7—压力表；8—温度计；9—泄水阀

3. 设在进户箱内的热力入口

进户箱内的热力入口，如图 5-15 所示。热力入口没有合适的场所设置，也可把热力入口设在钢板或木制的专用进户箱内，进户箱应固定在牢固的结构上，应采取防水、防腐措施。进户箱设带锁的钢制检修操作门，且门的内侧应采取保温措施，其总热阻不应小于 0.8 m²·K/W，箱门的钢板厚度不得小于 1.2～1.5mm。进户箱的宽度不宜小于 800mm，净进深为 150～200mm。

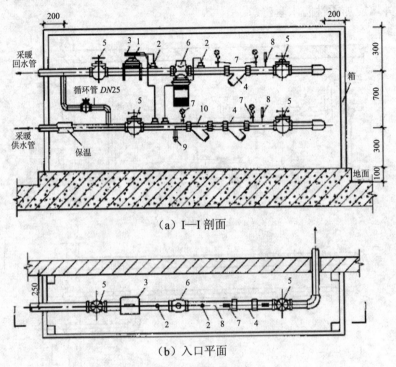

（a）I—I 剖面

（b）入口平面

图 5-15　进户箱内的热力入口

1—流量计；2—温度压力传感器；3—积分仪；4，10—水过滤器；5—截止阀；6—自力式压差控制阀；7—压力表；8—温度计；9—泄水阀

七、采暖附属设备安装

1. 法兰盘安装

管道压力为 0.25～1MPa 时，可采用普通焊接法兰，如图 5-16

（a）所示；压力为 1.6～2.5MPa 时，应采用加强焊接法兰，如图 5-16（b）所示。加强焊接是在法兰端面靠近管孔周边开坡口焊接。焊接法兰时，必须使管子与法兰端面垂直，可用法兰靠尺度量，也可用角尺检查，如图 5-17 所示，检查时需从相隔 90°的两个方向进行。定位焊后，还需用靠尺再次检查法兰盘的垂直度，可用手锤敲打找正。

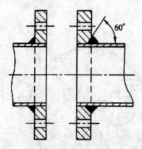

（a）普通焊接（b）加强焊接

图 5-16　平焊法兰盘

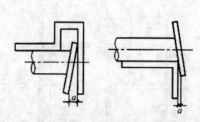

（a）用法兰靠尺检查（b）用角尺检查

图 5-17　检查法兰盘垂直度

安装法兰时，应将两法兰盘对平找正，先在法兰盘螺孔中顶穿几根螺栓（如四孔法兰可先穿 3 根，如六孔法兰可先穿 4 根），将制备好的垫圈插入两法兰之间后，再穿好余下的螺栓。把垫圈找正后，即可用扳手拧紧螺栓。拧紧顺序应按对角顺序进行，如图 5-18（a）所示。

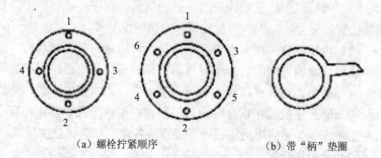

（a）螺栓拧紧顺序　　　　　　（b）带"柄"垫圈

图 5-18　法兰螺栓拧紧顺序与带"柄"垫圈

1～6—顺序号

法兰垫圈应带"柄",如图 5-18（b）所示,"柄"可用于调整垫圈在法兰中间的位置,另外,也与不带"柄"的"死垫"相区别。

2. 膨胀水箱的安装

自然循环系统的膨胀水箱安装在供水总立管上部,机械循环的膨胀水箱安装在水泵吸入口处的回水干管上,安装高度至少超过系统的最高点 1m 左右,其配管如图 5-19 所示。

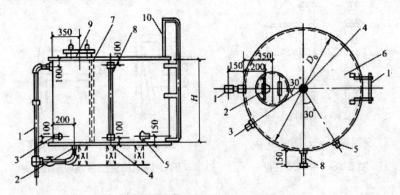

图 5-19　膨胀水箱结构图

1—溢流管;2—排水管;3—循环管;4—膨胀管;5—信号管;
6—箱体;7—人梯;8—水位计;9—人孔;10—外人梯

（1）画线定位:按设计要求,进行量尺、画线,在基础上做出安装位置的记号,一般画一对边线和一侧的中心线。

（2）水箱就位:根据水箱间的情况,可以将钢板下好料后,运至安装现场就地焊制组装,也可将水箱预制后吊装就位。用吊装设备将水箱吊起,送往水箱间的水箱支座上方,当水箱的中线、边线与水箱支座上定位线相重合时,落下吊钩。用水平尺和垂线检查水箱的平正程度,然后用撬棍或千斤顶调整各角的标高、垫实垫铁。

（3）水箱接管:

1）膨胀管在重力循环系统中接至供水总立管的顶端;在机械循环系统中,接至系统的恒压点,一般选择在锅炉房循环水泵吸水口前。

2）循环管接至系统定压点前水平回水干管上，为防止水箱结冰，该点与定压点间的距离为 2～3m，使热水有一部分能缓慢通过膨胀管和循环管流经水箱。

3）为方便观察膨胀水箱内是否有水，信号检查管接向建筑物的卫生间，或接向锅炉房内，一般装在距膨胀水箱顶部 100mm 的侧面。

4）对于溢流管，当水膨胀使系统内水的体积超过水箱溢流管口时，水自动溢出，可排入下水，但不能直接连接下水管道。

5）排水管在清洗水箱后放空用，可与溢流管一起接至附近排水处。

（4）水箱试验：配管完毕后，应加上管堵，并进行试验。对于敞口水箱应做满水试验，而密闭水箱则应进行水压试验。

3. 排气装置安装

采暖系统的排气装置是用以排除系统中积存的空气，以防止在管道或散热设备内形成空气阻塞。排气装置主要有集气罐和自动排气阀等。

集气罐通常安装在供水干管的末端。当热水进入集气罐内，流速迅速降低，水中的气泡便自动浮出水面，聚集在集气罐的上部。在系统运行时，定期打开排气阀，排除系统中的空气。自动排气阀用于标准较高的采暖系统中，工作时依靠水的浮力，通过杠杆传动，使排气孔自动启闭，实现自动排气阻水的功能。

（1）集气罐安装：集气罐应安装在采暖系统的最高点。为防止安装中常出现集气罐与楼板相碰，集气罐的出气管顶在楼板上等现象，施工前仔细核对坡度，做好管道坡度的交底，安装管道时控制好坡度。当发现有矛盾时，尽早与各方协商解决。集气罐的安装如图 5-20 所示，与主管道相连处安装可拆卸件。为利于空气的排除，其安装高度必须低于膨胀水箱，安装好的集气罐应横平竖直。

（2）自动排气阀安装：在系统试压和冲洗合格后，方可安装。一般设置在系统的最高点及每条干管的高点和终端。施工时，先安装自动止断阀，然后拧紧排气阀。

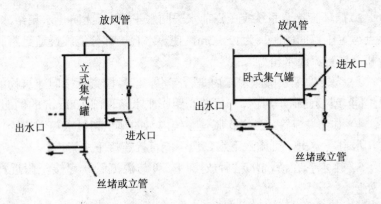

图 5-20　集气罐安装

（3）手动排气阀安装：手动排气阀即冷风阀。在水平式或下供下回式的系统中，有时是靠安装在散热器上部的冷风阀进行排气。冷风阀旋紧在散热器上专设的丝孔上，以手动方式排除散热器中的空气。有的冷风阀设置专用钥匙才能开启，以防止人为放水。

4. 减压阀安装

减压阀在蒸汽采暖管道系统中的作用是将高压蒸汽变为低压蒸汽，达到采暖的正常工作压力。

（1）减压阀组装：施工中，减压阀先和压力表、安全阀等部件预装成减压器。减压器前后应安装压力表。减压后的管道还应安装安全阀，当超压时，起泄压报警作用，安全阀的排气管应安装至室外。

（2）减压阀安装：

1）减压阀的安装高度：

①设在离地面 1.2m 左右处，沿墙敷设。

②设在离地面 3m 左右处，并设永久性操作台。

2）蒸汽系统的减压阀组前，应设置疏水阀。

3）若系统中介质带渣物时，应在阀组前设置过滤器。

4）为了便于减压阀的调整工作，减压阀组前后应装压力表。阀组后应装安全阀以防止减压后的压力超过允许限度。

5）减压阀有方向性，安装时注意勿将方向装反，并应使其垂直地安装在水平管道上。波纹管式减压阀用于蒸汽时，波纹管应朝下安装；用于空气时，需将阀门反向安装。

6）对于带有均压管的鼓膜式减压阀，均压管应装于低压管一边，见图 5-21（c）。

7）减压阀安装如图 5-21 所示，各部尺寸见表 5-3。

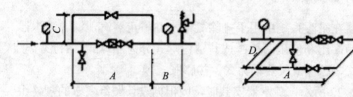

（a）减压阀旁通管垂直安装　　　　（b）减压阀旁通管水平安装

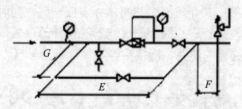

（c）带均压管的鼓膜式减压阀

图 5-21　减压装置安装形式

表 5-3　减压阀安装尺寸

型号	A/mm	B/mm	C/mm	D/mm	E/mm	F/mm	G/mm
DN25	1 100	400	350	200	1 350	256	200
DN32	1 100	400	350	200	1 350	250	200
DN40	1 300	500	400	250	1 500	300	250
DN50	1 400	500	450	250	1 600	300	250
DN65	1 400	500	500	300	1 650	300	350
DN80	1 500	550	650	350	1 750	350	350
DN100	1 600	550	650	350	1 850	400	400
DN125	1 800	600	800	450	—	—	—
DN150	2 000	650	850	500	—	—	—

（3）减压阀的限压：减压阀安装完后，应根据工作压力进行调试，并做出调试后的标志。调试时，先开启低压端的截止阀，关闭旁通阀，慢慢打开高压端截止阀，当蒸汽通过减压阀后，压力下降，观察压力比表。当室内管道及设备都充满蒸汽，继续开大高压端截止阀，及时调整减压阀，使低压端压力达到要求为止。

5. 疏水器安装

疏水器在采暖系统中用于排除凝结水并阻止蒸汽泄漏。疏水器按压力分为高压和低压两种；按其结构形式分为浮球式、钟形浮子式、浮桶式、脉冲式、热动力式、热膨胀式。

如图 5-22 所示，疏水器安装时，应根据设计图纸要求的规格组配后再进行安装。组配时，为利于排水其阀体应与水平回水干管相垂直，不得倾斜；其介质流向与阀体标志应一致；同时安排好旁通管、冲洗管、检查管、止回阀、过滤器等部件的位置，为便于检修拆卸，需设置必要的法兰、活接头等零件。

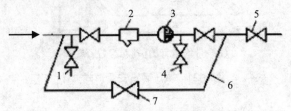

图 5-22　疏水器组装示意图

1—冲洗管；2—过滤器；3—疏水器；4—检查管；
5—止回阀；6—旁通管；7—截止阀

旁通管的作用是在供暖运行初期排放系统中的大量凝结水及管内杂质。在运行中检修疏水器时，最好不用旁通管排放凝结水，因为这样会使蒸汽窜入回水系统，影响其他用热设备和管网凝结水压力的平衡。只有在必须连续生产不允许间断供气的管网中，才在疏水装置中设旁通管。

冲洗管的作用是冲洗管路，排放运行初期管路中所留存的杂质。

检查管的作用是检查疏水器工作状况是否正常。当凝结水直接排入附近明沟时，可不设检查管。

过滤器用于阻截污物进入疏水器，以避免影响疏水器的正常工作。在蒸汽采暖系统中，最好在疏水器前安装过滤器，并定期清理。

止回阀的作用是防止回水管网窜汽后压力升高，致使汽液倒流。一般只在碰到系统上返以及其他特殊情况要求配置时，才可以安装。

疏水装置一般靠墙布置，安装时先在疏水器两侧阀门以外适当处设置型钢托架，托架栽入墙内的深度不得小于120mm。经找平找正，待支架埋设牢固后，将疏水装置搁在托架上就位。疏水器中心离墙不应小于150mm。

疏水装置的连接方式一般为：当疏水器的公称直径 $DN≤32mm$ 时，压力 $PN≤0.3MPa$；公称直径 $DN=40～50mm$ 时，压力 $PN≤0.2MPa$，可以采用螺纹连接，其余均采用法兰连接。

6. 除污器安装

除污器用于定期排除系统中的污物，通常设置在用户引入口或循环水泵入口处，也可设置在锅炉房内。

（1）支架安装：为避免妨碍污物收集清理，除污器支架位置要避开排污口。

（2）除污器安装：为保证除污和耐腐的功能，检查除污器过滤网的材质、规格，均应符合设计要求和产品质量标准的规定，除污器安装如图 5-23 所示，除污器内应设有挡水板，出口处必须有小于 5mm×5mm 金属网或钢管板孔，上盖用法兰连接，盖上装放气管，底部装排污管及阀门。找准安装位置和出入口方向，不得装反，还应配合土建在排污口的下方设置排污（水）坑。

7. 调压孔板安装

调压孔板的作用是减压，安装于采暖系统的高压入口处。调压孔板是用不锈钢或铝合金制作的圆板，开孔的位置和直径由设计确定。调压孔板的安装如图 5-24 所示。

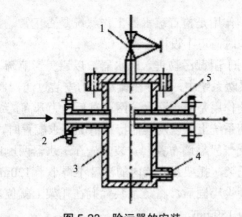

图 5-23 除污器的安装

1—排气阀；2—进水管；3—筒体；4—排污丝堵；5—出水管

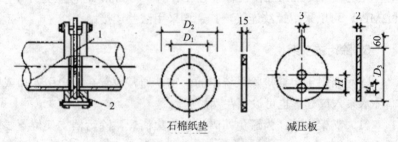

石棉纸垫　　　　　　减压板

图 5-24 调压孔板安装图

1—调压板；2—石棉纸垫

（注：d_0 为减压孔板孔径）

8. 热量表安装

热量表由流量计、温度测量与计算部分组成，安装在集中供热的民用住宅或公用建筑中每个热用户的热水入口处，用于计量用户在采暖期间实际消耗的热量，提供按热量收费的依据。其工作原理是在热交换系统中安装热量表，当水流经系统时，根据流量传感器给出的流量和配对温度传感器给出的供回水温度，以及水流经的时间，通过计算器计算并显示该系统所释放或吸收的热量。

（1）热量表组装：热量表组装时要求水平地安装在进水管或出水管上，进口前必须安装过滤器。选型时根据系统水流量，而不能根据管径，一般热量表管径比入户管径小。

（2）热量表安装：

1）安装准备：安装前应对管道进行冲洗，并按要求设置托架。

2）分体式热量表安装：

①流量计安装，应根据生产厂家要求，保证前后管段的要求。

②积分仪安装：

a. 积分仪可以水平、垂直或倾斜安装在铜管段的托板上。

b. 积分仪的环境温度不大于 55℃，否则应将积分仪和托板取下，安装在环境温度低的墙上。

c. 当水温大于 90℃时，应将积分仪和托板取下，安装在墙上。

d. 当热量表作为冷量表使用时，应将积分仪和托板取下，安装在墙上，同时为防止冷凝水顺电线滴水到积分仪上，积分仪应高于管段。

③温度传感装置安装：不同的温度传感装置安装要求不同，为保证套管末端处在管道中央，根据管径不同，将温度传感器安装为垂直或逆流倾斜位置，倾斜安装时套管应迎着水流方向与供暖管道成 45°角，连接方式为焊接。套管完成后，将温度探头插入，用固定螺帽拧紧。温度传感器安装后应铅封好。

3）整体式热量表安装：整体式热量表的安装如图 5-25 所示，此外，还可将显示部分与主体部分分体安装，实现远程集中抄表。

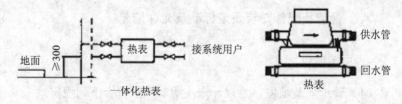

图 5-25　整体式热量表安装

9. 安全阀安装

（1）杆式安全阀要有防止重锤自行移动的装置和限制杠杆越出的手架。

（2）弹簧式安全阀要有提升手把和防止随便拧动调整螺钉的装置。

（3）静重式安全阀要有防止重片飞脱的装置。

（4）冲量式安全阀的冲量接入导管上的阀门，要保持全开并加铅封。

（5）安全阀应垂直安装在设备或管道上，布置时应考虑便于检查和维修。设备容器上的安全阀应装在设备容器的开口上或尽可能装在接近设备容器出口的管段上，但要注意不得装在小于安全阀进口通径的管路上。

（6）安全阀安装方向应使介质由阀瓣的下面向上流动。重要的设备和管道应该安装两只安全阀。

（7）安全阀入口管线直径最小应等于其阀的入口直径，安全阀出口管线直径不得小于阀的出口直径。

（8）安全阀的出口管道应向放空方向倾斜，以排除余液，否则应设置排液管。排液阀平时关闭，定期排放。在可能发生冻结的场合，排液管道要用蒸汽伴热。

（9）安装安全阀时，也可以根据生产需要，按安全阀的进口公称直径设置一个旁路阀，作为手动放牢用。

八、管道及配件安装质量标准及允许偏差

1. 主控项目

（1）管道安装坡度，当设计未注明时，应符合下列规定：

1）气、水同向流动的热水采暖管道和汽、水同向流动的蒸汽管道及凝结水管道，坡度应为 0.003，不得小于 0.002。

2）气、水逆向流动的热水采暖管道和汽、水逆向流动的蒸汽管

道，坡度不应小于 0.005。

3）散热器支管的坡度应为 0.01，坡向应利于排气和泄水。

检验方法：观察，水平尺、拉线、尺量检查。

（2）补偿器的型号、安装位置及预拉伸和固定支架的构造及安装位置应符合设计要求。

检验方法：对照图纸，现场观察，并查验预拉伸记录。

（3）平衡阀及调节阀型号、规格、公称压力及安装位置应符合设计要求。安装完后应根据系统平衡要求进行调试并作出标志。

检验方法：对照图纸查验产品合格证，并现场查看。

（4）蒸汽减压阀和管道及设备上安全阀的型号、规格、公称压力及安装位置应符合设计要求。安装完毕后应根据系统工作压力进行调试，并做出标志。

检验方法：对照图纸查验产品合格证及调试结果证明书。

（5）方形补偿器制作时，应用整根无缝钢管煨制，如需要接口，其接口应设在垂直臂的中间位置，且接口必须焊接。

检验方法：观察检查。

（6）方形补偿器应水平安装，并与管道的坡度一致；如其臂长方向垂直安装必须设排气及泄水装置。

检验方法：观察检查。

2. 一般项目

（1）热量表、疏水器、除污器、过滤器及阀门的型号、规格、公称压力及安装位置应符合设计要求。

检验方法：对照图纸查验产品合格证。

（2）钢管管道焊口尺寸的允许偏差应符合相关规定。

（3）采暖系统入口装置及分户热计量系统入户装置，应符合设计要求。安装位置应便于检修、维护和观察。

检验方法：现场观察。

（4）散热器支管长度超过 1.5m 时，应在支管上安装管卡。

检验方法：尺量和观察检查。

（5）上供下回式系统的热水干管变径应顶平偏心连接，蒸汽干管变径应底平偏心连接。

检验方法：观察检查。

（6）在管道干管上焊接垂直或水平分支管道时，干管开孔所产生的钢渣及管壁等废弃物不得残留管内，且分支管道在焊接时不得插入干管内。

检验方法：观察检查。

（7）膨胀水箱的膨胀管及循环管上不得安装阀门。

检验方法：观察检查。

（8）当采暖热媒为 110～130℃ 的高温水时，管道可拆卸件应使用法兰，不得使用长丝和活接头。法兰垫料应使用耐热橡胶板。

检验方法：观察和查验进料单。

（9）焊接钢管管径大于 32mm 的管道转弯，在作为自然补偿时应使用煨弯。塑料管及复合管除必须使用直角弯头的场合外应使用管道直接弯曲转弯。

检验方法：观察检查。

（10）管道、金属支架和设备的防腐和涂漆应附着良好，无脱皮、起泡、流淌和漏涂缺陷。

检验方法：现场观察检查。

（11）管道和设备保温的允许偏差应符合表 5-4 的规定。

表 5-4　管道及设备保温的允许偏差和检验方法

项次	项目		允许偏差/mm	检验方法
1	厚度		$+0.1\delta$ -0.05δ	用钢针刺入
2	表面 平整度	卷材	5	用 2m 靠尺和楔形塞尺检查
		涂抹	10	

注：δ 为保温层厚度。

（12）采暖管道安装的允许偏差应符合表 5-5 的规定。

表 5-5　　采暖管道安装的允许偏差和检验方法

项次	项目			允许偏差	检验方法
1	横管道纵、横方向弯曲/mm	每 1m	管径≤100mm	1	用水平尺、直尺、拉线和尺量检查
			管径>100mm	1.2	
		全长（25m 以上）	管径≤100mm	≤13	
			管径>100mm	≤25	
2	立管垂直度/mm	每 1m		2	吊线和尺量检查
		全长（5m 以上）		≤10	
3	弯管	椭圆率 $\dfrac{D_{max} - D_{min}}{D_{max}}$	管径≤100mm	10%	用外卡钳和尺量检查
			管径>100mm	8%	
		折皱不平度/mm	管径≤100mm	4	
			管径>100mm	5	

注：D_{max}，D_{min} 分别为管子最大外径及最小外径。

第三节　散热设备安装

一、散热器的种类

散热器是安装在供暖房间内的放热设备，它把热媒的部分热量通过器壁以传导、对流、辐射等方式传给室内空气，以补偿建筑物的热量损失，从而维持室内正常工作和学习所需温度。

散热器按材质分为铸铁散热器、钢制散热器、铜铝复合散热器、钢铝复合散热器和铝合金散热器；按形状分为翼型、柱形、串片式、板式、扁管式、光管式等。

1. 铸铁散热器

铸铁散热器是目前使用最多的散热器，根据形状可分为柱形及翼型，如图 5-26 所示。

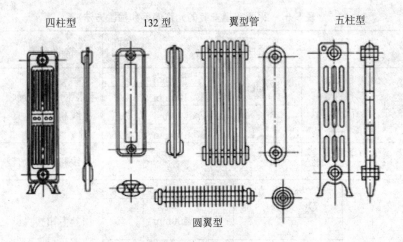

四柱型　　　　　132 型　　　　翼型管　　　　　　五柱型

圆翼型

图 5-26　铸铁散热器

（1）柱形散热器：柱形散热器是柱状，主要有二柱、四柱、五柱三种类型。柱形散热器传热系数高，外形美观，不易积灰，表面光滑容易清扫，易于组成所需的散热面积。但造价高，金属热强度低，组片接口多，承压能力不如钢制散热器。柱形散热器广泛用于住宅和公共建筑中。

（2）翼型散热器：翼形散热器有圆翼型和长翼型两种，外表面上有许多肋片，称为翼。它的承压能力低，表面易积灰、难清扫，外形不美观，由于每片的散热面积大，难以组成所需的散热面积。但散热面积大，加工制造容易，造价低。翼型散热器多用于工业建筑。

2. 钢制散热器

钢制散热器主要有排管型、闭式钢串片、板式、柱形和扁管型几大类（见表 5-6），具有耐压强度高，外形美观整洁，金属耗量少，便于布置等优点，但易被腐蚀，使用寿命比铸铁散热器短。

表 5-6　钢制散热器的类型

类别	组成规格	图示	特点
排管型散热器	用钢管焊接或弯制而成，其规格尺寸由设计决定，可按国标选用	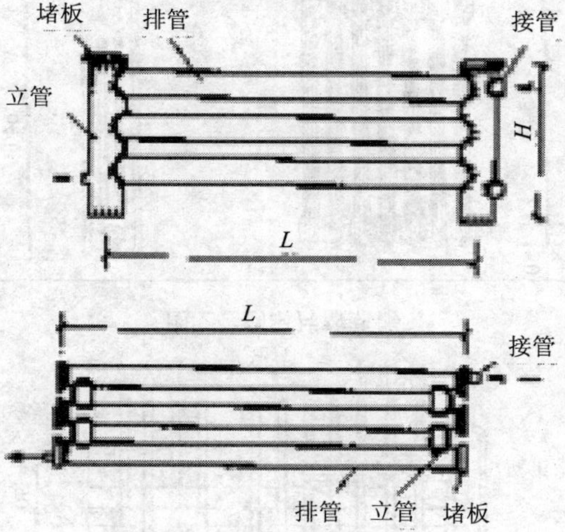 图 1　排管散热器	其优点是承受压力能力高，表面光滑，易于清涂灰尘，加工制造简便。缺点是耗钢量大，占地面积大，不美观。多用于灰尘多的工业厂房内

类别	组成规格	图 示	特 点
闭式钢串片散热器	闭式钢串片散热器是由钢管、钢片、联箱、放气阀及管接头组成，其散热量随热媒参数、流量和其构造特征（如串片竖放、平放、长度、片距等参数）的改变而改变	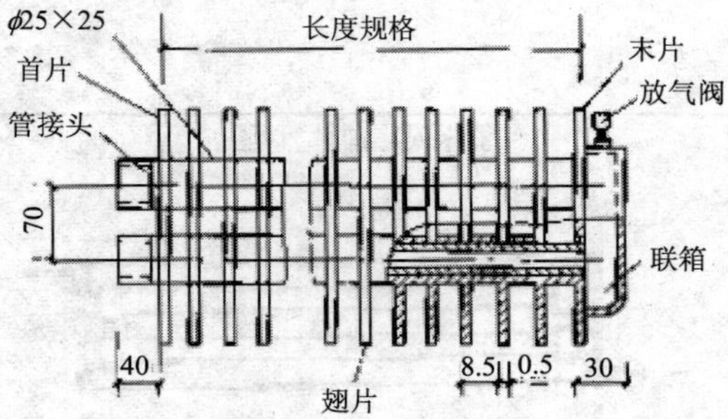 图 2　钢串片散热器	这种散热器的优点是承压高、体积小、重量轻、容易加工，安装简单和维修方便；缺点是薄钢片间距密，不宜清扫，耐腐蚀性差，压紧在钢管上的串片因热胀冷缩容易松动，长期使用会导致传热性能下降
钢制柱式散热器	其构造与铸铁散热器相似，每片也有几个中空的立柱，用 1.25～1.5mm 厚冷轧钢板压制成单片然后焊接而成	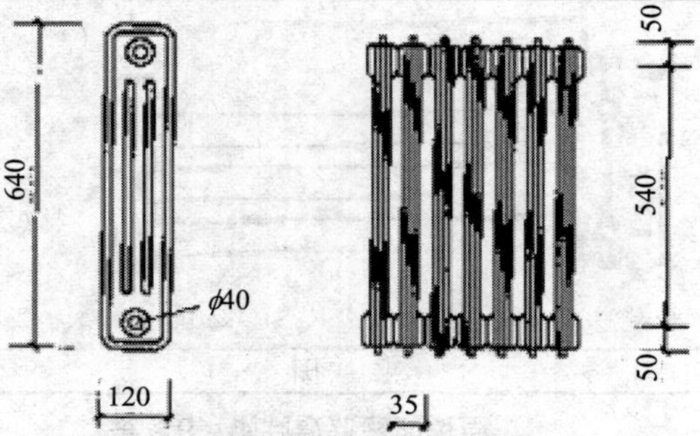 图 3　钢制柱式散热器	钢制柱形散热器外形与铸铁制柱形散热器的基本相同，且同时具有钢串片散热器和铸铁柱形散热器的优点

类别	组成规格	图 示	特点
板式散热器	由面板、背板、对流片和水管接头及支架等部件组成，其型号为 BS60、BS48，高度为 600mm、480mm，长度有 400mm、600mm、800mm、1000mm、1200mm、1400mm、1600mm、1800mm 等多种	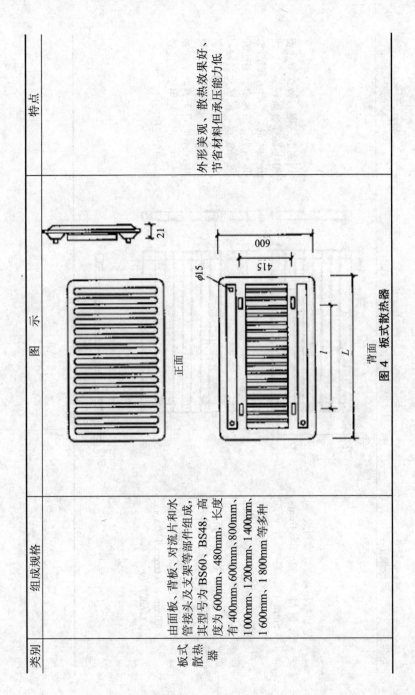正面 21 $\phi15$ 600 415 l L 背面 **图 4 板式散热器**	外形美观、散热效果好、节省材料但承压能力低

类别	组成规格	图　示	特　点
扁管式散热器	它由数根扁管焊接而成，扁管规格为 52mm×11mm×1.5mm（宽×高×厚），两端为 35mm×40mm 断面的联箱，分单板、双板、带对流片与不带对流片四种结构形式，520mm（10根）(8根)、520mm(10根)(12 根)三种，长度有 600mm、800mm、1000mm、1 200mm、1400mm、1 600mm、1 800mm、2 000mm 八种	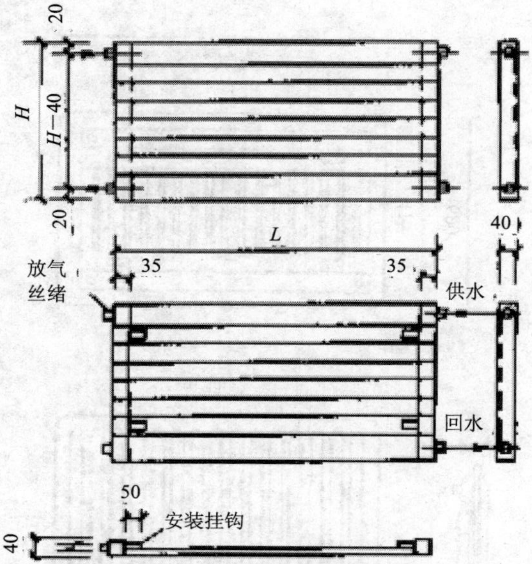 \n\n图 5　扁管式散热器	钢制散热器与铸铁散热器相比具有金属耗量少、耐压强度高、外形美观整洁、体积小、占地少、易于布置等优点，但宜受腐蚀，使用寿命短，多用于高层建筑和高温水采暖系统中，不能用于蒸汽采暖系统中，也不易用于湿度较大的采暖房间内

306

3. 铝合金散热器

随着社会的进步与发展，人们对散热器的性能及美观程度提出了更高的要求。铝合金以其突出的优点，脱颖而出，迅速占领市场，成为散热器更新换代的理想选择。其特点是：耐压、传热性能明显优于传统的铸铁散热器；外观雅致，具有较强的装饰性和观赏性；体积小、重量轻、结构简单，便于运输安装；耐腐蚀、寿命长。其型式如图 5-27、图 5-28 所示。

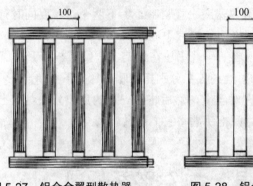

图 5-27 铝合金翼型散热器   图 5-28 铝合金闭合式散热器

二、散热器组对

散热器组对是指通过对丝把一定数量散热器片组合成一组的过程。

1. 散热器组对要求

（1）铸铁散热器在组对前，应将其内部铁碴、砂粒等杂物清理干净，涂刷防锈漆（樟丹）和银粉漆各一遍，其上的螺纹部分和连接用的丝对也应除锈并涂上机油。

（2）散热器上的铁锈必须全部清除，散热器每片上的各个密封面应用细砂布或断锯条打磨干净，直至露出金属本色。铸铁散热器的密封连接面处，宜用 1mm 厚石棉橡胶垫（不超过 1.5mm 厚）。

（3）组对铸铁暖气片时，应使用以高碳钢制成的专用钥匙，如

图 5-29 所示。专用钥匙应准备三把，两把短的用作组对，长度不宜大于 450mm；一把长的用作修理，其长度应与片数最多的一组散热器等长。

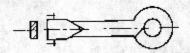

图 5-29 组对暖气片用钥匙

（4）组对铸铁散热器应平直紧密。上下两个对丝要同时拧动。紧好后在两片散热器之间的垫片不应露到颈外。

（5）组对时，应将第一片平放在组架上，如图 5-30 所示，且应正扣朝上，先将两个对丝的正扣分别扭入暖气片上下接口内 1～2 扣，再将环形密封垫套在对丝上，然后将另一片的反扣分别对准上、下对丝的反扣，然后用两把钥匙将它们锁紧。

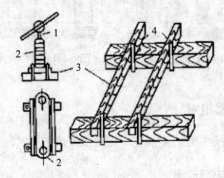

图 5-30 散热器组对架

1—钥匙；2—散热器（暖气片）；3—木架；4—地桩

（6）锁紧暖气片应由两人同时操作。钥匙的方头应正好卡在对丝内部的突缘处，转动钥匙要步调一致地进行，不得造成旋入深度不一致。当两个散热片的密封面相接触后，应减慢转动速度，直至垫片被挤出油为止。

（7）片式散热器组对数量，一般不宜超过下列数值：

308

1）细柱形散热器（每片长度 50～60mm） 25 片

2）粗柱形散热器（M132 型每片长度 82mm） 20 片

3）长翼形散热器（大 60 每片长度 280mm） 6 片

4）其他片式散热器每组的连接长度不宜超过 1.6m

（8）当组对的片数达到设计要求后，应放倒散热器，再根据进水和出水的方向，为散热器装上补芯和堵头。

（9）组装好的散热器应经试压，试验压力应符合表 5-7 规定，合格并刷以防锈漆后，方可进行安装。

表 5-7　散热器试验压力

散热器型号	60 型、M_{150}^{132} 型柱形、圆翼型		扁管型		板式	串片式	
工作压力/MPa	≤0.25	>0.25	≤0.25	>0.25	—	≤0.25	>0.25
试验压力/MPa	0.4	0.6	0.6	0.8	0.75	0.4	1.4
要　求	试验时间为 2～3min，不渗不漏为合格						

（10）组对带腿散热器在 15 片以下时，应有两片带腿片；如为 15～25 片，中间应再加一片带腿散热片。

（11）有放气阀的散热器，热水采暖和高压蒸汽采暖应安装在散热器顶部；低压蒸汽采暖应安装在散热器下部 1/4～1/3 高度上。

组对前，用丝锥锥出螺纹，否则组对后再锥丝比较困难。为防止碰坏，放气阀在试压前上好，试压后卸下，系统运行时再装上。

2．圆翼型散热器组对

（1）按设计要求的型号、规格进行核对，并检查及鉴定其质量是否符合质量标准要求，做好记录。

（2）将散热器内的脏物、污垢以及对口处的浮锈清除干净并备好组装工作台。

（3）按设计要求的片数及组数，选出连接法兰盘。其进汽口一端用正心法兰盘，其回水一端用偏心法兰盘，进水口用偏心法兰盘。

（4）散热器组对前，根据热源分别选择衬垫，当介质为蒸汽时，可采用 3mm 厚的石棉垫涂抹铅油；介质为过热水时，采用耐热石棉橡胶垫涂抹铅油；若介质为一般热水，采用耐热橡胶或石棉橡胶垫。衬垫不允许大出法兰盘内外边缘。

（5）圆翼型散热器的连接方式，一般有串联和并联两种。根据设计图的要求进行加工草图的测绘，然后加工组装件。

1）按设计连接形式，进行散热器支管连接的加工草图测绘。若设计无特殊要求，也可按图 5-31 中所示尺寸加工预制组装件。

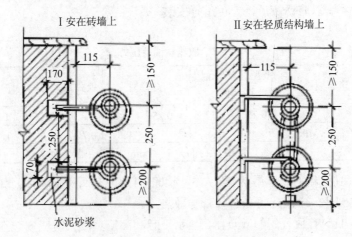

（a）散热器为多排装置时

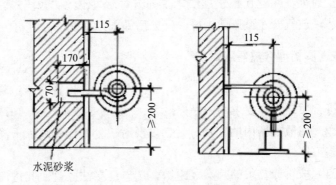

（b）圆翼型散热器安装

图 5-31　圆翼型散热器安装

2）计算出散热器的片数、组数，进行短管切割加工。

3）切割加工后的连接短管进行一头丝扣加工预制。

4）将短管丝头的另一端分别按规格尺寸与正心法兰盘、偏心法兰盘焊接成型。

（6）散热器组装前，须清除内部污物、刷净法兰对口处的铁锈，除净灰垢。将法兰螺栓上好，试装配找直，再松开法兰螺栓，卸下一根，把抹好铅油的石棉垫或石棉橡胶垫放进法兰盘中间，再穿好全部螺栓，安上垫圈，用扳手对称均匀地拧紧螺母，其水压试验方法、规定值与大60散热器相同。

3．长翼型散热器组对

（1）按设计的散热器型号、规格进行核对、检查，鉴定其质量是否符合验收规范规定，并做好记录。

（2）将散热器内的脏物、污垢以及对口处的浮锈清除干净。

（3）备好散热器组对工作台或制作简易支架。

（4）按设计要求的片数及组数，选出合格的对丝、丝堵、补芯，然后进行组对。对口的间隙一般为2mm。

进水（汽）端的补芯为正扣，回水端的补芯为反扣，如图5-32、图5-33所示。

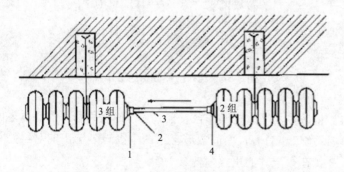

图 5-32　丝堵与对丝的正反扣

1—正扣补芯；2—根母；3—连接管；4—反扣补芯

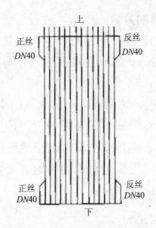

图 5-33 大 60 散热器的接口

（5）组对前，应根据热源分别选择好衬垫，当介质为蒸汽时，选用 1mm 厚的石棉垫涂抹铅油方可使用；介质为过热水时，采用高温耐热橡胶石棉垫；介质为一般热水时，采用耐热橡胶垫。

（6）组对时两人一组，用工作台 4 人一组，如图 5-34 所示。

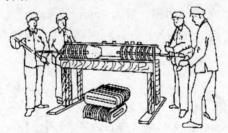

图 5-34　组对散热器用的工作台

1）将散热器平放在操作台（架）上，使相邻两片散热器之间正丝口与反丝口相对着，中间放着上下两个经试装选出的对丝，将其拧 1～2 扣在第一片的正丝口内。

2）套上垫片，将第二片反丝口瞄准对丝，找正后，两人各用一手扶住散热器，另一手将对丝钥匙插入第二片的正丝口里。首先将钥匙稍微反拧一点，如听到"咔嚓"声，即表明对丝两端已入扣，如图 5-35 及图 5-36 所示。

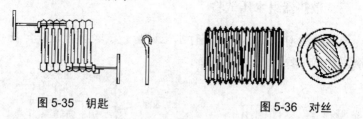

图 5-35　钥匙　　　　　　　图 5-36　对丝

3）缓慢均衡地交替拧紧上下的对丝，以垫片拧紧为宜，但垫片不得露出颈外。

4）按上述程序逐片组对，待达到设计片数为止。散热器以平直而紧密为好。

4. 柱形散热器组对

组对时，根据管径片数定人分组，由两人持钥匙（专用扳手）同时进行。

（1）将散热器平放在专用组装台上，散热器的正扣接口朝上，如图 5-37 所示。

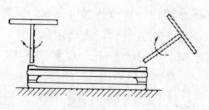

图 5-37　散热器组装示意图

（2）把经过试扣选好的对丝，将其正扣接口与散热器的正扣接口对正，拧上 1～2 扣。

（3）套上垫片，然后将另一片散热器的反扣接口朝上，对准后轻轻落在对丝上，两个人同时用钥匙（专用扳手）向顺时针（右旋）方向交替地拧紧上下的对丝，以垫片挤出油为宜。如此循环，待达到需要数量为止。垫片不得露出颈外。

三、散热器组水压试验

散热器组对成组后，需进行水压试验。试验压力应符合表 5-9 的规定，试压装置如图 5-38 所示。

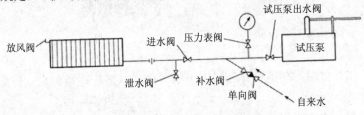

图 5-38 散热器水压试验装置

1. 连接式减压装置

首先将散热器抬到试压台上，用管钳子上好临时丝堵和临时补芯，并且上好放气阀，连接试压泵。

2. 充水升压

试压时打开进水阀门，往散热器内充水，同时打开放气阀，并排净空气，待水满后关闭放气阀。启动水泵升压，升压到规定的压力值时，关闭进水阀门，持续 5min，观察每个接口是否有渗漏，以不渗漏为合格。

四、散热器安装

1. 画线、定位

根据设计图纸和标准图的规定，或由施工方案、技术交底确定安装位置和高度，在墙上画出散热器的安装中心线和标高控制线。

2. 支架安装

散热器安装时采用的支架主要有托钩、固定卡、托架、落地架等。支架的数量和安装位置见表 5-8。

表 5-8　散热器支架安装数量表

散热器型号	每组片数	上部托钩或卡架数	下部托钩或卡架数	总计	备注
60 型	1	2	1	3	
	2～4	1	2	3	
	5	2	2	4	
	6	2	3	5	
	7	2	4	6	
圆翼型	1	—	—	2	
	2	—	—	3	
	3～4	—	—	4	
柱形 M132 型 M150 型	3～8	1	2	3	柱形 不带 足
	9～12	1	3	4	
	13～16	2	4	6	
	17～20	2	5	7	
	21～24	2	6	8	
扁管式、板式	1	2	2	4	
串片式	每根长度小于 1.4m			2	
	长度为 1.6～2.4m 多根串联的托钩间距不大于 1m			3	

注：①　轻质墙结构，散热器底部可用特质金属托架支撑。
　　②　安装带腿的柱形散热器，每组所需带腿片数为：14 片以下为 2 片；15～24 片为 3 片。
　　③　M132 型及柱形散热器下部为托钩，上部为卡架；长翼型散热器上下均为托钩。

（1）柱形带腿散热器固定卡安装：从地面到散热器总高的 3/4 画水平线，与散热器中心线交点画印记，此为 15 片以下的双数平散热器的固定卡位置。单数片向一侧错过半片。16 片以上应栽两个固定卡，高度仍在散热器 3/4 高度的水平线上，从散热器两端各进去 4～6 片的地方栽入。

（2）挂装柱形散热器安装：托钩高度应按设计要求并从散热器的距地高度上返 45mm 画水平线。托钩水平位置采用画线尺来确定，画线尺横担上刻有散热片的刻度。画线时应根据片数及托钩数量分布的相应位置，画出托钩安装位置的中心线，挂装散热器的固定卡高度从托钩中心上返散热器总高的 3/4 画水平线，其位置与安装数量同带腿散热器安装。

用錾子或冲击钻等在墙上按画出的位置打孔洞。固定卡孔洞的深度不少于 80mm 托钩孔洞的深度不少于 120mm，现浇混凝土墙的深度为 100mm。

用水冲净洞内杂物，填入 M20 水泥砂浆到洞深的一半时，将固定卡、托钩插入洞内，塞紧，用画线尺或 $\phi 70$ 管放在托钩上，用水平尺找平找正，填满砂浆抹平。

（3）柱形散热器的固定卡及托钩按图 5-39 加工。托钩及固定卡的数量和位置按图 5-40 安装（方格代表炉片）。

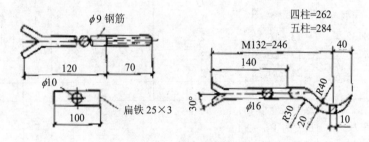

图 5-39　柱形散热器固定卡及托钩

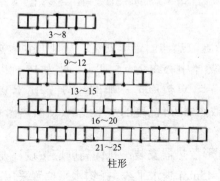

柱形

图 5-40　托钩及固定卡数量

（4）柱形散热器卡子托钩安装，如图 5-41 所示。

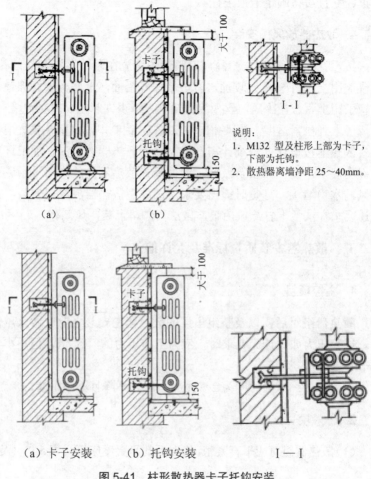

说明：
1. M132 型及柱形上部为卡子，
　下部为托钩。
2. 散热器离墙净距 25～40mm。

（a）卡子安装　　（b）托钩安装　　　　Ⅰ—Ⅰ

图 5-41　柱形散热器卡子托钩安装

3. 散热器固定

散热器支、托架达到安装强度后方可安装散热器，一般散热器垂直安装，但圆翼型散热器应水平安装。抬散热器时必须轻抬轻放。为防止对丝断裂，对丝连接的散热器应立着搬运，带腿散热器安装不平稳时，可在腿下加垫铁找平；挂装散热器轻轻抬放在托钩上，扶正、立直后将固定卡摆正拧紧。

4. 散热器放风门安装

按设计要求，将需要打冷风门眼的炉堵放在台钻上打 $\phi 8.4$ 的孔，在台虎钳上用 1/8″丝锥攻丝。将炉堵抹好铅油，上好橡胶石棉垫，用管子钳上紧。在冷风门丝扣上抹铅油，缠少许麻丝，拧在炉堵上，用扳子上到松紧适度，放风孔向外斜45°。钢制串片式散热器、扁管板式散热器按设计要求统计需打冷风门的散热器数量，在加工订货时提出要求，由厂家负责做好。钢板板式散热器的放风门采用专用放风门水口堵头，订货时提出要求。圆翼型散热器放风门安装，按设计要求在法兰上打冷风门眼，做法同炉堵上装冷风门。

五、散热器安装质量标准及允许偏差

1. 主控项目

散热器组对后，以及整组出厂的散热器在安装之前应做水压试验。试验压力如设计无要求时，应为工作压力的 1.5 倍，但不小于 0.6MPa。

检验方法：试验时间为 2～3min，压力不降且不渗不漏。

2. 一般项目

（1）散热器组对应平直紧密，组对后的平直度应符合表 5-9 规定。

表 5-9　组对后的散热器平直度允许偏差

项次	散热器类型	片数	允许偏差/mm
1	长翼型	2～4	4
		5～7	6
2	铸铁片式	3～15	4
	钢制片式	15～25	6

检验方法：水平尺、吊线、尺量检查。

（2）组对散热器的垫片应符合下列规定：

1）组对散热器垫片应使用成品，组对后垫片外露不应大于1mm。

2）散热器垫片材质当设计无要求时，应采用耐热橡胶。

检验方法：观察和尺量检查。

（3）散热器支架、托架安装，位置应准确，埋设牢固。散热器支架、托架数量，应符合设计或产品说明书要求。如设计未注明，则应符合表5-10的规定。

表5-10　散热器支架、托架数量

项次	散热器形式	安装方式	每组片数	上部托钩或卡架数	下部托钩或卡架数	合计
1	长翼型	挂墙	2～4	1	2	3
			5	2	2	4
			6	2	3	5
			7	2	4	6
2	柱形柱翼型	挂墙	3～8	1	2	3
			9～12	1	3	4
			13～16	2	4	6
			17～20	2	5	7
			21～25	2	6	8
3	柱形柱翼型	带足落地	3～8	1	—	1
			8～12	1	—	1
			13～16	2	—	2
			17～20	2	—	2
			21～25	2	—	2

检验方法：现场清点检查。

（4）散热器背面与装饰后的墙内表面安装距离，应符合设计或产品说明书要求。如设计未注明，应为30mm。

检验方法：尺量检查。

（5）散热器安装允许偏差应符合表5-11的规定。

表 5-11　散热器安装允许偏差和检验方法

项次	项目	允许偏差/mm	检验方法
1	散热器背面与墙内表面距离	3	尺量
2	与窗中心线或设计定位尺寸	20	
3	散热器垂直度	3	吊线和尺量

（6）铸铁或钢制散热器表面的防腐及面漆应附着良好，色泽均匀，无脱落、起泡流淌和漏涂缺陷。

检验方法：现场观察。

第四节　金属辐射板安装

一、金属辐射板形式

金属辐射板为钢制散热器，常见形式如图 5-42 所示。

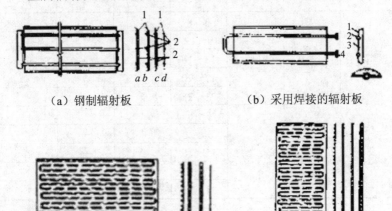

（a）钢制辐射板　　　　　　（b）采用焊接的辐射板

（c）加热管与长边平行的盘管辐射板　　（d）加热板与短边平行的盘管辐射板

图 5-42　金属辐射板的形式

1—钢板；2—加热管；3—保温层；4—法兰

320

二、辐射板的制作与组装

1．辐射板制作

辐射板制作将几根 *DN*15、*DN*20 等管径的钢管制成钢排管形式，然后嵌入预先压出与管壁弧度相同的薄钢板槽内，并用 U 形卡子固定；薄钢板厚度为 0.6～0.75mm 即可，板前可刷无光防锈漆，板后填保温材料，并用铁皮包严。当嵌入钢板槽内的排管通入热媒后，很快就通过钢管把热量传递给紧贴着它的钢板，使板面具有较高的温度，并形成辐射面向室内散热。

2．辐射板组装

辐射板组装一般采用焊接和法兰连接，并按设计要求进行施工。

三、辐射板安装

1．辐射板支、吊架安装

一般支吊架的形式按其辐射板的安装形式分类为三种，即垂直安装、倾斜安装、水平安装如图 5-43 所示。带形辐射板的支吊架应保持 3m 一个。

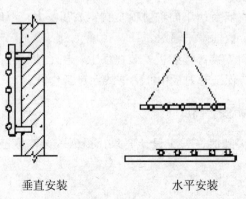

垂直安装   水平安装

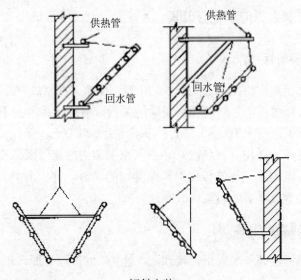

倾斜安装

图 5-43 辐射板的支、吊架

（1）水平安装：辐射板安装在采暖区域的上部，板面朝下，热量向下辐射。辐射板应有不小于 0.005 的坡度坡向回水管。坡度的作用是对于热媒为热水的系统，可以很快排除空气；对于热汽，可顺利排除凝结水。

（2）垂直安装：单面辐射板垂直安装在墙上；双面辐射板垂直安装在柱间，板面水平辐射。

（3）倾斜安装：辐射板安装在墙上、柱上或柱间，板面倾斜向下。安装时应保证辐射板中心的法线穿过工作区。

2. 辐射板安装高度

辐射板采暖时，若无设计要求，最低安装高度应符合表 5-12 要求。

表 5-12　辐射板的最低安装高度　　　　　　　　　单位：m

热媒平均温度/℃	水平安装		倾斜安装与垂直面夹角			垂直安装（板中心）
	多管	单管	60°	45°	30°	
115	3.2	2.8	2.8	2.7	2.7	2.3
125	3.4	3.0	3.0	2.8	·	2.7
140	3.7	3.1	3.1	3.0	2.8	2.7
150	4.1	3.2	3.2	3.1	2.9	2.7
160	4.5	3.3	3.3	3.2	3.0	2.8
170	4.8	3.4	3.4	3.3	3.0	2.9

注：① 本表适用于工作地点固定、站立操作人员的采暖；对于坐着或流动人员的采暖，应将表中数字降低 0.3m。

　　② 在车间靠外墙的边缘地带，安装高度可适当降低。

3. 辐射板安装要领

　　辐射板的安装可采用现场安装和预制装配两种方法，块状辐射板宜采用预制装配法，为便于和干管连接，每块辐射板的支管上可先配上法兰，带状辐射板由于太长可采用分段安装。块状辐射板的支管与干管连接时应有两个 90°弯管，如图 5-44 所示。

图 5-44　辐射板支管与干管连接

　　（1）块状辐射板不需要每块板设一个疏水器。可在一根管路的几块板之后装设一个疏水器。

　　（2）接往辐射板的送水、送汽和回水管，不宜和辐射板安装在同一高度上。送水、送汽管宜高于辐射板，回水管宜低于辐射板，并且有不小于 0.005 的坡度坡向回水管。

　　（3）背面须作保温的辐射板，保温应在防腐、试压完成后施工。

四、金属辐射板质量标准及允许偏差

辐射板在安装前应做水压试验，如设计无要求时试验压力应为工作压力 1.5 倍，但不得小于 0.6MPa。

检验方法：试验压力下 2～3min，压力不降且不渗不漏。

水平安装的辐射板应有不小于 0.005 的坡度坡向回水管。

检验方法：水平尺、拉线和尺量检查。

辐射板管道及带状辐射板之间的连接，应使用法兰连接。

检验方法：观察检查。

第五节　低温热水地板辐射采暖系统安装

低温热水地板辐射采暖，是采用低于 60℃ 的低温水作为热媒，通过直接埋入建筑地板内的加热盘管，利用辐射而达到室内要求的一种方便、灵活的采暖方式。

低温热水地板辐射采暖具有高效节能、舒适卫生、低温隔声、热稳定性好、不占使用面积等特点，近年来被广泛使用。实践证明，低温热水地板辐射采暖也是便于按热分户控制、分户计量收费、节约能源的较好方案之一。

一、系统的组成与形式

1. 分户独立热源采暖系统

分户独立热源采暖系统主要由热源、供水管、过滤器、分水器、地板辐射管、集水器、膨胀水箱、回水管等组成，如图 5-45 所示。

2. 集中热源的采暖系统

集中热源的采暖系统的布置形式，同分户控制、分户计量的采暖系统相似，它由供水支管、除污器、热量表、分水器、地板辐射管、集水器、回水支管等组成，如图 5-46 所示。

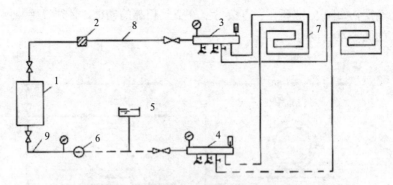

图 5-45　分户独立热源地板辐射采暖系统

1—锅炉；2—过滤器；3—分水器；4—集水器；5—膨胀水箱；

6—循环水泵；7—地板辐射管；8—供水管；9—回水管

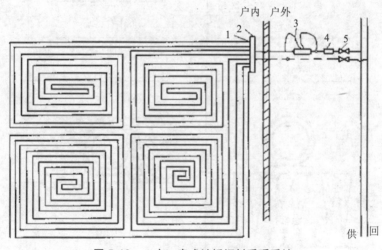

图 5-46　一户一表式地板辐射采暖系统

1—远程传感器温控阀；2—集、分水器；3—热量表；4—除污器；5—锁闭阀

二、低温热水地板辐射采暖系统地板构造

常见的低温热水地板辐射采暖系统地板构造种类如图 5-47 所示。与土壤相邻的地面，必须设绝热层，且绝热层下部必须设置防

潮层，如图 5-48 所示；直接与室外空气相邻的楼板，必须设绝热层，如图 5-49 所示。

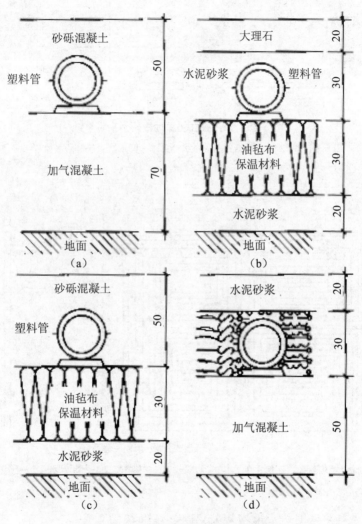

图 5-47　地板辐射采暖系统地板构造图

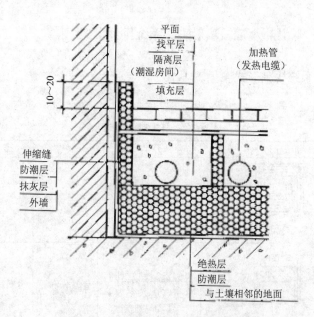

图 5-48　与土壤相邻的地面构造示意图

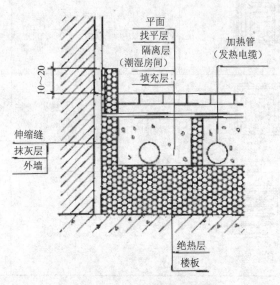

图 5-49　楼层地面构造示意图

三、低温热水地板辐射采暖系统排列形式

1. 系统排列形式（见表 5-13）

表 5-13　系统排列形式

铺设形式	优点	缺点	备注
旋转型	室温冷热均匀	不易维修	—
直列型	很好地阻挡室外的冷空气进入室内并且容易维修	室温分布不均	设有一面外墙
L 型	阻挡了由两面墙壁传进屋中的冷气并且容易维修	温度的分布不太均匀	设有两面外墙
O 型	阻挡了由三面墙壁传进屋中的冷气	不易维修并且温度的分布不太均匀	设有三面外墙
往复型	室温冷热均匀且容易维修	无	—

2. 地热管路平面布置图（如图 5-50 所示）

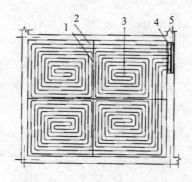

图 5-50　地热管路平面布置图

1—膨胀带；2—伸缩节（300mm）；3—交联管（ϕ20、ϕ15）；

4—分水器；5—集水器

四、交联管固定

交联塑料管铺设完毕，采用专用的塑料 U 形卡及卡钉逐一将管子进行固定。U 形卡距及固定方式如图 5-51 所示。若设有钢筋网，则应安装在高出塑料管上皮 10～20mm 处。铺设前如果规格尺寸不足整块，铺设时应将接头连接好，严禁踩在塑料管上进行接头。

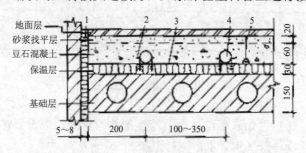

图 5-51　地板辐射供暖剖面

1—弹性保温材料；2—塑料固定卡钉（间距：直管段 500mm，

弯管段 250mm）；3—铝箔；4—塑料管；5—膨胀带

铺设在地板凹槽内的供回水干管，若设计选用交联塑料软管，施工结构要求与地热供暖相同。

五、分（集）水器安装

（1）分（集）水器安装时，分水器在上，集水器安装在下，中心距为 200mm，集水器中心距地面应不小于 300mm 并将其固定，如图 5-52、图 5-53 所示。

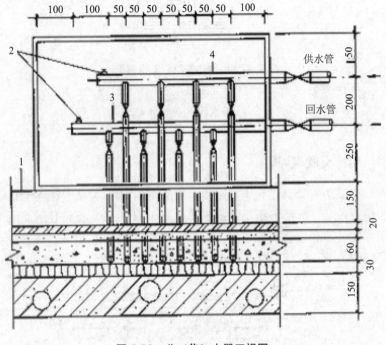

图 5-52　分（集）水器正视图

（2）加热管始末端出地面至连接配件的管段，应设置在硬质套管内，然后与分（集）水器进行连接。

（3）将分（集）水器与进户装置系统管道连接。在安装仪表、阀门、过滤器等时，要注意方向，不得装反。

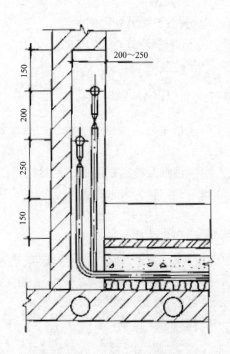

图 5-53　分（集）水器侧视图

1—踢脚线；2—放风阀；3—集水器；4—分水器

六、低温热水地板辐射采暖系统质量标准及允许偏差

1. 主控项目

（1）地面下敷设的盘管埋地部分不应有接头。

检验方法；隐蔽前现场查看。

（2）盘管隐蔽前必须进行水压试验，试验压力为工作压力的 1.5 倍，但不小于 0.6MPa。

检验方法：稳压 1h 内压力降不大于 0.05MPa，且不渗不漏。

（3）加热盘管弯曲部分不得出现硬折弯现象，曲率半径应符合下列规定：

1）塑料管：不应小于管道外径的 8 倍。

2）复合管：不应小于管道外径的 5 倍。

检验方法：尺量检查。

2. 一般项目

（1）分（集）水器型号、规格、公称压力及安装位置、高度等应符合设计要求。

检验方法：对照图纸及产品说明书，尺量检查。

（2）加热盘管管径、间距和长度应符合设计要求，间距偏差不大于±10mm。

检验方法：拉线和尺量检查。

（3）防潮层、防水层、隔热层及伸缩缝应符合设计要求。

检验方法：填充层浇灌前观察检查。

（4）填充层强度标号应符合设计要求。

检验方法：做试块抗压试验。

第六节　室内采暖系统试压、冲洗与试运行

一、采暖系统试压

室内采暖系统的试压是在管道和散热设备及附属设备全部连接安装完毕后，室内采暖管道用试验压力 P_s 做迁移试验，以系统工作压力 P 做严密性试验，其试验压力要符合表 5-14 的规定，系统工作压力按循环水泵扬程确定，试验压力由设计确定，以不超过散热器承压能力为原则。在高层建筑试验时，当底部散热器所受的静水压力超过其承受能力时，则应分层进行。

1. 水压试验管路连接

（1）根据水源的位置和工程系统情况，制定出试压程序和技术措施，再测出各连接管的尺寸，标注在连接图上。

（2）断管、套丝、上管件及阀件，准备连接管路。

（3）一般选择在系统进户入口供水管的甩头处，连接至加压泵的管路。

表 5-14　　室内采暖系统水压试验的试验压力　　　　单位：MPa

管道类别	工作压力 P	试验压力 P_s	
		P_s	同时要求
低压蒸汽管道		顶点工作压力的 2 倍	底部压力不小于 0.25
低温水及高压蒸汽管道	小于 0.43	顶点工作压力+0.1	顶部压力不小于 0.3
高温水管道	小于 0.43	$2P$	
	0.43～0.71	$1.3P+0.3$	

2. 灌水前的检查

（1）检查全系统管路、设备、阀件、固定支架、套管等，必须安装无误。各类连接处均无遗漏。

（2）根据全系统试压或分系统试压的实际情况，检查系统上各类阀门的开、关状态，不得漏检。试压管道阀门全打开，试验管段与非试验管段连接处应予以隔断。

（3）检查试压用的压力灵敏度。

（4）水压试验系统中阀门都处于全关闭状态。待试压中需要开启再打开。

3. 水压试压

（1）打开水压试验管路中的阀门，开始向供暖系统注水。

（2）开启系统上各高处的排气阀，使管路及供暖设备里的空气排尽。待水灌满后，关闭排气阀和进水阀，停止向系统注水。

（3）打开连接加压泵的阀门，用电动加压泵或手动加压泵通过管路向系统加压，同时拧开压力表上的旋塞阀，观察压力逐渐升高的情况，一般分 2～3 次升至试验压力。在此过程中，每加至一定数值时，应停下来对管道进行全面检查，无异常现象方可继续加压。

（4）工作压力不大于 0.07MPa（表压力）的蒸汽采暖系统，应以系统顶点工作压力的 2 倍做水压试验，在系统的低点，不得小于 0.25MPa 的表压力。热水供暖或工作压力超过 0.07MPa 的蒸汽供暖系统，应以系统顶点工作压力加上 0.1 MPa 做水压试验。同时，在系统顶点的试验压力不得小于 0.3 MPa 表压力。

（5）高层建筑其系统低点如果大于散热器所能承受的最大试验压力，则应分层进行水压试验。

（6）试压过程中，用试验压力对管道进行预先试压，其延续时间应不少于 10min。然后将压力降至工作压力，进行全面外观检查，在检查中，为便于返修，对漏水或渗水的接口做上记号。在 5min 内压力降不大于 0.02 MPa 为合格。

（7）系统试压达到合格验收标准后，放掉管道内的全部存水。不合格时应待补修后，再次按前述方法二次试压。

（8）拆除试压连接管路，将入口处供水管用盲板临时封堵严实。

二、采暖管道清洗

1. 准备工作

（1）对照图纸，根据管道系统情况，确定管道分段吹洗方案，对暂不吹洗管段，通过分支管线阀门将之关闭。

（2）不允许吹扫的附件，如孔板、调节阀、过滤器等，应暂时拆下以短管代替；对减压阀、疏水器等，为防止污物堵塞，应关闭进水阀，打开旁通阀，使其不参与清洗。

（3）不允许吹扫的设备和管道，应暂时用盲板隔开。

（4）吹出口的设置。气体吹扫时，吹出口一般设置在阀门前，以保证污物不进入关闭的阀体内。水清洗时，清洗口设于系统各低点泄水阀处。

2. 管道清洗要点

管道清洗一般按总管→干管→立管→支管的顺序依次进行。当支管数量较多时，可视具体情况，关断某些支管逐根进行清洗，也可数根支管同时清洗。

确定管道清洗方案时，应考虑所有需清洗的管道都能清洗到位，不留死角。清洗介质应具有足够的流量和压力，以保证冲洗速度，管道固定应牢固，排放应安全可靠。可用小锤敲击管子，特别是焊口和转角处以增加清洗效果。

清（吹）洗合格后，应及时填写清洗记录，封闭排放口，并将拆卸的仪表及阀件复位。

（1）水清洗：

1）采暖系统在使用前，应用水进行冲洗。

2）冲洗水选用饮用水或工业用水。

3）冲洗前，应将管道系统内的流量孔板、温度计、压力表、调节阀芯、止回阀芯等拆除，待清洗后再重新装上。

4）冲洗时，以系统可能达到的最大压力和流量进行，并保证冲洗水的流速不小于 1.5m/s。冲洗应连续进行，直到排出口处水的色度和透明度与入口处相同且无粒状物为合格。

（2）蒸汽管道吹洗：蒸汽管道试压结束后，在冲洗段的末端与管道垂直升高处设置冲洗口，冲洗口用钢管焊接在蒸汽管道下侧，并装设阀门。吹洗前应加热管道，缓缓开启蒸汽总阀，蒸汽流量和压力增加不得过快，否则，产生管道强度不能承受的温度应力，使管道遭受破坏。加热开始时，有大量凝结水从冲洗口排出，以后逐渐减少，为减少蒸汽用量，此时可关小出口阀门。当冲洗段末端的蒸汽温度接近开始端蒸汽温度时，则加热完毕。总洗时先将各冲洗口的阀门打开，然后逐渐打开总进气阀，增加蒸汽流量进行冲洗。吹洗次数为 1～2 次，每次冲洗时间约为 20min。当冲洗口排出的蒸汽完全清洁时，才能停止冲洗。冲洗后拆除冲洗管及排气管，将水放净。

三、通暖试运行

1. 准备工作

（1）对采暖系统进行全面检查，如工程项目是否全部完成，且工程质量是否达到合格；在试时各组成部分的设备、管道及其附件、热工测量仪表等是否完整无缺；各组成部分是否处于运行状态。

（2）系统试运行前，应制订可行性试运行方案，且要有统一指挥，明确分工，并对参与试运行人员进行技术交底。

（3）根据试运行方案，做好试运行前的材料、机具和人员的准备工作。水源、电源应能保证运行。通暖一般在冬季进行，对气温突变影响，要有充分的估计，加之系统在不断升压、升温条件下，可能发生的突然事故，均应有可行的应急措施。

（4）冬季气温低于-3℃时，系统通暖应采取必要的防冻措施，如封闭门窗及洞口；设置临时性取暖措施，使室温保持在+5℃左右；提高供、回水温度等。监视各手动排气装置，一旦满水，应有专人负责关闭。

（5）试运行的组织工作。在通暖试运行时，锅炉房内、各用户入口处应有专人负责操作与监控；室内采暖系统应分环路或分片包干负责。在试运行进入正常状态前，工作人员不得擅离岗位，且应不断巡视，发现问题应及时报告并迅速抢修。在高层建筑通暖时，应配置必要的通信设备，以便于加强联系，统一指挥。

2. 通暖运行

（1）对于系统较大、分支路较多并且管道复杂的采暖系统，应分系统通暖，通暖时应将其他支路的控制阀门关闭，打开放气阀。

（2）检查通暖支路或系统的阀门是否打开，若试暖人员少可分立管试暖。

（3）打开总入口处的回水管阀门，将外网的回水进入系统，以便于系统的排气，待排气阀满水后，关闭放气阀，打开总入口的供水管阀门，使热水在系统内形成循环，检查有无漏水处。

（4）冬季通暖时，刚开始应将阀门开小些，进水速度慢些，防止管子骤热而产生裂纹，管子预热后再开大阀门。

（5）如果散热器接头处漏水，可关闭立管阀门，待通暖后再行修理。

3. 通暖后调试

通暖后调试的是使每个房间达到设计温度，对系统远近的各个环路应达到阻力平衡，即每个小环路冷热度均匀，如最近的环路过热，末端环路不热，可用立管阀门进行调整。在调试过程中，应测试热力入口处热媒温度及压力是否符合设计要求。

第六章　常用测量仪表

测量就是利用专用的设备，通过实验的方法，将被测量和与所选用的测量单位进行比较，求得被测量包含测量单位多少的数值，得到的数值和测量单位合称测量结果。

第一节　温度测量

一、温度测量方法

温度不能直接测量，而是借助于物质的某些物理特性是温度的函数，通过对某些物理特性变化量的测量间接地获得温度值。

根据温度测量仪表的使用方式，测量方法通常可分类为接触法与非接触法两大类。

1. 接触法

当两个物体接触后，经过足够长的时间达到热平衡后，则它们的温度必然相等。如果其中之一为温度计，就可以用它对另一个物体实现温度测量，这种测温方式称为接触法。其特点是温度计要与被测物体有良好的热接触，使两者达到热平衡。因此，测温准确度较高。由于感温元件要与被测物体接触，会破坏被测物体热平衡状态，并受被测介质的腐蚀作用，因此，对感温元件的结构、性能要求苛刻。

2. 非接触法

利用物体的热辐射能随温度变化的原理测定物体温度，这种测温方式称为非接触法。其特点是不与被测物体接触，也不改变被测物体的温度分布，热惯性小。通常用来测定 1 000℃以上的移动、旋转或反应迅速的高温物体的温度。

二、温度测量仪表的种类

温度测量仪表的种类按工作原理来划分，也根据温度范围（高温、中温、低温等）或仪表精度（基准、标准等）来划分。

1. 膨胀式温度计

膨胀式温度计是利用物体受热膨胀的原理制成的温度计，主要有液体膨胀式温度计、固体膨胀式温度计和压力式温度计三种。

（1）液体膨胀式温度计：最常见的液体膨胀式温度计是玻璃管温度计，主要由液体储存器，毛细管和标尺组成。根据所充填的液体介质不同能够测量－200～750℃范围的温度。

玻璃管液体温度计是利用液体体积随温度升高而膨胀的原理制作而成。选用时要注明型号、测量范围、尾部长度及配合螺纹规格等，其安装方式如图 6-1 所示，安装位置应便于观察和检修，且不易被损坏的地方。安装时，注意温包端部应尽可能伸入到被测介质管道中心线位置，采热端应与介质流向逆向。

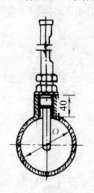

（a）在水平管道上安装

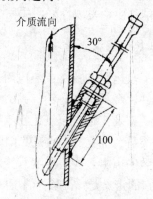

（b）在立管上安装

图 6-1　玻璃管式温度计安装方式

温度计与管道或容器连接时，应在安装位置焊接一个钢制管接头，以便将温度计套管接头拧入管接头上，用扳手拧紧。

（2）固体膨胀式温度计：它是利用两种线膨胀系数不同的材料制成，有杆式和双金属片式两种。这类温度计常用作自动控制装置中的温度测量元件，它结构简单、可靠，但精度不高。

（3）压力式温度计：它是利用密闭容积内工作介质随温度升高而压力升高的性质，通过对工作介质的压力测量来判断温度值的一种机械式仪表。

压力式温度计的工作介质可以是气体、液体或蒸汽。其优点是简单可靠、抗振性能好，具有良好的防爆性，故常用在飞机、汽车、拖拉机上，也可用它作温度控制信号。但这种仪表动态性能差，示值的滞后较大，不能测量迅速变化的温度。

2. 热电偶温度计

将两根不同的导体或半导体的一端焊接，另外各自一端作为输出就构成温度检测元件热电偶。热电偶是目前世界上科研和生产中应用最普遍、最广泛的温度测量元件。它将温度信号转换成电势（mV）信号，配以测量毫伏的仪表或变送器可以实现温度的测量或温度信号的转换。具有结构简单、制作方便、测量范围宽、准确度高、性能稳定、复现性好、体积小、响应时间短等各种优点。

3. 热电阻温度计

（1）热电阻的特性：热电阻是用金属导体或半导体材料制成的感温元件。金属导体有铂、铜、镍、铁、铑、铁合金等，半导体有锗、硅、碳及其他金属氧化物等。其中，铂热电阻和铜热电阻属国际电工委员会推荐的，也是我国国标化的热电阻。

物体的电阻一般随温度而变化，通常用温度系数 α 来描述这一特性，它的定义是：在某一温度间隔内，温度变化 1℃ 时的电阻相对变化量，单位为 1/℃。

（2）常用热电阻元件：

1）铂热电阻：铂是一种比较理想的热电阻材料，它在氧化性气氛中甚至在高温下，其物理、化学性质都非常稳定，也比较容易得到高纯度的铂。其精度较高、性能可靠，不仅在工业上广泛用于−200～500℃的温度测量，而且还可作为复现国际实用温标的标准仪器。但是，铂电阻在还原气氛中，特别是在高温下极容易被还原物质所污染（还原物质就是容易将自身电子释放给对方的物质），使组成铂电阻的铂丝变质发脆，并导致其电阻和温度的函数关系改变，因此在这种情况下必须采用密封的保护措施来隔离有害气体对铂电阻材料的污染。

一般工业用铂电阻多采用线径为 0.03～0.07mm 的纯铂裸丝绕在云母制成的平板形骨架上，其结构如图 6-2 所示。云母绝缘骨架的边缘呈锯齿形，铂丝绕制在云母骨架的齿形槽内以防铂丝滑动短路，在云母骨架的外侧再套以有一定形状的金属器件以增加铂电阻的机械强度。铂电阻有两个输出端点，分别在每一个端点上用 0.5mm 或 1mm 的银丝并行引出两根引线（两端共引出 4 根引出线）作为热电阻的电极使用。在铂电阻的外部均套有保护套管，以避免腐蚀性气体的侵害和机械损伤。

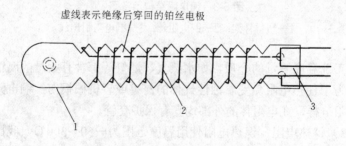

虚线表示绝缘后穿回的铂丝电极

图 6-2 铂电阻结构示意图

1—云母绝缘骨架；2—铂丝电极；3—热电阻引出线

2）铜热电阻：铂虽然是理想的热电阻材料，但其价格十分昂贵，一般使用于测量精度要求较高的场合。而铜材料价格便宜，在一定的温度范围内也能满足测量要求。

铜电阻的测温范围为 $-50\sim150\,℃$，在此范围内铜电阻有很好的稳定性。铜材料的电阻温度系数也比较大，其电阻与温度几乎呈现线性关系，铜材料也比较容易提纯。综上所述，铜电阻算得上物美价廉，但铜材料的电阻率较小，和铂电阻相比，同样的电阻数值，铜电阻的体积要大得多。另外，铜材料容易在 $100\,℃$ 以上的高温中被空气氧化而变质，因此铜电阻仅能在低温和无腐蚀的环境中使用。

一般铜电阻是用直径为 0.1mm 的绝缘铜丝采用双线无感绕法绕制在圆柱形塑料骨架上，其结构如图 6-3 所示。由于铜材料的电阻率较小，绕制电阻使用的绝缘铜丝较长，往往采用多层绕制。为了防止铜丝的松散，整个电阻体要经过酚醛树脂的浸泡成形处理。其引出线和铂电阻相似，在每个端点引出两根引线，不过引线材料是铜而不是银。

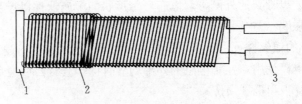

图 6-3　铜电阻结构示意图

1—塑料骨架；2—铜电阻丝；3—铜电阻引出线

工业温度测量的介质，如水蒸气、烟气等都含有大量的腐蚀气体。为了使热电阻免受腐蚀性气体的侵害或者机械损伤，铜电阻和铂电阻一样，在电阻体的外部均套有保护套管。

3）镍热电阻：镍热电阻使用温度范围为 $-50\sim300\,℃$，我国虽已规定其为标准化的热电阻，但还未制定出相应的标准分度表，故目前多用于温度变化范围小，灵敏度要求高的场合。

上述三种热电阻均是标准化的热电阻温度计，其中铂电阻还可以用来制造精密的标准热电阻，而铜和镍只作为工业用热电阻。

4）半导体热敏电阻：半导体热敏电阻通常用铁、镍、锰、钴、钼、钛、镁、铜等复合氧化物高温烧结而成。热敏电阻利用其电阻值随温度升高而减小的特性来制作感温元件。成为工业用温度计以来，大量用于家电及汽车用温度传感器，目前已深入到各种领域，发展极为迅速。

与金属热电阻相比，半导体热敏电阻的优点有：体积小，热惯性小，灵敏度比较高，结构简单等。它的缺点是同种半导体热敏电阻的电阻温度特性分散性大，非线性严重，元件性能不稳定，因此互换性差，精度较低，除高温热敏电阻外，不能用于350℃以上的高温。

除了以上介绍的几种热电阻外，还有一些特殊热电阻，如铠装热电阻、薄膜铂热电阻、厚膜铂热电阻等。

4. 非接触式温度测量仪表

接触式测温方法虽然被广泛采用，但不适合于测量运动物体的温度和极高的温度，为此，发展了非接触式测温方法。

非接触式温度测量仪表分为两类：一类是光学辐射式高温计，包括单色光学高温计、光电高温计、全辐射高温计、比色高温计等；另一类是红外辐射仪，包括全红外辐射仪、单红外辐射仪、比色仪等。

这种测温方法的特点是，感温元件不与被测介质接触，因而不破坏被测对象的温度场，也不受被测介质的腐蚀等影响。由于感温元件不与被测介质达到热平衡，其温度可以大大低于被测介质的温度，因此，从理论上说，这种温度测量方法的测温上限不受限制。另外，它的动态性好，可测量处于运动状态的对象温度和变化着的温度。

第二节　湿度测量

在工农业生产、气象、环保、国防、科研、航天等部门，经常需要对环境湿度进行测量及控制。对环境温度、湿度的控制以及对工业材料水分值的监测与分析都已成为比较普遍的技术条件之一。

一、空气湿度的表示方法

湿度是表示空气中水蒸气含量多少的尺度。常用来表示空气湿度的方法有：绝对湿度、相对湿度和含湿量。

1. 绝对湿度

绝对湿度定义为每立方米湿空气，在标准状态下所含水蒸气的重量，即湿空气中的水蒸气密度（单位是克/米^3）。

2. 相对湿度

相对湿度就是空气中水蒸气分压力 P_n 与同温度下饱和水蒸气分压力 P_b 之比值。可以表示为

$$\varphi = \frac{P_n}{P_b} \times 100\% \tag{6-1}$$

3. 含湿量

含湿量就是湿空气中，每千克干空气所含有的水蒸气的质量。

二、气体温度测量方法

目前，气体湿度测量常用的方法有以下三种：干湿球法、露点法和吸湿法。

1. 干湿球法湿度测量

干湿球湿度计的基本原理为：当大气压力 B 和风速 v 不变时，利用被测空气相应于湿球温度下饱和水蒸气压力和干球温度下的水蒸气分压力之差，与干湿球温度之差之间存在的数量关系确定空气湿度。

普通干湿球温度计由两支相同的液体膨胀式温度计组成，一支为干球温度计，另一支为湿球温度计。干湿球温度计就是利用干湿球温度差及干球温度来测量空气相对湿度的，如图 6-4 所示。在测

得干湿球温度后，可利用公式计算，也可以利用有关图表，查出相应的相对湿度值。

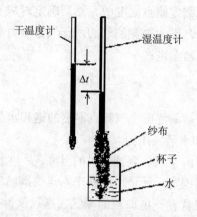

图 6-4 干湿球温度计

为了能自动显示空气的相对湿度和远距离传送湿度信号，采用电动干湿球温度计，如图 6-5 所示。它的干湿球是用金属电阻（镍电阻）代替膨胀式温度计，并设置一个微型轴流风机，以便在热电阻周围造成 2.5m/s 的风速，提高测量精度。

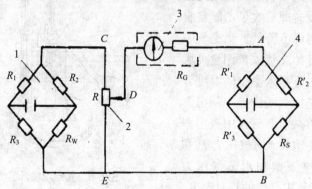

图 6-5 电动干湿球温度计原理图

1—干球温度测量桥路；2—补偿可变电阻；3—检流计；4—湿球温度测量电桥

2. 露点法湿度测量

基本原理：先测定露点温度 θ_l，然后确定对应于 θ_l 的饱和水蒸气压力 P_l。显然，P_l 即为被测空气的水蒸气分压力 P_n。因此，可用下式求出空气的相对湿度：

$$\varphi = \frac{P_l}{P_b} \times 100\% \qquad (6\text{-}2)$$

式中，P_l——对应被测湿度空气露点温度的饱和水蒸气压力；

$\quad\quad P_b$——饱和水蒸气压力。

露点法是测量湿空气达到饱和时的温度，是热力学的直接结果，准确度高，测量范围宽。计量用的精密露点仪准确度可达±0.2℃，甚至更高。但用现代光—电原理的冷镜式露点仪价格昂贵，常和标准湿度发生器配套使用。常用的测量仪表有露点湿度计和光电式露点湿度计。

露点湿度计如图 6-6 所示，测量时在黄铜盒中注入乙醚的溶液，然后用橡皮鼓气球将空气打入黄铜盒中，并由另一管口排出，使乙醚得到较快速的蒸发，当乙醚蒸发时即吸收了乙醚自身热量使得温度降低，当空气中水蒸气开始在镀镍黄铜盒外表面凝结时，插入盒中的温度计读数就是空气的露点。测出露点后，再从水蒸气表中查出露点温度的饱和水蒸气压力 P_l 和干球温度下饱和水蒸气压力 P_b，就能算出空气的相对湿度。这种湿度计的主要缺点是，当冷却表面上出现露珠的瞬间，需立即测定表面温度，但一般

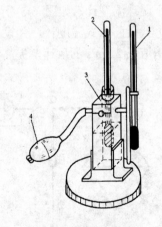

图 6-6　露点湿度计

1—干球温度计；2—露点温度计；

3—镀镍铜盒；4—橡皮鼓气球

不易测准，而容易造成较大的测量误差。

光电式露点湿度计是使用光电原理直接测量气体露点温度的一种电测法湿度计。其测量准确度高，可靠性强，使用范围广，尤其适用于低温状态。

3. 氯化锂电阻湿度传感器

某些盐类放在空气中，其含湿量与空气的相对湿度有关；而含湿量大小又引起本身电阻的变化。因此可以通过这种传感器将空气相对湿度转换为其电阻值的测量。这种方法称为吸湿法湿度测量。

氯化锂是一种在大气中不分解、不挥发，也不变质而具有稳定的离子型无机盐类。其吸湿量与空气相对湿度成一定函数关系，随着空气相对湿度的增减变化，氯化锂吸湿量也随之变化。当氯化锂溶液吸收水汽后，使导电的离子数增加，因此导致电阻的降低；反之，则使电阻增加。氯化锂电阻湿度计的传感器就是根据这一原理工作的。

4. 高分子湿度传感器

（1）高分子电容式湿度传感器：该传感器基本上是一个电容器，在高分子薄膜上的电极是很薄的金属微孔蒸发膜，水分子可通过两端的电极被高分子薄膜吸附或释放。随着水分子被吸附或释放，高分子薄膜的介电系数将发生相应的变化。因为介电系数随空气的相对湿度变化而变化，所以只要测定电容值就可测得相对湿度。

（2）高分子电阻式湿度传感器：它使用高分子固体电解质材料制作感湿膜，由于膜中的可动离子而产生导电性，随着湿度的增加，其电离作用增强，使可动离子的浓度增大，电极间的电阻值减小；反之，电阻值增大。因此，湿度传感器对水分子的吸附和释放情况，可通过电极间电阻值的变化检测出来，从而得到相应的湿度值。

第三节　压力测量

工程上压力的定义为垂直作用在物体单位面积上的力，在物理学上称为压强。压力的量纲（单位）是力的单位除以面积单位，我国法定计量单位中，力的单位是 N，面积的单位是 m^2，则压力的单位是 Pa（帕斯卡，中文符号为帕，$1Pa=1N/m^2$）。

$$1Pa=1N/m^2=1\frac{kg \cdot m}{m^2 \cdot s^2}=1kg \cdot m^{-1} \cdot s^{-2} \qquad (6-3)$$

即 1N 的力垂直均匀作用在 $1m^2$ 的面积上所形成的压力值为 1Pa。帕斯卡是比较小的，实际使用的单位还有百帕（hPa）、千帕（kPa）、兆帕（MPa）等单位。

压力的表示方法有三种，即绝对压力、表压力、真空度或负压。绝对压力和表压力之间关系可表示如下：

　　　　　　表压力= 绝对压力＋大气压

或　　　　　绝对压力= 表压力－大气压

一、压力的检测方法

根据测压的转换原理不同，大致可分为三种测压方法。

（1）平衡法：通过仪表使液柱高度的重力或砝码的重量与被测压力相平衡的原理测量压力。

（2）弹性法：利用各种形式的弹性元件，在被测介质的表压力或负压力作用下产生的弹性变形来反映被测压力的大小。

（3）电气法：用压力敏感元件直接将压力转换成电阻、电荷量等电量的变化。

二、压力测量仪表的分类

压力的测量通常由压力传感器来完成，压力传感器从其原理及结构来看可分为三类：液柱式、机械式及电气式。测量压力的仪表，按信号原理不同，大致可分为四类：

（1）液柱式：根据流体静力学原理，把被测压力转换成液柱高度。

（2）机械式：根据弹性元件受力变形的原理，将被测压力转换成位移。

（3）电气式：将被测压力转换成各种电量，如电感、电容、电阻、电位差等，依据电量的大小实现压力的间接测量。

（4）活塞式：根据水压机液体传送压力的原理，将被测压力转换成活塞面积上所加平衡砝码的质量。

1. 液柱式压力计

液柱式压力计是利用液柱对液柱底面产生的静压力与被测压力相平衡的原理，通过液柱高度来反映被测压力大小的仪表，其示值为大气压和被测介质压力之差。它的优点是结构简单，使用方便，有相当高的准确度，在本专业中应用很广泛。缺点是量程受液柱高度的限制，体积大，玻璃管容易损坏及读数不方便。一般采用水银或水为工作液，用 U 形管或单管进行测量，常用于低压、负压或压力差的检测。被广泛用于实验室压力测量或现场锅炉烟、风道各段压力、通风空调系统各段压力的测量，液柱式压力计的输出也可作为压力标准，校验低压或微压仪表。

（1）U 形管压力计：U 形管压力计的测压原理如图 6-7 所示。右侧为被测压力，由密封的管路从被测压力处引来，它的压力与被测介质的对象有关，与大气压毫无关系。左侧直接和空气连通，大气压直接作用在 U 形管左侧液体的表面，所以左侧液体表面的压力是一个大气压。当右侧被测介质的压力高于大气压时会形成如图 6-7所示的情况，两者差压越大，U 形管中的左右液位高低差别就越大。

U 形管的右侧等压面（虚线所在平面）上的压力为被测压力 P_1。左侧等压面上压力由大气压和 h 液柱高度两部分组成，所谓等压面就是此平面上压力相等，所以有

$$P_1 - 大气压 = \rho hg = \rho (h_1 + h_2) g \qquad (6\text{-}4)$$

式中，ρ——U 形管中液体的密度；

　　g——重力加速度；

　　h——左右管中的液位高差。

U 形管的液位差表示了被测压力和大气压的差，这个压力差称为被测压力的表压力。用 U 形管表示的表压力单位是毫米水柱。为了减少毛细管现象对测量精度的影响，U 形管内径不宜太细，一般管内使用水银液体时管径不小于 5mm；管内装水时，不小于 8mm。当 U 形管压力计的刻度标尺分格值为 1mm 时，分别读取 h_1 和 h_2 的数值，然后将把两者之和 h 作为读数结果。这样产生的读数误差在 ±1mm 之内。因此当读数很小时该测量方法产生的相对误差可能就很大，而且需要 U 形管两侧读数，使用不很方便。

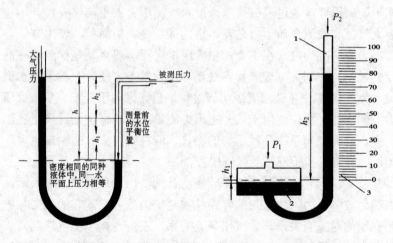

图 6-7　U 形管压力计的原理结构　　图 6-8　单管液柱式压力计

1—测量管；2—宽口容器；3—刻度尺

（2）单管压力计：由于 U 形管压力计需两次读取液面高度，为使用方便，设计出一次读取液面高度的单管压力计，其原理如图 6-8 所示。

（3）斜管微压计：在测量很小的压力时，U 形管和单管压力计中的液柱高度变化很小，读数的相对误差和毛细管现象引起的误差

350

都很大。为了克服 U 形管和单管压力计的上述缺陷，人们对单管压力计进行改造，制成倾斜式微压计。主要用于测量微小压力、负压和压差，它将单管液柱压力计的测量管倾斜放置，这样可以提高灵敏度，减少读数相对误差。倾斜式微压计的具体结构如图 6-9 所示。倾斜角度越小，l 越长，测量灵敏度就越高，但不可太小，否则液柱易冲散，读数较困难，误差增大。

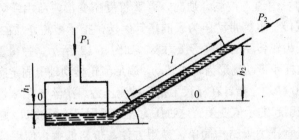

图 6-9　倾斜式微压计原理示意图

2. 弹性式压力计

弹性压力计是根据弹性元件受到压力作用后，所产生的变形与压力大小具有一一对应的确定关系的力平衡原理制成的。由于其结构简单，测量范围较大，又能达到一定的准确程度，因而得到广泛应用。

（1）弹性压力计分类：常用的弹性元件有膜片式（包括膜盒式）、波纹管式和弹簧管式三类，各类弹性元件的型式如图 6-10 所示。

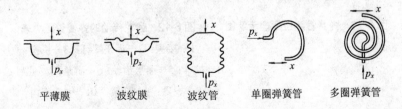

平薄膜　　　波纹膜　　　波纹管　　单圈弹簧管　　多圈弹簧管

图 6-10　弹性元件示意图

1）弹簧管压力表：弹簧管压力表是一种应用非常广泛的压力表，通常用于测量真空或−0.1～1 000MPa 的压力。弹簧管是压力表中的敏感元件，它是一根弯成圆弧形或螺旋形的金属管，管子截面是扁圆形或椭圆形的，如图 6-11 所示。弹簧管的开口固定在仪表的接头座上，称为固定端，被测介质由固定端引入弹簧管内。弹簧管的另一端封闭，称为自由端，自由端与仪表的机械传动机构相连。当弹簧管压力表内通入被测介质时，弹簧管受压变形，自由端位移，再通过机械传动机构带动压力表的指针偏转，指示被测介质的压力。

利用齿轮传动的弹簧管压力表，如图 6-12 所示。弹簧管的自由端通过拉杆 4 带动扇形齿轮 5 转动，扇形齿轮推动轴上固定有指针的小齿轮 10 转动，指针在标尺上指示被测压力。游丝 6 用来消除齿轮传动间隙引起的示值变差。这种压力表不适用于测量波动大的压力。

弹簧管压力表结构简单，使用方便，价格低廉，使用范围广，测量范围宽，可测负压、微压、低压、中压和高压，因此应用十分广泛。根据制造的要求，仪表的精度等级有 0.5、1.0、1.5、2.5 等。

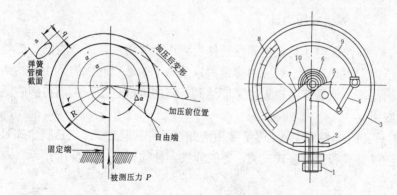

图 6-11　弹簧管测压原理示意图　　图 6-12　齿轮传动的弹簧管压力表

1—接头；2—调整螺钉；3—机座；

4—拉杆；5—扇形齿轮；6—游丝；7—指针；

8—表盘；9—弹簧；10—中心小齿轮

2）膜盒微压计：膜盒微压计常用于火电厂锅炉风烟系统的风、

烟压力测量及锅炉炉膛负压测量，其结构如图 6-13 所示。测量范围为 150～40 000 Pa，精度等级一般为 2.5 级，较高的可达 1.5 级。

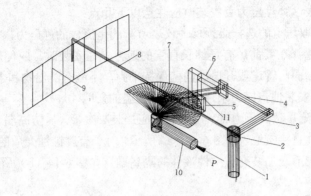

图 6-13　膜盒微压计原理结构

1—表针转轴；2—外套筒；3—曲柄；4—拉杆；5—杠杆转动支点；
6—杠杆；7—膜盒；8—指针；9—表盘；10—导压管；11—膜盒杠杆

仪表工作时，压力信号由导压管 10 将压力引入到膜盒 7 内，膜盒形状是上下面积大而侧面积小，上下受压力大于侧面压力，所以扁形的膜盒有变圆的趋势，当膜盒下部侧面固定不动时，只能是上侧面向上移动。通过膜盒上的膜盒杠杆推动"7"字型杠杆 6 绕支点 5 逆时针转动，又通过拉杆 4 和曲柄 3 带动指针的转动，其中曲柄 3 和拉杆 4 是铰接（接点可转动）。

（2）弹性压力表的使用与安装：使用压力表测量压力时，只有正确选择和安装压力表，才能保证测量准确可靠和使用安全。这里介绍弹性压力表和压力变送器的量程选择方法及安装时的注意事项。

使用弹性压力表测量压力，首先要根据生产过程提出的技术要求，合理地选择压力表的型号、量程和精度等级。为了保证弹性元件在弹性形变的安全范围内工作，选择压力表量程时，要考虑被测压力的变化情况。一般在被测压力较稳定的情况下，被测压力的最大数值不应超过仪表量程上限的 2/3。若被测压力波动较大时，则被测压力的最大数值应不高于仪表量程上限的 1/2。同时，为了保证测量的准确度，被测压力的最小数值应不低于仪表示值范围的1/3。

为了保证压力表的准确可靠和使用安全，必须正确安装使用弹性压力表，弹性压力表安装时应注意以下几点：

1）取压点的选择必须保证仪表所测的是流体的静压力，因此取压点要选择在其前后有足够长直管的地方。在安装时，应使压力信号管的端面与管道或开口的内壁保持平齐，不应有凸出物和毛刺。

2）安装地点应力求避免振动和高温的影响。

3）测量蒸汽压力时，压力表前应加装凝汽管，以防高温蒸汽与弹性元件直接接触，如图6-14（a）所示。对于有腐蚀性介质的流体，在压力表前应加装充有中性液体的隔离罐，如图6-14（b）所示。

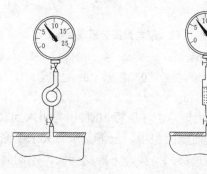

（a）压力表前加装凝汽管　　（b）压力表前加装隔离罐

图6-14　弹性压力表安装示意图

4）取压点与压力表之间应加装切断阀，以备检修压力表时使用。切断阀最好安装在靠近取压点的地方。为了便于对压力表做现场校验以及冲洗压力信号管，在压力表入口处，常装有三通阀。

此外，使用压力表时，若压力表与取压点不在同一水平面上，须对压力表的示值进行修正。当压力表在取压点下方时，仪表示值应减去修正值ρgh。当压力表在取压点上方时，仪表示值应加上修正值ρgh。修正值中ρ是压力信号管中的流体平均密度；g 是当地的重力加速度；h 是取压点到压力表的垂直距离。也可以在测压前，事先将仪表指针逆时针或顺时针拨一定偏转角度（和ρgh 对应），这样就可以在仪表上直接读出被测压力的表压力。

第四节　流量测量

一、流量测量原理

流量是流体在单位时间内通过管道或设备某横截面处的数量。在生产过程中，为了有效地指导生产操作，监视和控制生产，必须经常地检测生产过程中各种介质（液体、气体、蒸汽和固体等）的流量，以便为管理和控制生产提供依据。

流体数量若以质量 m 表示时，则流量称为质量流量。质量流量用符号 q_m 表示，其数学定义式为

$$q_m = \frac{dm}{dt} \tag{6-5}$$

式中，q_m 的单位是 kg/s 或 kg/h。

流量数量用体积 V（容积）表示时，则称为容积流量，容积流量用符号 q_v 表示，数学定义式为

$$q_v = \frac{dv}{dt} \tag{6-6}$$

式中，q_v 的单位为 m³/s。

流量数量用重量 G 表示时，则称为重量流量，容积流量用符号 q_G 表示，数学定义式为

$$q_G = \frac{dG}{dt} \tag{6-7}$$

式中，q_G 的单位为 kgf/s。

上述三种流量的换算关系为

$$q_m = \rho q_v = \frac{q_G}{g} \tag{6-8}$$

式中，ρ ——流体密度；

　　　g ——重力加速度。

流量有瞬时流量和累积流量之分。所谓瞬时流量，是指在单位时间内流过管道或明渠某一截面的流体的量。所谓累积流量，是指在某一时间间隔内流体通过的总量。该总量可以用在该段时间间隔内的瞬时流量对时间的积分而得到，所以也叫积分流量。累积流量除以流体流过的时间间隔，即为平均流量。

二、流量测量方法

流量的测量方法很多，目前工业上常用的流量测量方法分为三类：

（1）速度式流量测量方法：直接测出管道内流体的流速，以此作为流量测量的依据。

（2）容积式流量测量方法：通过测量单位时间内经过流量仪表排出的流体的固定容积的数目来实现。

（3）其他流量测量方法：通过直接或间接的方法测量单位时间内流过管道截面的流体质量数。

三、流量计种类

（1）工业上常用的流量计，按其测量原理分为以下四类：

1）差压式流量计：主要利用管内流体通过节流装置时，其流量与节流装置前后的压差有一定的关系。属于这类流量计的有标准节流装置等。

2）速度式流量计：主要利用管内流体的速度来推动叶轮旋转，叶轮的转速和流体的流速成正比。属于这类流量计的有叶轮式水表和涡轮式流量计等。

3）容积式流量计：主要利用流体连续通过一定容积之后进行流量累积的原理。属于这类流量计的有椭圆齿轮流量计和腰轮流量计。

4）其他类型流量计：如基于电磁感应原理的电磁流量计、涡街流量计等。

（2）测量的装置种类很多，以流体运动规律为基础的测量装置有以下两种：

1）孔板流量计：

①孔板流量计的结构和测量原理。

在管路里垂直插入一片中央开有圆孔的板，圆孔中心位于管路中心线上，如图 6-15 所示，即构成孔板流量计。板上圆孔经精致加工，其侧边与管轴成 45°角，称锐孔，板称为孔板。

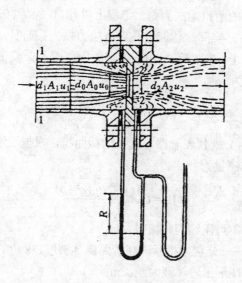

图 6-15　孔板流量计

由图 6-15 可见，流体流到锐孔时，流动截面收缩，流过孔口后，由于惯性作用，流动截面还继续收缩一定距离后才逐渐扩大到整个管截面。流动截面最小处（图中截面 2—2）称为缩脉。流体在缩脉处的流速最大，即动能最大，而相应的静压能就最低。因此，当流体以一定流量流过小孔时，就产生一定的压强差，流量愈大，所产生的压强差也就愈大。所以可利用压强差的方法来度量流体的流量。

设不可压缩流体在水平管内流动，取孔板上游流动截面尚未收缩处为截面 1—1，下游取缩脉处为截面 2—2。在截面 1—1 与截面 2—2 间暂时不计阻力损失，列伯努利方程：

$$\frac{p_1}{\rho} + gZ_1 + \frac{u_1^2}{2} = \frac{p_2}{\rho} + gZ_2 + \frac{u_2^2}{2}$$

因水平管 $Z_1=Z_2$，则整理得

$$\sqrt{u_2^2 - u_1^2} = \sqrt{\frac{2(p_1 - p_2)}{\rho}} \qquad (6\text{-}9)$$

由于缩脉的面积无法测得，工程上以孔口（截面 0—0）流速 u_0 代替 u_2，同时，实际流体流过孔口有阻力损失；而且，测得的压强差又不恰好等于 (p_1-p_2)。由于上述原因，引入一校正系数 C，于是式 6-9 改写为：

$$\sqrt{u_0^2 - u_1^2} = C\sqrt{\frac{2(p_1 - p_2)}{\rho}} \qquad (6\text{-}10)$$

以 A_1、A_0 分别代表管路与锐孔的截面积，根据连续性方程，对不可压缩流体流量为：

$$V_s = C_0 A_0 \sqrt{\frac{2Rg(\rho' - \rho)}{\rho}} \qquad (6\text{-}11)$$

式中，V_s——不可压缩流体流量，m^3/s；

ρ'、ρ——分别为指示液与管路流体密度，kg/m^3；

R——U 形压差计液面差，m；

A_0——孔板小孔截面积，m^2；

C_0——孔流系数又称流量系数。

流量系数 C_0 的引入在形式上简化了流量计的计算公式，但实际上并未改变问题的复杂性。只有在 C_0 确定的情况下，孔板流量计才能用来进行流量测定。

流量系数 C_0 与面积比 m、收缩、阻力等因素有关，所以只能通过实验求取。C_0 除与雷诺数 Re、m 有关外，还与测定压强所取的点、孔口形状、加工粗糙度、孔板厚度、管壁粗糙度等有关。这样影响因素太多，C_0 较难确定，工程上对于测压方式、结构尺寸、加工状况均作规定，规定的标准孔板的流量系数 C_0 就可以表示为

$$C_0 = f(Re, m) \qquad (6\text{-}12)$$

实验所得 C_0 如图 6-16 所示。

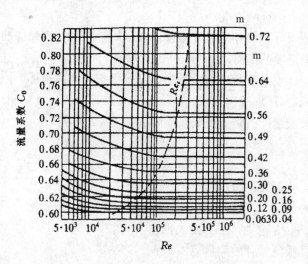

图 6-16 孔板流量计 C_0 与 Re、m 的关系

由图 6-16 可见,当 Re 数增大到一定值后,C_0 不再随 Re 数而变,而是仅由 m 决定的常数。孔板流量计应尽量设计在 $C_0=$ 常数的范围内。

从孔板流量计的测量原理可知,孔板流量计只能用于测定流量,不能测定速度分布。

②孔板流量计的安装与阻力损失。

在安装位置的上、下游都要有一段内径不变的直管。通常要求上游直管长度为管径的 50 倍,下游直管长度为管径的 10 倍。若 A_0/A_1 较小时,则这段长度可缩短至 5 倍。

安装节流装置时,先检查管口是否符合设计要求,进行坡口,焊接连接法兰盘。所焊法兰盘应垂直于管道轴线,法兰中心线与管道中心线同心,清除焊渣,然后将节流装置装入两个法兰之间,加装垫片找正,拧紧螺栓。

为了测量数值准确,防止杂质进入导压管和压差计,对节流装置前后压力引出口的位置应合理选择,若被测流体为液体时,宜从管道下半部 45°角的方向引出,压差计最好装在被测管道的下方,若测定气体时，应从管道上部引出，压差计装在管道上方，测蒸汽时，在导压管上必须装冷凝器。

为便于导压管和压差计维修，在导压管路上安装必要的切断、冲洗等所需要的阀门。

压差计安装位置应便于观察、便于保护、不易损坏、适宜温度（10~60℃）环境中。

孔板流量计的阻力损失 h_f，可用阻力公式写为：

$$h_f = \zeta \cdot \frac{u_0^2}{2} = \zeta C_0^2 \frac{Rg(\rho' - \rho)}{\rho} \qquad (6\text{-}13)$$

式中，ζ——局部阻力系数，一般在 0.8 左右。

式 6-13 表明阻力损失正比于压差计读数 R。缩口愈小，孔口流速 u_0 愈大，R 愈大，阻力损失也愈大。

③孔板流量计的测量范围。

由式 6-11 可知，当孔流系数 C_0 为常数时，

$$q_s \propto \sqrt{R} \qquad (6\text{-}14)$$

式中，q_s——流过转子流量计的体积流量，m^3/s

上式表明，孔板流量计的 U 形压差计液面差 R 和 V 平方成正比。因此，流量的少量变化将导致 R 较大的变化。

U 形压差计液面差 R 愈小，由于视差常使相对误差增大，因此在允许误差下，R 有一最小值 $R_{\min}$。同样，由于 U 形压差计的长度限制，也有一个最大值 $R_{\max}$。于是，流量的可测范围为：

$$\frac{q_{s\max}}{q_{s\min}} = \sqrt{\frac{R_{\max}}{R_{\min}}} \qquad (6\text{-}15)$$

即可测流量的最大值与最小值之比，与 $R_{\max}$、$R_{\min}$ 有关，也就是与 U 形压差计的长度有关。

孔板流量计是一种简便且易于制造的装置，在工业上广泛使用，其系列规格可查阅有关手册。其主要缺点是流体经过孔板的阻力损失较大，且孔口边缘容易磨损和磨蚀，因此对孔板流量计需定期进行校正。

2）转子流量计：

①转子流量计的结构和测量原理。

转子流量计的构造如图 6-17 所示，在一根截面积自下而上逐渐扩大的垂直锥形玻璃管内，装有一个能够旋转自如的由金属或其他材质制成的转子（或称浮子）。被测流体从玻璃管底部进入，从顶部流出。

当流体自下而上流过垂直的锥形管时，转子受到两个力的作用：一是垂直向上的推动力，它等于流体流经转子与锥管间的形环截面所产生的压力差；二是垂直向下的净重力，它等于转子所受的重力减去流体对转子的浮力。当流量加大使压力差大于转子的净重力时，转子就上升；当流量减小使压力差小于转子的净重力时，转子就下沉；当压力差与转子的净重力相等时，转子处于平衡状态，即停留在一定位置上。在玻璃管外表面上刻有读数，根据转子的停留位置，即可读出被测流体的流量。

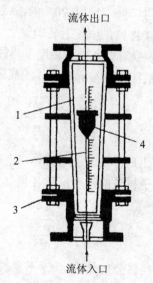

流体出口

流体入口

图 6-17 转子流量计

1—透明直管；2—移动导杆；3—孔板；4—浮子

当转子停留在某固定位置时，转子与玻璃管之间的环形面积就是某一固定值。此时流体流经该环形截面的流量和压强差的关系与孔板流量计的相类似，因此可得

$$q_s = C_R A_R \sqrt{\frac{2g V_f (\rho_f - \rho)}{A_f \rho}} \qquad (6\text{-}16)$$

式中，C_R——转子流量计流量系数，由实验测定或从有关仪表手册中查得；

A_R——转子与玻璃管之间的环形截面积，m^2；

q_s——流过转子流量计的体积流量，m^3/s。

由式 6-16 可知，流量系数 C_R 为常数时，流量与 A_R 成正比。由于玻璃管是一倒锥形，所以环形面积 A_R 的大小与转子所在位置有关，因而可用转子所处位置的高低来反映流量的大小。

②转子流量计的刻度换算和测量范围。

通常转子流量计出厂前，均用 20℃的水或 20℃、$1.013 \times 10^5 Pa$ 的空气进行标定，直接将流量值刻于玻璃管上。当被测流体与上述条件不符时，应作刻度换算。在同一刻度下，假定 C_R 不变，并忽略黏度变化的影响，则被测流体与标定流体的流量关系为：

$$\frac{V_{s2}}{V_{s1}} = \sqrt{\frac{\rho_1 (\rho_f - \rho)}{\rho_2 (\rho_f - \rho_1)}} \qquad (6\text{-}17)$$

式中下标 1 表示出厂标定时所用流体，下标 2 表示实际工作流体。对于气体，因转子材质的密度 ρ_f 比任何气体的密度要大得多，式 6-17 可简化为：

$$\frac{V_{s2}}{V_{s1}} = \sqrt{\frac{\rho_1}{\rho_2}}$$

必须注意：上述换算公式是假定 C_R 不变的情况下推出的，当使用条件与标定条件相差较大时，则需重新实际标定刻度与流量的关系曲线。

由式 6-16 可知，通常 V_f、ρ_f、A_f、ρ 与 C_R 为定值，则 V_s 正比于

A_R。转子流量计的最大可测流量与最小可测流量之比为:

$$\frac{V_{s\,max}}{V_{s\,min}} = \frac{A_{R\,max}}{A_{R\,min}} \qquad (6\text{-}18)$$

在实际使用时,如流量计不符合具体测量范围的要求,可以更换或车削转子。对同一玻璃管,转子截面积 A_f 小,环隙面积 A_R 则大,最大可测流量大而比值 $V_{s\,max}/V_{s\,min}$ 较小,反之则相反。但 A_f 不能过大,否则流体中杂质易于将转子卡住。

转子流量计的优点:能量损失小,读数方便,测量范围宽,能用于腐蚀性流体;其缺点:玻璃管易于破损,安装时必须保持垂直并需安装支路以便于检修。

第五节　热量测量

热量与温度一样,是热学中最基本的物理量。热量的测量,目前主要有两种方法,一种是采用热阻式或辐射式热流计测量单位时间内通过单位面积的热量(热流密度),然后求得通过一定面积的热量;另一种是采用热量表,测量在一段时间内通过设备(用户)的流体输送的热量。

一、热流密度的测量

热阻式热流传感器的工作原理是当热流通过平板或平壁时,由于平板具有热阻,在其厚度方向上的温度梯度为衰减过程,故平板两侧具有温差。利用温差与热流量之间的对应关系进行热流量的测量。

如果热流传感器材料和几何尺寸确定,那么只要测出热流传感器两侧的温差,即可得到热流密度。

热流传感器种类很多,常用的有用于测量平壁面的板式(WYP型)和用于测量管道的可挠(WYR 型)两种。其外形有平板形和圆弧形等,但工作原理都相同。

图 6-18 是平板热流传感器的结构图。平板热流传感器是由若干

块 10mm×100mm 热电堆片镶嵌于一块边框中制成。边框尺寸一般为 130mm×130mm 左右，材料是厚 1mm 左右的环氧树脂玻璃纤维板。热电堆片是由很多对热电偶串联绕在基板上组成，如图 6-19 所示。用于常温下测量的热流传感器，基板为层压板；用于高温下测量的热流传感器，基板为陶瓷片。由于采用串联连接，总热电势等于各分电势叠加。虽然基板两面温差 Δt 很小，但也会产生足够大的热电势。

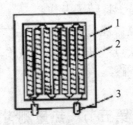

图 6-18　平板热流传感器结构图

1—边框；2—热电堆片；3—接线片

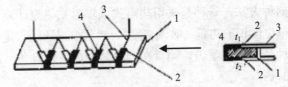

图 6-19　热电堆片示意图

1—基板；2—热电偶接点；3—热电极材料 A；4—热电极材料 B

　　热流传感器的热电势，早期采用电位差计、动圈式毫伏表以及数字式电压表进行测量，然后用标定曲线或经验公式计算出热流密度。近些年，成套的热流测试仪表开始在国内应用。目前应用的主要有两种，一种为指针的热流指示仪表，一种为数字式的热流指示仪表。随着微机技术的发展，我国自己开发的数据采集、显示和计算功能分开的智能型热流计专用仪表开始应用。图 6-20 为 SCQ—04 数据采集的原理框图。采集器由单片机、热流传感器（8 路）、热电偶（8 路）、信号切换电路、信号调理电路、A/D 转换等构成热流、温度测量单元；由单片机、存储器构成数据存储单元；由单片机、

RS232 接口构成数据通信单元。数据测定开始时间、结束时间、数据的采样周期、数据的通信方式，由计算机通过配套的通信软件设定。采集器内设有软件计时器，采集器根据设定的数据，自动测量数据，并存储在存储器中。测定结束后，取回存储器，用计算机通过配套的通信软件读取存储器中的数据，并进行数据分析、曲线绘制和测定报告输出。

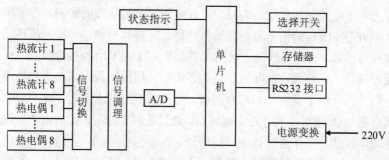

图 6-20　SCQ—04 数据采集的原理框图

二、热量及冷量的测量

热水热量测量原理与冷冻水冷量的测量原理相同，为此这里主要介绍热水热量的测量方法。

1. 热水热量测量原理

热水吸收或放出的热量，与热水流量和供回水焓差有关，它们之间的关系为

$$Q = \int \rho q_v (h_1 - h_2) \mathrm{d}\tau \qquad (6\text{-}19)$$

式中，Q——流体吸收或放出的热量，W；

q_v——通过流体的体积流量，m^3/s；

h_1，h_2——流进、流出流体的焓，J/kg。

由热力学知识可知，热水的焓值为温度的函数，因此只要测得供回水温度和热水流量，即可得到热水吸收（放出）的热量。热水

热量计量仪表，就是基于这个原理测量热水热量的。

2. 热水热量测量仪表的构造

热量表由流量传感器、温度传感器和计算器组成。早期的计算器体积较大，计算精度不是很高。自 20 世纪 80 年代以后，计算器开始采用微处理器芯片，使仪表体积变小、计算精度提高。温度传感器一般为铂电阻或热敏电阻，为减少导线电阻对测量精度的影响，多采用 Pt1000 或 Pt500 的铂电阻。流量传感器，主要有两种：一种为超声波流量传感器，一种为远传机械热水表。图 6-21 为常用的热量表的工作原理图。干式热水表的叶轮和表头之间有一层隔离板，将热水和外界分隔开。叶轮上下有一对耦合磁铁，当热水流过热水表时，叶轮上的耦合磁铁 A 随水表的叶轮一起转动，通过磁耦合作用，带动耦合磁铁 B 同步转动。耦合磁铁 B 的转动带动了齿轮组的转动，在齿轮组上带有 10L 或 1L 指针的齿轮上装有一小块磁铁 C，该磁铁通过齿轮组的转动与耦合磁铁 B 一起转动。在磁铁 C 的上部（侧面）安装一个干簧管，当磁铁 C 通过时，干簧管吸合；当磁铁 C 离开时，干簧管打开，这样输出一个脉冲信号，就代表 10L（1L）热水流量。输出的脉冲信号送至计算器，测得的给回水温度信号也送至计算器，计算器按照公式进行热量计算，并将计算结果进行存储和显示。

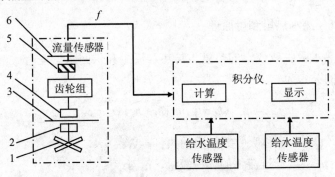

图 6-21　热量表工作原理图

1—叶轮；2—耦合磁铁 A；3—隔离板；4—耦合磁铁 B；

5—磁铁 C；6—干簧管

三、蒸汽热量的测量

蒸汽热量与蒸汽流量及蒸汽与凝水的焓差有关。蒸汽的热量同样可用式（6-19）计算。蒸汽的流量可以用流量计测得，过热蒸汽的焓可以通过测量蒸汽压力和温度求得，饱和蒸汽的焓可以通过测量过热蒸汽的温度求得。

图 6-22 是 NRZ—01 型蒸汽热量指示积算仪的原理图。该仪表适合于饱和蒸汽测量。它是用标准流量孔板将蒸汽流量信号转换成差压信号，再经差压变送器转换成 0～10mA 的信号，送给热量计。安装在供汽管上的铂电阻测量的蒸汽温度一并送入热量计。热量计进行蒸汽热量的计算，并进行热量的累积和显示。

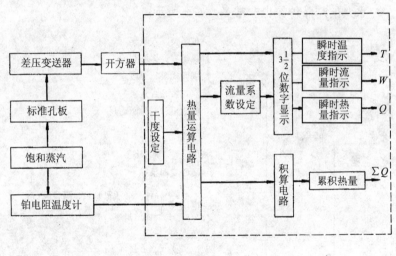

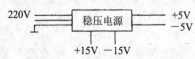

图 6-22　饱和蒸汽热量指示积算仪原理图

第七章　水泵的安装

第一节　水泵

一、水泵的分类

水泵的产品种类也非常多，如下所示：

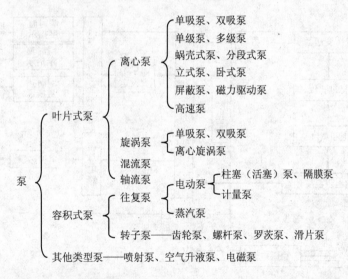

在此只分析工程上常见水泵，按照水泵的结构和工作原理主要可以分为容积式、叶片式。

1. 容积式水泵

容积式水泵又可以分为：往复式和回转式。

往复式泵的基本工作原理是借活塞在汽缸内的往复作用使缸内容积反复变化，以吸入和排出流体；回转式泵的工作原量是机壳内的转子或转动部件旋转时，转子与机壳之间的工作容积发生变化，借以吸入和排出流体，如活塞泵、齿轮泵、螺杆泵。

2. 叶片式水泵

叶片式泵又可以分为离心式、轴流式、混流式和贯流式，如图7-1所示，从左至右依次为离心式、轴流式、混流式水泵。

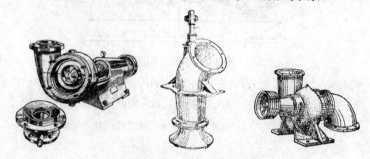

图 7-1　离心式、轴流式、混流式水泵

叶片式泵与风机的主要结构是可旋转、带叶片的叶轮和固定的机壳。通过叶轮旋转对流体做功，从而使流体获得能量。

二、水泵的主要构造

水泵的主要部件有叶轮、泵壳、泵轴、轴承、填缝密料等，图 7-2 为某排水泵结构图。

1. 叶轮

叶轮是指水泵中装有叶片的轮子，是水泵中将机械能转换成动能的主要部件。叶轮由叶片和轮毂两部分组成，叶片固定在轮毂上，在轮毂中间设穿轴孔与泵轴相连。叶轮的主要形式有半开式、开式和闭式。

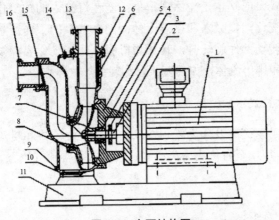

图 7-2　水泵结构图

1—电动机；2—泵轴；3—挡水圈；4—机械密封；5—泵盖；6—泵体；7—叶轮；
8—密封环；9—放水栓；10—底盘盖；11—底盘；12—气液分离管；
13—出口接管；14—加水阀；15—止回阀片；16—进口接管

2. 泵壳

泵壳的作用是将叶轮封闭在一定的空间，以便由叶轮的作用吸入和压出液体。泵壳多做成蜗壳形，故又称蜗壳。由于流道截面积逐渐扩大，故从叶轮四周甩出的高速液体逐渐降低流速，使部分动能有效地转换为静压能。泵壳不仅汇集由叶轮甩出的液体，同时又是一个能量转换装置。

3. 泵轴

泵轴是用来旋转泵叶轮的。泵轴与叶轮之间用键进行连接，由此带动叶轮旋转，将能量传递给叶轮。泵轴应具有足够的刚度和抗扭强度，常用碳素钢或不锈钢制造。

4. 轴承

轴承是用来支承泵轴，便于泵轴旋转。轴承有滑动轴承和滚动轴承，常用油脂或润滑油做润滑剂。

5. 轴封装置

轴封装置是用来密封泵轴与泵壳之间的间隙，防止漏水和空气吸入泵内，有机械密封和填料密封两种。密封装置各密封件的间隙应符合要求，松紧应以稍有水滴为宜，过紧会使泵轴与密封件间摩擦增大，降低水泵工作效率。

三、水泵的工作原理

1. 往复泵的工作原理

利用偏心轴的转动通过连杆装置带动活塞的运动，将轴的圆周转动转化为活塞的往复运动。活塞不断往复运动，泵的吸水与压水过程就连续不断地交替进行。

2. 离心式泵的工作原理

叶轮高速旋转时产生的离心力使流体获得能量，即流体通过叶轮后，压能和动能都得到提高，从而能够被输送到高处或远处。叶轮装在一个螺旋形的外壳内，当叶轮旋转时，流体轴向流入，然后转 90°进入叶轮流道并径向流出。叶轮连续旋转，在叶轮入口处不断形成真空，从而使流体连续不断地被泵吸入和排出。

3. 轴流式泵的工作原理

旋转叶片的挤压推进力使流体获得能量，升高其压能和动能，叶轮安装在圆筒形泵壳内，当叶轮旋转时，流体轴向流入，在叶片叶道内获得能量后，沿轴向流出。轴流式泵适用于大流量、低压力，制冷系统中常用作循环水泵。

第二节 水泵的安装

一、安装准备工作

（1）安装前应检查离心泵规格、型号、扬程、流量，电动机的型号、功率、转速；其叶轮是否有摩擦现象，内部是否有污物，水泵配件是否齐全等，均合乎要求后方可安装。

（2）检查水泵基础的尺寸、位置、标高是否符合设计要求。预留地脚螺栓孔位置是否准确，深度是否满足设备要求。

（3）采用联轴器直接传动时，联轴器应同心，相邻两个平面应平行，其间隙为 2～3 mm。

（4）出厂时水泵、电机已装配试调完善，可不再解体检查和清洗。

（5）水泵进、出管口内部和管端应清洗干净，法兰密封面不应损坏。

（6）按设计位置，在机组上方定好水泵纵向和横向中心线，以便安装时控制机组位置。

二、水泵安装

1. 卧式水泵安装

卧式水泵机组分带底座和不带底座两种形式。一般中小型卧式泵出厂时均将水泵和电机装配在同一铸铁底座上，较大型水泵出厂时不带底座，由使用者单独设置底座。

（1）带底座卧式水泵机组的安装：

1）先在基础上弹出机组中心线，并在地脚螺栓孔的四周铲平，保证螺栓孔周围在同一水平面上。

2）将机组吊起穿入地脚螺栓，放至基础上，调整底座位置，使机组中心与基础上的中心线相吻合。

3）用水平尺在底座加工面上检查是否水平，若不水平可在底座下靠近地脚螺栓附近，放置垫铁找平。每处垫铁叠加不宜多于3块。

4）用细石混凝土浇筑底座地脚螺栓预留孔，捣实后，待混凝土达到设计强度后，再次校正水泵和电动机的同心度和水平度，然后拧紧地脚螺栓。

5）用手转动联轴器，能轻松转动，无杂声为合格。

6）最后由土建人员用水泥砂浆，将底座与基础面之间缝隙填满，表面抹平压光。如图7-3所示。

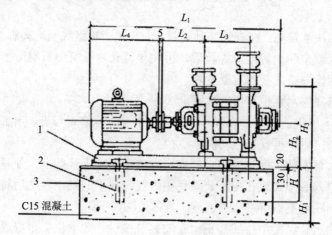

图 7-3　卧式水泵安装图

1—底座；2—地脚螺栓；3—混凝土基础

（2）不带底座卧式水泵的安装：

1）基础的施工：一般离心式水泵安装在混凝土独立基础上，其机组底座地脚螺栓的固定分为一次灌筑法和二次灌筑法。

一次灌筑法：就是在浇筑混凝土之前，先将地脚螺栓预先固定在模型架上，然后浇筑基础混凝土。一次浇成，将地脚螺栓固结在基础之中。其方法如图 7-4 所示。这种方法优点是地脚螺栓与基础混凝土整体性好、牢固；倘若螺栓固定不正或浇筑时螺栓移位，将给机组底座安装带来困难。

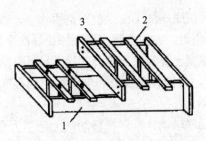

图 7-4　一次灌注地脚螺丝固定方法

1—固定模板；2—横木；3—地脚螺栓

二次灌筑法：在浇筑基础混凝土时，预留机组底座地脚螺栓孔，待机组就位和上好地脚螺栓后，再往预留孔内灌筑细石混凝土，将地脚螺栓固结在基础混凝土内。

带底座水泵也可用一次灌筑法。

2）机组的安装：安装顺序是先安水泵，待位置与进、出水管的位置确定后，再安装电动机。

水泵安装顺序是先将自制底座安放在混凝土基础上，使基础上螺栓穿入底座螺栓孔中，调整底座位置，找平、找正，之后将水泵吊放到底座上，再进一步调整，具体做法如下：

①水泵纵横中心线找正：在安装前按设计要求位置定好纵向和横向中心，然后挂线，用铅锤向下吊垂线，摆动水泵，使水泵纵横中心分别与垂线吻合。也可预先将纵横线，画在基础上，从水泵进出口中心和泵轴心向下吊线，调整水泵使垂线和基础上标记的中心线吻合。如图 7-5 所示。

②水平找正：调整水泵，使其成水平。常用方法有吊垂线或用精密度为 0.25mm 的方水平来找平，如图 7-6 所示。

吊垂线方法，是从水泵的进出口向下吊垂线，或者将方水平紧靠进出口法兰表面，调整机座下的垫铁，使水泵进、出口法兰表面上下至垂线的距离相等；或使方水平的气泡居中。对于 Sh 型水泵进、出口高程可使出水侧略高于进水侧 0.3mm/m，以防与进水侧相接的吸水管翘起，在高处存气，影响水泵的正常工作。

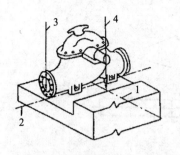
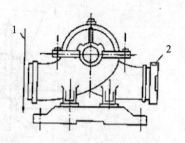

图 7-5　水泵纵横中心找正法　　**图 7-6　用垂线或方水平找平**

1、2—纵横中心线；3—水泵进、　　　　1—垂线；2—方水平

出口中心；4—泵轴中心

③水泵轴线高程找正：目的是使实际安装的水泵轴线高程与设计高程一致。常用水准仪测量，增减机座下垫块来满足高程上的要求。

上述找正均应在上紧螺栓状态下进行。

④电动机的安装：水泵找正后，将电机吊放到基础上与水泵联轴器相连，调整电动机使两者联轴器的径向间隙和横向间隙相等，达到两个联轴器同心且两端面平行，否则会使轴承发热或机组振动，影响正常运行。大型机组对正时应考虑电动机升温时温度影响值。

轴向间隙一般应大于两轴的窜动量之和，其值可参考下列数据：

小型水泵（吸入口径 300mm 以下）机组的轴向间隙为 2～4mm；

中型水泵（吸入口径 300～500mm 以下）机组的轴向间隙为 4～6mm；

大型水泵（吸入口径 500mm 以上）机组的轴向间隙为 4～8mm。

通常在已装好的联轴器上，用量角尺初找。要求安装精度高的大型机组，在联轴器上固定两只百分表，转动两联轴器 0°、90°、180°、270°，同时读出百分表径向和轴向的间隙值。要求径向允许误差小于 0.05～0.1mm；轴向允许误差小于 0.1～0.2mm。否则，在电动机底座下加减垫片或左右摆动电动机位置，使其满足上述要求。其百分表测定装置如图 7-7 所示。

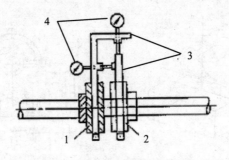

图 7-7　百分表测定间隙装置

1—水泵联轴器；2—电机联轴器；3—支架；4—百分表

2. 立式水泵安装

立式水泵安装主要将叶轮轴心与电动机轴心二者的同心度和垂直度，控制在允许偏差范围内。

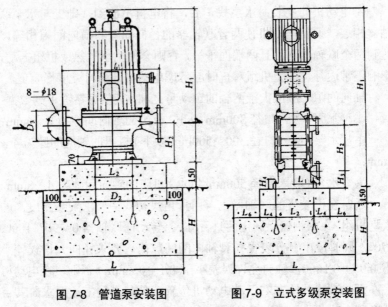

图 7-8　管道泵安装图　　　　图 7-9　立式多级泵安装图

图 7-8 为 GNY 型管道泵安装图和图 7-9 为 DL 型多级水泵安装

376

图，其基础呈台级状，施工时通常先浇筑地下部分的混凝土，此时预留机座地脚螺栓孔，待混凝土强度达到设计强度 75%以上后，在其上部支模，用架铁固定地脚螺栓，校对定位尺寸正确后，方可二次浇筑上部混凝土。

三、机组减振措施

机组运行时产生振动和噪声，为了减少噪声，可在机组底座下安装减振装置。图 7-10 为常用几种减振器，图 7-11 为水泵橡胶减振器机组安装图。

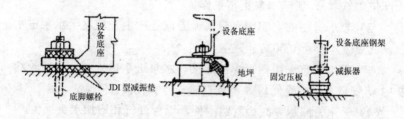

（a）减振垫减振　　　　（b）橡胶减振器减振　　　　（c）弹簧减振器减振

图 7-10　几种减振器图示

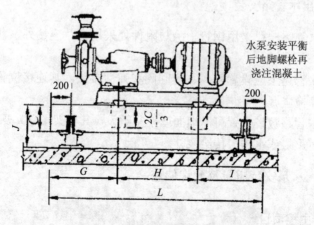

图 7-11　水泵橡胶减振器安装图

四、水泵进出管路安装

水泵进、出管安装时，应从泵进、出口开始分别向外接出。而且管道与泵体不得强行组合连接，管道重量不得附加给泵体，要设置支撑。

1. 吸水管路安装

吸水管路若处于负压状态下工作，其管道安装应满足以下要求：

（1）吸水管路变径时，应采用偏心大小头，使其上平下斜，防止产生"气囊"，影响水泵正常工作。

（2）吸水管路的安装应有沿水流方向连续上升坡度至水泵进水口，其坡度不小于 0.005。

（3）吸水管宜采用钢管焊接连接，水泵进水口处应有一段长约 2～3 倍管道直径的直管段，不宜直接与弯头相接。

（4）吸水管路尽量减少管路附件，以免漏气和增加水头损失。

（5）吸水管路应设支架和柔性接头，既可避免管道重量传给泵体，又有利于减振和便于拆卸。

2. 出水管路安装

出水管路一般采用钢管，除与附件处采用法兰连接外，其余多用焊接。

出水管路上应设置闸阀、止回阀和弹性接头，其连接位置应便于操作和检修。

出水管路敷设位置可沿地面或架空敷设，其支架（座）要牢固，防止管道重量或水击力传给泵体。

五、水泵安装质量及允许偏差

1. 主控项目

（1）水泵就位前的基础混凝土强度、坐标、标高、尺寸和螺栓孔位置必须符合设计规定。

检验方法：对照图纸用仪器和尺量检查。

（2）水泵试运转的轴承温升必须符合设备说明书的规定。

检验方法：温度计实测检查。

2．一般项目

离心式水泵安装的允许偏差和检验方法见表 7-1。

表 7-1　离心式水泵安装的允许偏差和检验方法

项目		允许偏差/mm	检验方法
离心式水泵	立式泵体垂直度（每 1m）	0.1	水平尺和塞尺检查
	卧式泵体水平度（每 1m）	0.1	水平尺和塞尺检查
	联轴器同心度 轴向倾斜（每 1m）	0.8	在联轴器相互垂直的四个位置
	径向位移	0.1	用水准仪、百分表和塞尺检查

六、试运转及故障排除

水泵的试运行是验收交工的重要工序。实践表明，泵的事故多发生在运行初期。通过试运行及时进行故障的排除。

1．试运行前的检查

水泵试运行前，应做全面检查，经检查合格后，方可进行试运转，检查的主要内容如下：

（1）电动机转向的检查，泵与电动机的转向必须一致。泵的转向可通过泵壳顶部的箭头确定，或通过泵壳外形辨别，这时只要启动电动机就可确认泵与电动机的旋转方向是否一致。如转向不一致，可将电动机的任意两根接线调换一下即可。

（2）每个润滑部位应先涂注润滑油脂，油脂的规格、数量和质量应符合技术文件的规定。轴箱内的油位应位于油窗的中间。

（3）检查各部位螺栓是否安装完好，各紧固连接部位不应松动。

（4）检查管道上的压力表、止回阀、闸阀等附件是否安装正确完好。吸水管上的阀门是否开启，压出管上的阀门是否关闭。

（5）用手盘车应灵活、正常。

2. 水泵的启动

水泵的启动多为"零流量启动"，即在出口阀门关闭的状态下启动水泵。泵启动时，不应使其一下子达到额定转速，而应做两三次反复启动和停止的操作后，再慢慢地增加到额定转速，达到额定转速后，应立即打开出口阀，出水正常后再打开压力表表阀。

3. 水泵的运行

水泵在设计负荷下连续试运转不少于 8h，并注意以下事项：

（1）压力、流量、温度和其他要求应符合设备技术文件的规定。

（2）无不正常的振动和噪声。

（3）轴箱油量及甩油环工作是否正常，滚动轴承温度不应高于 $80°$，滑动轴承温度不应高于 $70°$。

（4）渗漏量普通软填料密封每分钟不超过 $10\sim20$ 滴，机械密封每分钟不超过 3 滴，如渗漏过多，可适当拧紧压盖螺栓。

（5）运行中流量的调节应通过压出管路上的阀门进行，而不用进水阀门。

（6）检查备用泵和旁通管上的止回阀是否严密，以免运行中介质回流。

（7）注意进出口压力、流量、电流等工况。如压力急剧下降，可能吸入管有堵塞或吸入了污物和空气；如压力急剧上升，可能压出管有堵塞；如电流表指针跳动，可能泵内有磨研现象。

（8）离心泵的停车也应在出口阀全闭的状态下进行。

4. 运行故障与处理

运行故障大致分为泵不出水、流量不足、振动和杂声、消耗功率过大、轴承发热五个方面，其产生原因及相应的排除故障方法见表 7-2。

表 7-2 泵试运行的常见故障及排除方法

序号	故障类型	产生的原因	排除的方法
1	泵不出水	(1) 泵及吸入管启动前未灌满水 (2) 吸入管漏气 (3) 泵转速太低 (4) 底阀阻塞 (5) 吸入高度过大 (6) 泵转向不符 (7) 扬程超过额定值	(1) 再次充水直至充满 (2) 检查吸入管，消除漏气处 (3) 用转速表检查并加以调整 (4) 清理底阀阻塞物 (5) 降低泵的安装高度 (6) 改变电动机接线，使泵正转 (7) 降低扬程至额定值范围
2	流量不足	(1) 管路或底阀淤塞 (2) 填料不紧密或破碎而漏气 (3) 皮带太松打滑，转速低 (4) 吸入管不严密 (5) 出水闸阀未全部开启 (6) 抽吸流体温度过高 (7) 转速降低	(1) 清洗管路、底阀及泵体 (2) 拧紧填料压盖或更换填料 (3) 调节皮带松紧度或更换皮带 (4) 检查泄漏处，消除泄漏 (5) 开启 (6) 适当降低抽吸流体的温度 (7) 检测电压，使供电正常
3	振动和杂声	(1) 泵和电动机不同心 (2) 轴弯曲、轴和轴承磨损大 (3) 流量太大 (4) 吸入管阻力太大 (5) 吸入高程太大	(1) 校正同心度 (2) 校正或更换泵轴及轴承 (3) 关小压出管闸阀，调节出水量 (4) 检查吸水管及底阀，减小阻力 (5) 降低泵的安装高度
4	消耗功率过大	(1) 填料盖压得太紧 (2) 叶轮转动部分和泵体摩擦 (3) 泵内部淤塞 (4) 轴颈磨损，温度升高 (5) 转速太高，流量扬程不符	(1) 旋松填料压盖螺母 (2) 检查泵轴承间隙，消除摩擦 (3) 检查清洗泵内部 (4) 更换轴承 (5) 调整转速
5	轴承发热	(1) 润滑脂过多或过少 (2) 泵和电机不同心 (3) 滚珠轴承和托架压盖间隙小 (4) 皮带过紧 (5) 润滑油（脂）质量不佳	(1) 过多的减少，不足的补加 (2) 校正同心度 (3) 拆开压盖加垫片，调整间隙值 (4) 调整皮带松紧度 (5) 更换润滑油（脂）

第八章 室外管道安装

第一节 室外给排水管道安装

一、给排水管道分类

室外给排水管道可根据输送介质和介质压力进行分类。

（1）按介质分类见表 8-1。

表 8-1 给排水管道按介质分类

序 号	分类名称	性 质
1	饮用水管道	输送生活用水，保证水质不被污染
2	消防供水管道	输送室内外消防用水，保证消防可靠性
3	污水排水管道	保证管道坡度，使水自流通畅
4	雨水排水管道	保证管道坡度，使水自流通畅
5	生产水管道	生产工艺及设备用水
6	循环水管道	设备冷却等用水

（2）按介质压力分类见表 8-2。

表 8-2 给排水管道按介质压力分类

序号	分类名称	性质压力 p/MPa	适用管道
1	无压管道	0	污水及雨水排水管道
2	常压管道	$0 < p \leqslant 0.6$	饮用水、生产水、循环水管道
3	超常压管道	$p > 0.6$	消防水管道

二、给水管道安装

1. 管道铺设技术要求

（1）管道应铺设在原状土地基上或开挖后经过回填处理达到设计要求的回填层上。

（2）铺设管道时，可将管材沿管线方向排放在沟槽边上，然后依次放入沟底。其承口应对着水流方向，插口应顺着水流方向。

（3）下管，是指把管子从地面放入沟槽内。管道下管方法可分为人工下管和机械下管；集中下管和分散下管；单节下管和组合下管等方式。人工下管法可采用溜管法、压绳下管法和搭架倒链下管法等多种形式。图 8-1 为压绳下管法示意图。下管方法的选择可根据管径大小、管道长度和重量、管材和接口强度、沟槽和现场情况及拥有的机械设备量等条件确定。当管径较小、重量较轻时，一般采用人工下管；当管径较大、重量较重时，一般采用机械下管。在不具备下管机械的现场，或现场条件不允许时，可采用人工下管。下管时应谨慎操作，保证人身安全。操作前，必须对沟壁情况、下管工具、绳索、安全措施等认真地检查。

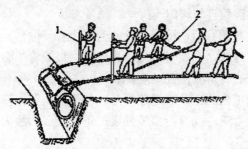

图 8-1　压绳下管法

1—撬棍；2—下管大绳

人工下管时，将绳索的一端拴固在地锚，拉住绕过管子的另一端，并在沟边斜放滑木至沟底，用撬棍将管子移至沟边，再慢慢地放绳，使管沿着滑木滚下，如图 8-2 所示。如果管子过重，人力拉绳困难时，可把绳子的另一端在地锚上绕几圈，依靠绳子与桩的摩擦力较省力，且可避免管子冲击而造成断裂事故或安全事故。为保证操作安全拉绳不少于两根，且沟底不能站人。为防止事故发生，机械吊管要注意上方高压线或地下电缆。

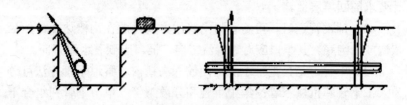

图 8-2　下管操作

机械下管时，一般应将绳索绕管起吊，如需用卡、钩吊装时，应采取相应的保护措施以防止损伤管子。

（4）下至沟底的铸铁管在对口时，可将管子插口稍稍抬起，然后用撬棍在另一端用力将管子插口推入承口，再用撬棍将管子校正，使承插间隙均匀，并保持直线，管子两侧用土固定。遇有需要安装阀门处，应先将阀门与其配合的甲乙短管安装好，而不能先将甲乙短管与管子连接后再与阀门连接。

管子铺设并调直后，除接口外，为防止管子位移，防止在捻口时将已捻管口振松，应及时覆土。稳管时，每根管子必须仔细对准中心线，接口的转角应符合规范要求。

（5）在沟槽内施工的管道连接处，便于操作要挖槽作坑；采用橡胶圈接口的管道，允许沿曲线铺设，每个接口的最大偏转角不得超过 2°。

（6）管道安装完毕后应按设计要求防腐。

2. 室外给水管道安装

（1）铸铁管接口：承插铸铁管接口分为刚性接口和柔性接口，如图 8-3 所示。

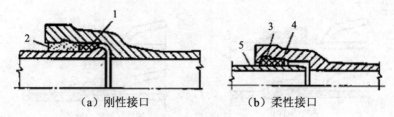

（a）刚性接口 　　　　　（b）柔性接口

图 8-3　接口形式

1—嵌缝材料；2—密封材料；3—橡胶圈；4—承口；5—插口

1）油麻石棉水泥接口：

①安装前，应对管材的外观进行检查，对于有裂纹、毛刺等的管材不能使用。

②插口装入承口前，应将承口内部和插口外部清理干净，用气焊烤掉承口内及插口外的沥青。

③铸铁管全部放稳后，为防止泥土及杂物进入，暂将接口间隙内填塞干净的麻绳等。

④接口前挖好操作坑。

⑤如口内填麻丝时，应将堵塞物拿掉，填麻的深度为承口总深的 1/3，为保证接口环形间隙均匀，填麻应密实均匀。

⑥打麻时，应先打油麻后打干麻。应把每圈麻拧成麻辫，麻辫直径等于承插口环形间隙的 1.5 倍，长度为周长的 1.3 倍左右为宜。打锤要用力，凿凿相压，一直打到铁锤打击时发出金属声为止。

⑦将配置好的石棉水泥填入口内（不能将拌好的石棉水泥用料放置超过 30min 再打口），应分几次填入，每填一次应用力打实，应凿凿相压，第一遍贴里口打，第二遍贴外口打，第三遍朝中间打，打至呈油黑色为止，最后轻打找平，如图 8-4 所示。采用膨胀水泥接口时，也应分层填入并捣实，最后捣实至表层面返浆，且比承口边缘凹进 1～2mm 为宜。

⑧接口完毕，应速用湿泥或用湿草袋将接口处周围覆盖好，并用虚土埋好进行养护。天气炎热时，为防止热胀冷缩损坏管口，还应铺上湿麻袋等物进行保护。在太阳暴晒时，应随时洒水养护。

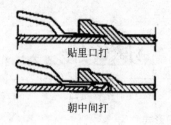
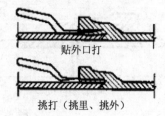

贴里口打 　　　　　　　　　贴外口打

朝中间打 　　　　　　　　　挑打（挑里、挑外）

图 8-4　铸铁承插管打口基本操作法

2）橡胶圈接口：

①安装程序为：清理单管口→在插口外表面和橡胶圈上刷润滑剂（肥皂水）→在承口内上橡胶圈→安装顶进设备→顶入就位→检查。

②安装要点。如管体有向上放置标志，应按标志放置。橡胶圈应在承口槽内，用手压实，如图 8-5 所示。顶进设备选用应根据管子规格、施工条件选用，常用的有手扳葫芦、倒链、千斤顶、钢丝绳等，如图 8-6 所示。

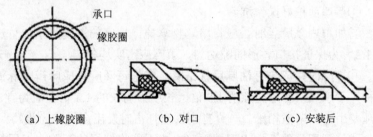

（a）上橡胶圈　　　　　　（b）对口　　　　　　（c）安装后

图 8-5　橡胶圈安装

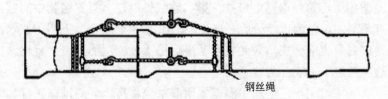

钢丝绳

图 8-6　推入式手扳葫芦

（2）硬聚氯乙烯管接口：

1）检查管材、管件、橡胶圈的质量。

2）用清洁的棉纱或干布将插入管内插口外表面和承口内表面擦拭干净，不得有土或其他杂物。

3）将橡胶圈正确安装在承口沟槽区中，不得装反或扭曲。

4）用毛刷将润滑剂均匀地涂在橡胶圈和插口端外表面上，不得将润滑剂涂到承口沟槽内。

5）将插口对准承口，保持管段平直，用手动葫芦或其他拉力机具将管一次插入至标志线，如图 8-7 所示。

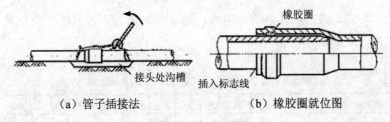

（a）管子插接法 　　　　　　（b）橡胶圈就位图

图 8-7　接口示意图

（3）镀锌钢管安装：

1）镀锌钢管安装要全部采用镀锌配件变径和变向，不能用加热的方法制成管件，加热会使镀锌层遭到破坏而影响防腐能力，也不能以黑铁管零件代替。

2）铸铁管承口与镀锌钢管连接时，镀锌钢管插入的一端要翻边防止水压试验或运行时脱出；另一端要将螺纹套好。简单的翻边方法可将管端等分锯几个口，用钳子逐个将它翻成相同的角度即可。

3）管道接口法兰应安装在检查井内，不得埋在土壤中；如必须将法兰埋在土壤中，应采取防腐蚀措施。

给水检查井内的管道安装，如设计无要求，井壁距法兰或承口的距离为：

管径 $DN \leqslant 450mm$，应不小于 250mm；

管径 $DN > 450mm$，应不小于 350mm。

（4）管道的冲洗消毒：

新铺的给水管道竣工后，或旧管道检修后，均应进行冲洗消毒。冲洗消毒前，应把管道中已安装好的水表拆下，以短管代替，使管道接通，并把需冲洗消毒的管道与其他正常供水干线或支线断开。消毒前，先用高速水流冲洗水管，在管道末端选择几点将冲洗水排出。当冲洗到所排出的水内不含杂质时，即可进行消毒处理。

进行消毒处理时，先把消毒段所需的漂白粉放入水桶内，加水搅拌使之溶解，然后随同管内充水一起加入到管段，浸泡 24h。最后放水冲洗，并连续测定管内水中漂白粉的浓度和细菌含量，直至合格为止。

对新安装的给水管道的消毒，每 100m 管道用水及漂白粉用量可按表 8-3 选用。

表 8-3　每 100m 管道消毒用水量及漂白粉量

管径 DN/mm	15～50	75	100	150	200	250	300	350	400	450	500	600
用水量/m³	0.8～5	6	8	14	22	32	42	56	75	93	116	168
漂白粉用量/kg	0.09	0.11	0.14	0.14	0.38	0.55	0.93	0.97	1.3	1.61	2.02	2.9

3. 室外消防系统安装

（1）消防水泵接合器安装：

1）室外地下式消防水泵接合器安装：

①阀门和接口本体应设置在预制好的支墩上。

②接口本体距设备井盖底部不大于 400mm。

③室外地下式消防水泵接合器的安装，见图 8-8 及表 8-4。

④阀门井应根据实际情况采用相应的井盖，并做永久标识。

2）墙壁式消防水泵接合器安装：

①阀门和接口本体应设置在预制好的支墩上。

②接口本体距设备井盖底部不大于 700mm。

③墙壁式消防水泵接合器的安装，见图 8-9 及表 8-5。

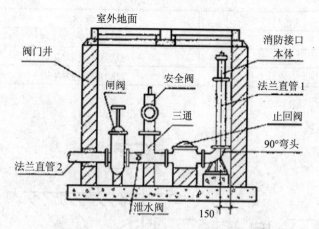

图 8-8 室外地下式消防水泵接合器的安装

表 8-4 室外地下式消防水泵接合器安装规格

名称	规格
消防接口本体	$DN100$ 或 $DN150$
止回阀	$DN100$ 或 $DN150$
安全阀	$DN32$
闸阀	$DN100$ 或 $DN150$
三通	100×32 或 150×32
90°弯头	$DN100$ 或 $DN150$
法兰直管 1	$DN100$ 或 $DN150$
泄水阀	$DN25$
法兰直管 2	$DN25$
阀门井	$DN100$ 或 $DN150$

表 8-5 墙壁式消防水泵接合器规格

名称	规格
消防接口本体	$DN100$ 或 $DN150$
止回阀	$DN100$ 或 $DN150$
安全阀	$DN32$
闸阀	$DN100$ 或 $DN150$

名称	规格
三通	100×32 或 150×32
法兰直管	DN100 或 DN150
泄水阀	DN100 或 DN150

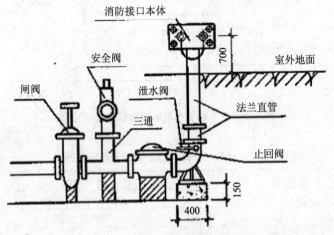

图 8-9 墙壁式消防水泵接合器安装

（2）室外消火栓安装：

1）消火栓的配置：为了满足灭火供给强度的需要，消火栓的配置要求见表 8-6。

表 8-6 消火栓的配置要求

公称压力/MPa	保护半径/m	配置要求	
		间距/m	数量
1.0	150	不超过 120	按消火栓间距布置
1.6	60	不超过 60	

2）地下消火栓规格及安装：

①地下消火栓的外形及参数：地下消火栓的外形如图 8-10 所示，基本参数见表 8-7。

表 8-7　地下消火栓基本参数

公称通径/	出水口径/mm		公称压力/	开启高度/	适用介质
mm	单出口	双出口	MPa	mm	
100	100	65×65	1.0，1.6	50	水、泡沫混合液

地下消火栓有单出口和双出口之分，双出口地下消火栓如图 8-10 所示。且其出水口径大小也有区别，型号规格分别为 SA100 和 SA65。在本体与阀体之间还可根据不同的管道埋深要求加接 250～1 500mm 长的法兰接管。

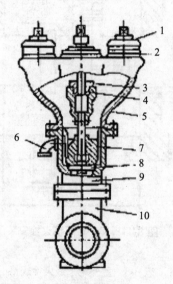

图 8-10　地下消火栓（双出口）

1—闷盖；2—出水口接口；3—阀杆螺母；4—阀杆；5—本体；

6—排水阀；7—阀瓣；8—阀座；9—阀体；10—弯管

②室外地下消火栓的安装：

a. 安装时，消火栓井内径为 φ1 200mm，消火栓三通支墩为：240mm×150mm×300mm 混凝土支墩。

b. 消火栓顶部应距室外地面 300～500mm。

c. 采用钢制三通时，其内、外壁应做防腐处理。

d. 具体安装参见图8-11及表8-8。

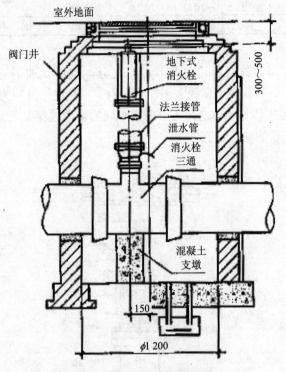

图 8-11　室外地下消火栓安装

表 8-8　室外地下消火栓规格

名称	规格	
	1.0MPa	1.6MPa
地下消火栓	SA100-1.0	SA100-1.6
消火栓三通	铸铁或钢制三通	钢制三通
法兰接管	—	
泄水管	—	
混凝土支墩	240mm×150mm×300mm	
阀门井	ϕ1 200	

3）地上消火栓规格及安装：

地上消火栓的外形及参数：地上消火栓（SS 型）的外形如图 8-12 所示，基本参数见表 8-9。它的型号规格有 SS100 及 SS150。

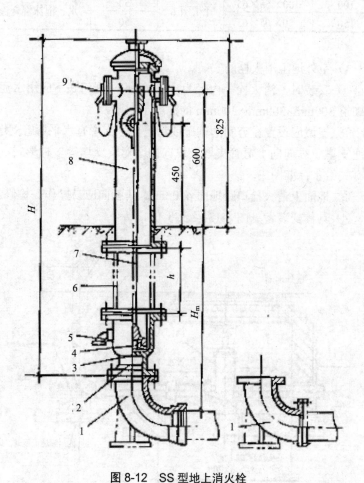

图 8-12　SS 型地上消火栓

1—弯管；2—阀体；3—阀座；4—阀瓣；5—排水阀；

6—法兰接管；7—阀杆；8—本体；9—出水口接口

表 8-9　地上消火栓基本参数

公称通径/mm	出水口径/mm	公称压力/MPa	开启高度/mm	适用介质
100	100×65×65	1.0，1.6	50	水、泡沫混合液
150	150×65×65		50	

4）室外地上消火栓的安装：

① 安装时，消火栓井内径为 $\phi1\,200$mm，阀门底下应用水泥砂浆砌筑 300mm×300mm×300mm 的混凝土支墩。

② 支墩应设置在夯实的基础或垫层上。支墩有水平弯管支墩、三通支墩、纵向向上弯管支墩及纵向向下弯管支墩等多种形式，详见有关给水标准图集。

③ 地面上消火栓口距地面 450mm，其朝向应易操作、检修。

④ 具体安装参见图 8-13 及表 8-10。

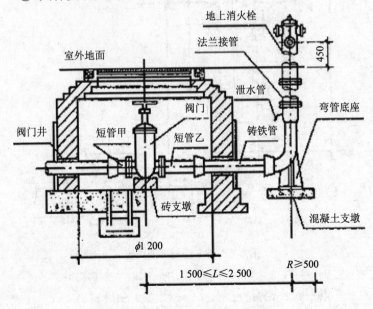

图 8-13　室外地上消火栓安装

表 8-10 室外地上消火栓各种部件规格

名称	规格	
	1.0MPa	1.6MPa
地上消火栓	SS100-1.0	SS100-1.6
阀门	Z45T-1.0Q，DN100	Z41T-1.6Q，DN100
弯管底座	DN100×90°承盘	DN100×90°双盘
法兰接管	—	
短管甲	DN100	
短管乙	DN100	
铸铁管	DN100	
泄水管	—	
阀门井	φ1 200	
砖支墩	300mm×300mm×300mm	
混凝土支墩	400mm×400mm×100mm	

三、排水管道安装

室外排水管道一般包括污水管道、雨水管道和中水管道施工。按照管道敷设方法可分为开槽法施工和不开槽法施工。开槽法施工，一般分项工程包括土方开挖、施工排水、管道基础、下管与稳管、管道接口、构筑物砌筑和土方回填等分项工程。不开槽法施工，是指在铺设地下管道时不需要在地面上全线开挖施工，而只需在管线特定位置设工作坑，进行地下管道铺设。

1. 排水管道安装方法

排水管开槽法安装方法归纳有平基法、垫块法和"四合一"施工方法，见表 8-11。

表 8-11　排水管道安装方法

方法	平基法安装	垫块法安装	"四合一"施工法
安装程序	支设平基模板→浇筑平基混凝土→下管和稳管→支设管座模板→浇筑管座混凝土→管口抹带→养护→砌筑检查井→闭水试验（污水管）→沟槽回填等工序	预制和安装垫块→下管和稳管→支设管基和管座模板→浇筑管基和管座混凝土→抹带→养护等安管工序	在排水管道施工中，把"混凝土平基、稳管、管座形成、抹带"四道工艺一起施工。工序为：验收沟槽→支模板→下管和排管→"四合一"操作→养护
注意事项	（1）支设模板注意事项： 1）可选用木模板、钢木混合模板，土质好，平基也可用土模； 2）模板制作应便于分层浇筑混凝土时尽快支搭，接缝严密，防止漏浆； 3）平基模板沿基础边线垂直竖立，内模可用钢钎支撑，外侧用撑木撑牢； 4）模板支设尺寸应符合设计要求并满足允许偏差范围。 （2）浇筑平基混凝土注意事项： 1）验槽合格后，尽快浇筑平基混凝土，减少扰动地基的可能性； 2）严格控制平基顶面高程，只允许低于设计高程 10mm，不得高于设计标高，以免影响稳管高程； 3）平基混凝土强度达到 5MPa 以上，方可下管和稳管； 4）混凝土浇筑后至终凝前，防止沟槽内积水	（1）预制垫块： 1）垫块尺寸边长等于 0.7 倍管径，边宽等于高度（厚度），厚度等于平基厚度； 2）每节管一般安置两块垫块； 3）混凝土垫块强度与平基混凝土强度相同 （2）稳管： 1）垫块安置要平稳、高程符合设计要求； 2）稳管对中、对高程和管口间隙与平基法相同； 3）若采用套环式接口形式，应在稳管前将套环放入管身一侧，再进行稳管； 4）稳管时，为防止管身从垫块上滚下伤人，管身与垫块之间可用石子垫牢	（1）管座为 90°包角时，可用 150mm 方木支模。模板支设要牢固； （2）管座包角为 135°时，为防止排管、运管时模板位移，模板可分两次支设，支设要牢固； （3）下管、排管宜靠近模板，便于安装操作

396

方法	平基法安装	垫块法安装	"四合一"施工法
	（3）浇筑管座混凝土注意事项： 1）混凝土浇筑之前，平基表面先凿毛、冲洗干净； 2）管身与平基接触三角区部位，应先填满混凝土并注意振捣密实，且管身不得移位； 3）浇筑管座混凝土，应两侧同时进行，防止挤偏管子； 4）管径 $DN \leqslant 500$mm，可用麻袋球拖拉管内将管道接口处渗入灰浆拉平； 5）若为钢丝网水泥砂浆抹带，在浇筑管座混凝土时，将钢丝网片插入管座混凝土接口两侧，位置符合抹带要求	（3）浇筑混凝土注意事项： 1）检查模板支设是否符合要求，验收合格后方可进行下道工序； 2）为保证浇筑密实，开始浇筑混凝土，应从检查井处开始为宜，先从管身一侧下混凝土，振捣后从管下部涌向另一侧时，再从两侧下混凝土； 3）采用钢丝网水泥砂浆抹带时，及时将钢丝网片插入管座部位，要求同上； 4）采用套环接口、沥青麻布接口及承插式接口等多种形式，接口合格后，再浇筑管座混凝土	

2. 施工工艺

（1）下管：

1）根据管径大小、现场条件，合理选择下管方法。可采用人工下管法和机械下管法。

2）为减少沟内运管，尽可能采用沿沟槽分散下管。

3）沟内排管应将管子先放在沟槽同一侧，并留出检查井的位置。

4）承插式混凝土管，下管时承口方向与水流方向相反排放。

5）沟槽内运管，若与支撑横木矛盾时，应先倒撑，后下管。

（2）稳管：稳管是指将每节管子按照设计的标高、中心位置和坡度稳定在基础上。稳管工作包括管子对中、对高程、对管口间隙和坡度等操作环节。

1）稳管对中控制的方法有中心线法和边线法，见表 8-12。

表 8-12　稳管对中控制方法

方法	内容
中线法	由测量人员将管中心测设在坡度板上，稳管时，由操作人员挂上中心线，在中心线上挂一垂球，稳管时，在管内放置一块带有中心刻度的水平尺，然后移动管身，使其垂线与水平尺的中心刻度对正，不超过允许偏差值，即为对中结束。对中过程中也要满足高程和管口间隙要求
边线法	当沟槽不便设置坡度板或用中线法不方便时，可采用边线法。稳管时，在中心线一侧，钉一排边桩，其高度接近管子半径。挂边线时，使边线距中心线的距离等于管外径的 1/2 加一常数。稳管时使管外皮与边线距离等于该常数，即为对中合格

2）稳管高程控制：将相邻坡度板上的高程钉用线连成坡度线，稳管时，使坡度线上任何一点至管内底的垂直距离为一常数（或称下反数），操作人员调整管子高程，使下反数的标志与坡度线重合，表明稳管高程合格。

稳管工作，对高程和对中心的操作是同时进行的，操作人员相互配合。稳好后管节下部用石子垫牢，再继续稳下一节管，但要注意管口间隙符合要求，而且两节管口外皮要平滑，无错台。

（3）混凝土排水管道接口：混凝土管和钢筋混凝土管的管口形状有平口、企口和承插口等。管口连接有刚性和柔性两种类型。刚性接口主要密封材料用水泥砂浆，柔性接口所用密封材料为沥青或橡胶圈等。混凝土排水管道接口见表 8-13。

表 8-13　混凝土排水管道接口

接口形式	水泥砂浆抹带接口	钢丝网水泥砂浆接口
操作程序	检查稳管质量→浇筑管座混凝土→管外皮抹带处凿毛和清洗→勾捻管内外管缝→抹带→接口养护等过程	
操作要点	（1）所用水泥、砂子、配合比应符合设计要求； （2）抹带前将管口及管带覆盖上的管外皮刷洗干净，并涂一道水泥浆为宜； （3）管径 $DN \leqslant 400mm$ 时，抹带可一次完成；管径 $DN > 400mm$ 时，应分两次完成，抹底层时注意找正管缝，第一遍抹带厚度约为带厚 1/3，压实表面后画出线槽，以利于与第二次结合。用弧形抹子捋压成形，初凝后再用抹子赶光压实； （4）基础管座与抹带相接处混凝土表面应凿毛后，再抹带； （5）抹带完成后，应及时用湿纸袋覆盖，注意洒水养护； （6）管径 $DN \geqslant 600mm$，应进入管内勾内缝，勾内缝应在抹带砂浆终凝后进行。管径较小时，配合浇筑管座混凝土，用麻袋球拖拉，将进入管内的灰浆拉平； （7）冬季进行抹带时，应遵照有关冬期施工要求，采取防冻措施	（1）在浇筑管座混凝土时，将钢丝网片插入接口处，位置靠近管口间隙居中，插入深度适当； （2）抹带前管口凿毛、刷洗干净，并刷一道水泥浆； （3）钢丝网的规格一般为 20 号 10mm×10mm 钢丝网，事先截好，留出搭接长度； （4）抹第一层砂浆厚度 15mm 左右，压实后将钢丝网片从下向上兜起，紧贴底层砂浆，上部搭接长度不小于 100mm，用 20 号或 22 号镀锌铁丝绑牢，使钢丝网表面平整； （5）待第一层砂浆初凝后再抹第二层砂浆，赶光压实。带宽为 200mm，带厚 25mm

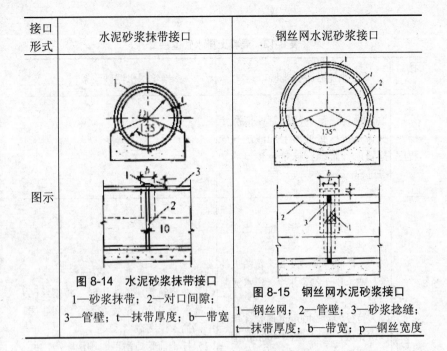

接口形式	水泥砂浆抹带接口	钢丝网水泥砂浆接口
图示	图 8-14 水泥砂浆抹带接口 1—砂浆抹带；2—对口间隙； 3—管壁；t—抹带厚度；b—带宽	图 8-15 钢丝网水泥砂浆接口 1—钢丝网；2—管壁；3—砂浆捻缝； t—抹带厚度；b—带宽；p—钢丝宽度

第二节 室外采暖管道安装

室外采暖管道的管材有焊接钢管、无缝钢管和螺旋电焊钢管等，其敷设方式有直埋敷设、架空敷设和地沟敷设三种。

一、直埋敷设

直埋敷设是将供热管道直接埋于土壤中的一种方式。供热管网采用无沟敷设在国内外已得到广泛应用。目前，采用最多的结构形式为整体式预制保温管，即将采暖管道、保温层和保护外壳三者紧密地粘接在一起，形成一个整体，如图 8-16 所示。

预制保温管多采用硬质聚氨酯泡沫塑料作为保温材料。它是由多元醇和异氢酸盐两种液体混合发泡固化而成的。硬质聚氨酯泡沫塑料的密度小，导热系数低，保温性能好。吸水性小，并具有足够的机械强度，但耐热温度不高。

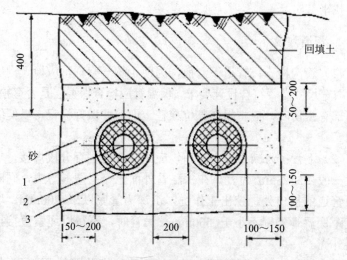

图 8-16　预制保温管直埋敷设示意图
1—钢管；2—硬质聚氨酯泡沫塑料保温层；3—高密度聚乙烯保温外壳

预制保温管的保护外壳多采用高密度聚乙烯硬质塑料管。高密度聚乙烯具有较高的机械性，耐磨损、抗冲击性能较好；化学稳定性好，具有良好的耐腐蚀性和抗老化性能。它可以焊接，便于施工。

预制保温管在工厂或现场制造。为方便在现场管线的沟槽内焊接，预制保温管的两端，留有约 200mm 长的裸露钢管，最后再将接口处作保温处理。

施工安装时在管道槽沟底部要预先铺约 100～150mm 厚的 1～8mm 粗砂砾夯实，管道四周填充砂砾，填砂高度约 100～200mm 后，再回填原土并夯实。

1. 管沟开挖

根据设计图纸的位置，进行测量、打桩、放线、挖土、地沟垫层处理等。挖沟时将取出的土堆放在沟边侧，土堆底边应与沟边保持 0.6～1.0m 的距离，沟底要求是自然土壤（坚实土壤），以便管道安装。如果是松土回填或沟底是砾石，为防止管道弯曲受力不均，要求找平夯实。

2. 管道敷设

（1）管沟检查：管道下沟前，为便于统一修理，应检查沟底标高、沟宽尺寸是否符合设计要求，保温管应检查保温层是否有损伤，如局部有损伤时，应将损伤部位放在上面，并做好标记，以便统一修理。

（2）下管：为减少固定焊口，应先在沟边进行分段焊接，每段长度一般 25～35m 为宜。在保温管外面包一层塑料薄膜，同时在沟内管道的接口处，挖出工作坑，坑深为管底以下 200mm，坑内沟壁距保温管外壁不小于 500mm。吊管时，不得以绳索直接接触保温外壳。

（3）管子连接：管子就位后，清理管腔找平找直后进行焊接。有报警线的预制保温管，安装前应测试报警线的通断状况和电阻值，合格后再下管进行对口焊接。报警线应装在管道上方。若报警线受潮，应采取预热、烘烤等方式干燥。

3. 接口保温

（1）套袖安装：接口保温前，首先将接口需要保温的地方用钢刷和砂布打净，将套袖套在接口上，套袖与外壳保护管间用塑料热空气焊连接，也可采用热收缩套。两者间的搭接长度每端不小于 30mm，安装前须做好标记，保持两端搭接均匀。为备试验和发泡时使用，在套袖两端各钻一个圆锥形孔。

（2）接头气密性试验：套袖安装完毕后，发泡前应进行气密性试验。将压力表和充气管接头分别装在两个圆孔上，通入压缩压气，充气压力为 0.02MPa。检查合格后，拆除压力表和充气管接头。

（3）发泡：从套袖一端的圆孔注入配制好的发泡液，另一端的圆孔则用作排气，灌注温度保持在 15～35℃；为提供足够的发泡时间，确保保温材料发泡膨胀后能充满整个接头的环形空间，操作不能太快。发泡完毕，即用与外壳相同材料注塑堵死两个圆孔。

4. 回填土夯实

回填土时，要在保温管四周填 100mm 细砂，再填 300mm 素土，用人工分层夯实。管道穿越马路处埋深少于 800mm 时，应做套管或做成简易管沟加盖混凝土盖板，沟内填砂处理。

二、架空敷设

架空敷设是在地面上或建筑物的附墙支架上的敷设方式。供热管道架空敷设是较为经济的一种敷设方式。它具有不受地下水位和土质的影响，便于运行管理，易于发现并消除故障的优点，但占地面积较多，管道热损失大，影响城市美观。

1. 架空敷设形式

供热管道架空敷设的独立支架按照支架的高度不同，可有以下三种架空敷设形式，如图 8-17 所示。

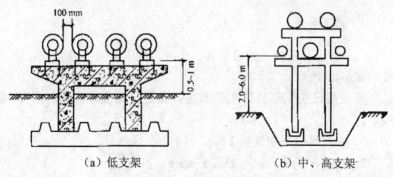

（a）低支架 　　　　　（b）中、高支架

图 8-17　独立支架

（1）低支架：在不妨碍交通、不影响厂区扩建的场合，可采用低支架敷设。通常是沿着工厂的围墙或平行于公路或铁路敷设。采暖管道保温结构底距地面净高不得小于 0.3m，以避免雨雪的侵袭，

低支架敷设可以节省大量土建材料，建设投资小，施工安装方便，维护管理容易，但其适用范围太窄。

（2）中支架：在人行频繁和非机动车辆通行地段，可采用中支架敷设。管道保温结构底距地面净高为 2.0～4.0m。

（3）高支架：管道保温结构底距地面净高为 4m 以上，一般为 4.0～6.0m。其在跨越公路、铁路或其他障碍物时采用。

架空敷设的供热管道可以和其他管道敷设在同一支架上，但应便于检修，且不得架设在腐蚀性介质管道的下方。

架空敷设所用的支架按其构成材料可分为砖砌、毛石砌、钢筋混凝土结构（预制或现场浇灌）、钢结构和木结构等。

支架多采用独立式支架，为了加大支架间距，有时采用一些辅助结构，如在相邻的支架间附加纵梁、桁架、悬索、吊索等，从而构成组合式支架。

架空敷设通常适用于：地下水位较高，年降雨量大，土质为湿陷性黄土或腐蚀性土壤；选用地下敷设时，必须进行大量土石方工程或地形复杂的地段，地下设施密度大，难以采用地下敷设的地段；在工业企业中有其他管道，可共架敷设的场合。

2．施工要求

（1）按设计规定的安装位置、坐标，量出支架上的支座位置，安装支座。

架空敷设的供热管道安装高度，如设计无要求，应符合下列规定：

1）人行地区不应低于 2.5m。

2）通行车辆地区，不应低于 4.5m。

3）跨越铁路距轨顶不应低于 6m。

4）安装高度以保温层外表面计算。

（2）支架安装牢固后，进行架设管道安装，管道和管件应在地面组装，长度以便于吊装为宜。

（3）按预定的施工方案进行管道吊装。架空管道的吊装使用机械或桅杆，如图 8-18 所示。绳索绑扎管子的位置要尽可能使管子不受弯曲或少弯曲。架空敷设要按照安全操作规程施工。为防止管子从支架上滚下来发生事故，吊上去还没有焊接的管段，要用绳索把它牢固地绑在支架上。

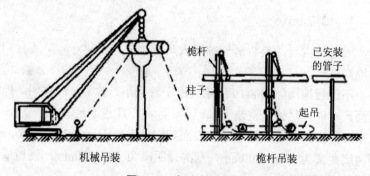

图 8-18 架空管道吊装

（4）管道安装的坡度要求如下：

1）热水采暖和热水供应的管道及汽水同向流动的蒸汽和凝结水管道，坡度一般为 0.003，但不得小于 0.002。

2）为利于系统排水和放气，汽水逆向流动的蒸汽管道，坡度不得小于 0.005。

（5）采用丝扣连接的管道，吊装后随即连接；采用焊接时，管道全部吊装完毕后再焊接。焊缝不许设在托架和支座上，管道间的连接焊缝与支架的距离应大于 150～200mm。

（6）按设计和施工各规定位置，分别安装阀门、集气罐、补偿器等附属设备并与管道连接好。

（7）管道安装完毕，要用水平尺在每段管上进行一次复核，找正调直，使管道在一条直线上。

（8）摆正或安装好管道穿结构处的套管，填堵管洞，预留口处应加好临时管堵。

（9）按设计或规定的要求压力进行冲水试压，合格后办理验收手续，把水泄净。

（10）管道防腐保温，应符合设计要求和施工规范规定，注意做好保温层外的防雨、防潮等保护措施。

三、地沟敷设

1. 地沟形式

根据地沟尺寸是否适于维修人员通行分为不通行、半通行和通行地沟。

不通行地沟如图 8-19 所示，适于管径小、数量少时采用。地沟断面尺寸能满足施工安装要求即可，净高不超过 1m，沟宽一般不超过 1.5m。沟内管道或保温层外表面到沟壁表面距离为 100～150mm，到沟底距离为 100～200mm，到沟顶距离为 50～100mm；管道或保温层外表面间距为 100～150mm。

在半通行地沟内，操作人员可以进行管道检查并完成小型修理工作，但更换管道等大修工作仍需挖开地面进行，其结构形式如图 8-20 所示。

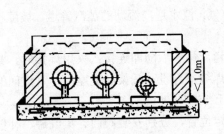

图 8-19　不通行地沟

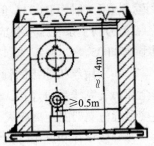

图 8-20　半通行地沟

通行地沟结构如图 8-21 所示，当管道数量多，需要经常检修，或与主要道路、公路和铁路交叉，不允许开挖路面时采用。地沟净高不小于 1.8m，通道宽 0.6～0.7m。管道到沟壁、底、顶的距离应不小于半通行地沟要求的距离。管道保温层外表面间的净距等于或大于 150mm。

根据工人检修劳动保护条件的要求，沟内空气温度不应超过40～50℃；应有良好的通风条件，尽量利用自然通风，特殊情况可使用机械通风；应有电压不超过36V的安全照明设施。

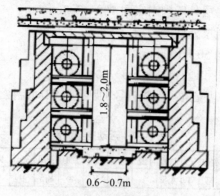

图 8-21　通行地沟

2. 施工要求

（1）基本要求：

1）通行地沟：通行地沟一般净高不小于 1.8m，净空通道宽不小于 0.6m。

2）半通行地沟：净高不小于 1.4m，通道净空应不小于 0.4m。

（2）管道敷设：

1）将钢管放到沟内，逐段码成直线进行对口焊接，连接好的管道找好坡度。泄水阀安装在阀门井内。

2）找正钢管，使管子与管沟壁之间的距离以及两管之间的距离，能保证管子可以横向移动。

在同一条管道两个固定支架间的中心线应成直线，每 10m 偏差不应超过 5mm。整个管段在水平方向的偏差不应超过 50mm；垂直方向的偏差不应超过 10mm。一旦管道位置调整好后，立即将各固定支架焊死，管道与支架间不应有空隙，焊口也不准放在支架上。

3）供热管道的热水、蒸汽管，如设计无要求，应敷设在载热介质前进方向的右侧。

4）地沟内的管道安装位置，其净距宜符合下列规定：

管道自保温层外壁到沟壁面 100～150mm；

管道自保温层外壁到沟底面 100～200mm；

管道自保温层外壁到沟顶：

不通行地沟 50～100mm；

半通行地沟和通行地沟 200～300mm。

5）焊接活动支架：不同管径的活动支架间距按表 8-14 确定。

表 8-14　活动支架间距

管径/mm	25	50	75	100	125	150	200	250	300	350	400	450	500	600
支架间距/m	2	3	4	4.5	5	6	7	8	8.5	9	9	9.5	10	10

6）安装阀门，并分段进行水压试验，试验压力为工作压力的 1.5 倍，但不得少于 0.6 MPa，同时检查各接口有无渗漏水现象，在 10 min 内压力降小于 0.05 MPa，然后降至工作压力，做外观检查，以不漏为合格。

第三节　补偿器安装

在直线管段上，如果两固定支架间管道的热膨胀受到限制，将会产生极大的热应力，使管子受到损坏。因此必须设置管道补偿器，减小热应力，确保管子自由伸缩。

一、补偿器的种类

常用的补偿器有自然补偿器、方形补偿器、套筒补偿器和波纹补偿器等。

1．自然补偿器

利用管道敷设上的自然弯曲管段（L 形、Z 形和空立体弯）来吸收管道的热伸长变形称为自然补偿。

（1）L形补偿器：L形补偿器是一个直角弯管，外形如图 8-22 所示。

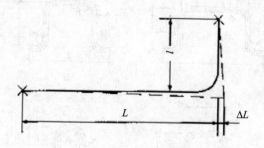

图 8-22　L形补偿器

（2）Z形补偿器：Z形补偿器是在管道上的两个固定点之间由两个 90°角组成的管段，如图 8-23 所示。

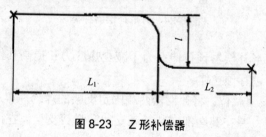

图 8-23　Z形补偿器

2．方形补偿器

方形补偿器又称 Ⅱ 型补偿器，常用的四种类型如图 8-24 所示，方形补偿器一般用无缝钢管煨制而成，尺寸较小的方形补偿器可以用一根管煨成，大尺寸的可用两根或三根管子煨制后焊成。补偿器作用时，基体表面受力最大，因而要求顶部用一根管子煨成，顶部不准有焊接口存在。

（1）方形补偿器布置：方形补偿器有架空设置，更多的是设置在地沟中，但要求在补偿器的位置上，无论是单侧布管还是双侧布管，仍应保持地沟的通行程度。

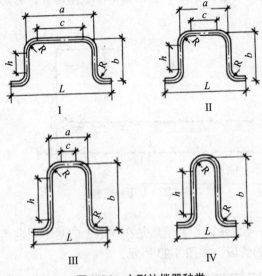

图 8-24　方形补偿器种类

（2）方形补偿器预拉伸：为了减少热应力和提高补偿能力，必须对补偿器进行预拉伸。

1）补偿器就位：将补偿器两端固定支架的焊缝焊牢。补偿器运到安装位置，并在其端部安装活动支架和弹簧支架，在两个短臂处用临时支撑将补偿器托平。

2）预拉焊口确定：预拉伸的焊口应选在距补偿器弯曲起点 2～3m 处为宜，并对好预拉焊口处的间距。

3）预拉伸：主要采用顶伸法和拉紧法进行。

①顶伸法采用千斤顶或顶开装置进行拉伸。采用千斤顶时，将千斤顶横放在补偿器的两臂间，加好支撑及垫块，然后启动千斤顶，这时两臂即被撑开，使预拉焊口靠拢至要求的间隙。焊口找正，对平管口用电焊将此焊口焊好，只有当两侧预拉焊口焊完后，才可将千斤顶拆除，结束预拉伸。

②拉紧法采用拉管器进行。拉紧时，将一块厚度等于预拉伸量

的木块或木垫圈夹在冷拉接口间隙内，然后在接口两侧和管壁上分别焊上挡环，将拉管器的法兰管卡卡在挡环上，在法兰管卡孔内穿入加长双头螺栓，用螺母上紧，并将木垫板夹紧，待管道上其他部件全部安装好后，把冷拉口中的木垫拿掉，收紧拉管器螺栓，拉开伸缩器直到管子接口对齐，并将两对管口点焊好，即可拆除拉管器。

3．波形补偿器

波形补偿器是一种利用凸形金属薄壳挠性变形构件的弹性变形来补偿管道的热伸缩量，如图 8-25 所示，并且以金属薄板压制而拼焊起来的补偿器，具有几乎不占有空间，施工简单，工作时只发生轴向变形的优点；缺点是制造较困难，耐压强度低。波形补偿器如图 8-25 所示，其安装要点如下。

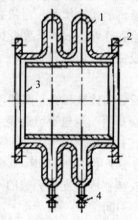

图 8-25　波形补偿器

1—波节；2—两端法兰；3—内衬套筒；4—排水阀

（1）管道安装：将要安装补偿器的管道按无补偿器的状况先安装好，所有支架全部就位。

（2）画线定位：丈量已准备好的波形补偿器的全长，在管道上画出补偿器定位中线，按补偿器长度画出补偿器的边线。依画线切割管道，让出补偿器位置。

（3）补偿器连接：在管道两端各焊一片法兰盘，焊接时要求法兰垂直于管道中心线，法兰与补偿器表面相互平行，加垫后衬垫受力均匀。为避免受压时损坏补偿器，应严格按照管道中心线安装，不得偏斜，装有内衬套的补偿器，在外筒体上有介质流向标志，安装方向应与介质流向一致，不得装反。安装时应严防外来物体撞击波纹管，并要采取措施保护补偿器。在焊接或用火焰切割管子时，应用石棉布或其他不燃物质保护波纹管。不允许焊接飞溅物掉在波纹管上，不能在波纹管上引弧，焊接地线不能搭在波纹管上。吊装时，不得将吊索绑扎在波节上，安装完毕后，应清除各活动部件间可能存在的异物。

4．套筒补偿器

套筒补偿器又叫填料函式补偿器，它依靠插管与套管间自由伸缩来补偿直管段由于热胀冷缩造成的长度变化。其补偿能力较大、占地小、安装简单、投资省，但轴向力大，易泄漏，应经常检修更新填料。

套筒补偿器按材质分为铸铁和钢制两种，如图 8-26 和图 8-27 所示。铸铁制套筒补偿器用法兰与管道连接，只用于公称压力小于 1.3MPa，公称直径小于 300mm 的管道。钢制套筒补偿器与管道焊接连接，可用于公称压力小于 1.6MPa 管道。按补偿方向分为单向和双向两种，单向补偿器安装在固定支架旁边的平直管段上，双向伸缩器应安装在两固定支架中间。

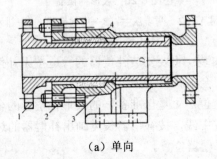

（a）单向

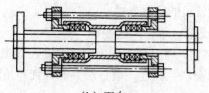

（b）双向

图 8-26　铸铁制套筒补偿器

1—插管；2—填料压盖；3—套管；4—填料

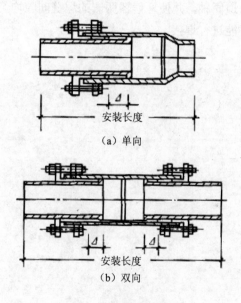

（a）单向

（b）双向

图 8-27　钢制套筒补偿器

5. 安装

（1）管道安装：首先将要安装补偿器的管道按无补偿器的状况安装好，然后将所有支架全部就位。

（2）画线定位：按照调整好的补偿器实际长度，在管道上画线、定位，注意补偿器的插管段应安装在介质的流入端。按画线切割管道，并安好悬臂管段的临时支撑。

（3）补偿器连接：

1）法兰安装时，将补偿器的配套法兰套在管道上，把调整好的补偿器临时与配套法兰相连，调整法兰的位置和角度，将管道与法兰点焊上。

2）卸下补偿器，焊接法兰，垫上垫片，将补偿器与配套法兰连接起来，对角顺序拧紧螺栓。

3）焊接安装时，将调整好的补偿器置于临时支架上，找平找正，使补偿器与管道同轴，并使补偿器两侧的焊缝间隙均匀，进行点焊，检查合格后才能进行焊接。

第九章　供热锅炉及辅助设备安装

第一节　锅炉组成、型号及结构

一、锅炉设备组成与分类

1．锅炉设备的组成

锅炉是一种把燃烧时所放出的热能，经过传递使水变为蒸汽的特殊设备，其由锅与炉两部分组成。锅炉也就是由汽水系统与风煤烟系统组成的统一体，汽水系统一般由给水设备、省煤器、锅筒、对流管束、水冷壁以及过热器等组成；风煤烟系统一般由送、引风机，烟、风管道，给煤装置，空气预热器，燃烧装置，除尘器及烟囱等组成，还有各种安全附件测量仪表及辅助设备等用以保证锅炉经济安全运行。

2．锅炉的分类

（1）按锅炉的用途可分为工业锅炉、供暖锅炉、电站锅炉、机车锅炉和船舶锅炉等。

（2）按锅炉所提供的载热介质分为蒸汽锅炉和热水锅炉。

（3）按结构可分为火管锅炉、水管锅炉和水火管混合式锅炉。

（4）按燃料种类可分为燃煤锅炉、燃油锅炉、燃气锅炉等。

（5）按燃烧方式可分为手烧式和机械化燃烧。

（6）按锅炉整装形式可分为快装锅炉、组装锅炉、散装锅炉。

二、锅炉型号

我国锅炉的型号统一规定由 3 部分组成，各部分之间用短横线隔开，各部分表示形式及表示意义如图 9-1 所示。

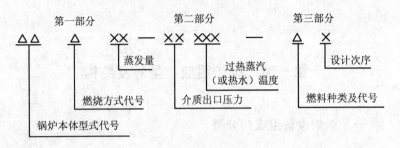

图 9-1　锅炉型号组成

（1）型号的第一部分表示锅炉的型式、燃烧方式和蒸发量。共分三段，第一段用两个汉语拼音字母代表锅炉本体型式，见表 9-1。第二段用一个汉语拼音字母代表燃烧方式，见表 9-2。第三段用阿拉伯数字表示锅炉的蒸发量为若干 t/h，热水锅炉则表示其产热量，单位是 kW。

表 9-1　锅炉本体型式代号

火管锅炉		水管锅炉	
锅炉本体型式	代号	锅炉本体型式	代号
立式水管	LS（立、水）	单锅筒立式	DK（单、立）
		单锅筒纵置式	DZ（单、纵）
立式火管	LH（立、火）	单锅筒横置式	DH（单、横）
		双锅筒纵置式	SZ（双、纵）
卧式内燃	WN（卧、内）	双锅筒横置式	SH（双、横）
		纵横锅筒式	ZH（纵、横）
		强制循环式	QX（强、循）

表 9-2 燃烧方式代号

燃烧方式	代号	燃烧方式	代号
固定炉排	G（固）	下饲炉排	A（下）
链条炉排	L（链）	沸腾炉	F（沸）
往复炉排	W（往）	半沸腾炉	B（半）
振动炉排	Z（振）	室燃炉	S（室）
活3动手摇炉排	H（活）	旋风炉	X（旋）
抛煤机	P（抛）	倒转炉排加抛煤机	D（倒）

（2）型号的第二部分表示蒸汽（或热水）参数，共分两段，中间用斜线分开。第一段用阿拉伯数字表示锅炉额定工作压力。第二段用阿拉伯数字表示过热蒸汽温度。生产饱和蒸汽的锅炉，则没有斜线和第二段数字。

（3）型号的第三部分由两段组成，第一段以汉语拼音字母表示锅炉、燃料和种类，见表9-3。第二段表示锅炉设计次序，用阿拉伯数字连续顺序编制，如为原型设计则无第二段。

表 9-3 燃料种类代号

燃料种类	代号	燃料种类	代号
无 烟 煤	W（无）	油	Y（油）
烟 煤	A（烟）	气	Q（气）
劣质煤炭	L（劣）	木材	M（木）
贫 煤	P（贫）	煤矸石	S（石）
褐 煤	H（褐）		

例如，型号 SHL10-1.25/350-AⅡ型的锅炉，表示为双锅筒横置式锅炉，采用链条炉排，蒸发量为 10t/h，额定工作压力为 1.25MPa，出口过热蒸汽温度为 350℃，燃用二类烟煤。

第二节　锅炉房布置

一、锅炉房位置选择

（1）应尽量靠近热负荷密度较大的地区。为缩短供热、回热管路，节省管材，减小沿途的散热损失，并有利于供暖系统中各循环环路的阻力平衡，当热负荷分布较为均匀时，尽可能位于热用户的中央。

（2）要便于燃料和灰渣的存储和运输。锅炉房周围应有足够的堆放煤、灰的面积，并留有扩建的余地。

（3）为减轻煤灰、粉尘对周围环境的污染，宜设置于供暖季节主导风向的下风向。

（4）为利于回热的收集和美观，应位于供热区的低凹处和隐蔽处。但必须保证锅炉房内的地面标高高于当地的洪水位标高。

（5）供热管道的布置应尽量避免或减少与其他管道的交叉。

（6）应使锅炉房内有良好的自然通风和采光，便于给水、排水和供电，并应符合安全防火的有关规定。

二、锅炉房内房间布置要求

锅炉房应根据规模大小和工艺需要设锅炉间、给水和水处理间、水泵间、风机与除尘设备间、热力除氧设备间、化验间、维修间、仓库、休息间以及卫生间等。对于较小的锅炉房，不可能设置这样齐全，也不一定有严格的界限，但设备布置必须合理，符合工艺要求，运行管理方便，安全可靠。小锅炉房一般为单层，对于有省煤器、空气预热器及机械化运煤除渣的大锅炉房可采用双层建筑。

为便于通风换气和天然采光，锅炉房应有可开启的高侧窗或天窗。当占地面积超过 250 m² 时，每层至少应有两个通向室外的安全出入口，分设于两端。只有当锅炉前面操作地带总长度不超过 12m 的单层建筑，才允许设一个出入口。锅炉房所有的门都应向外开。

三、布置间距设置

（1）锅炉最高操作地点与锅炉房顶部最低结构的距离不应小于2m。当锅筒、省煤器等上部不需通行和检修时，则其上部的净空不应小于0.7m。砖木结构锅炉房该距离不得小于3m。

（2）锅炉前端与前墙壁的距离一般应不小3m，对于需要炉前拨火、清炉时，此距离不应小于燃烧室总长加2m。当炉前有风机、仪表箱或操作平台时，应满足操作要求，并有1m以上的通道；当炉前有轻便轨道时，锅炉前端突出部件到轨道中心的距离不应小于4m。

（3）锅炉之间，锅炉与锅炉房侧墙与后墙之间间距，应根据操作、检修或布置辅助设施的需要决定，但其间距不应小于0.8m。

（4）送、引风机和水泵等设备之间的通道，不应小于0.7m。过滤器和离子交换器等水处理设备前面的操作通道，不应小于1.2m。其顶端至上部楼板或屋面的凸出部分之间的净空应满足安装和装卸物料的需要。

四、汽水管道、烟风道及平台布置

（1）汽水管道应尽量沿墙和柱子敷设，管子敷设在通道上方时，其距地面净空高度不应小于2m。管道的布置应便于安装、操作和检修，不影响窗户开启和采光。

（2）烟风道应尽量平直，减少转弯，烟道一般采用地上敷设，安装在锅炉房内的烟风道及引风机均应保温。烟囱一般应设在锅炉房后面，烟囱中心到锅炉房后墙的距离应以二者的基础不相碰为原则。同时，还要考虑是否在二者之间布置引风机、除尘设备，一般这个距离为6~8m。

（3）锅炉房应设置永久性扶梯和平台。平台扶梯一般用5mm厚花纹钢板或其他不滑金属材料制作以便于操作维护。当采用栅板时，其缝隙宽不应大于30mm。操作平台宽度不应小于0.8m，其他平台宽度不小于0.6m。平台扶梯应配有高1.0m的栏杆，扶梯宽不应小于0.6m。扶梯高度超过4m时，每隔3~4m应设中间平台。经常通行的扶梯高度超过 1.5m 时，倾角不应大于 50°。垂直爬梯高度超过 5m 时，应设保护圈。

第三节　锅炉安装

一、整装锅炉安装

1. 工艺流程

安装前的准备→基础施工预验收→锅炉就位与找正（含组装锅炉组件的合拢）→管道及仪表安装→水压试验→筑炉→烘煮炉→试运行→验收。

2. 基础验线和画线

锅炉基础一般由土建工种完成。在锅炉就位前应对锅炉基础的尺寸及位置进行校验，其允许偏差应符合表 9-4 规定。

表 9-4　锅炉及其辅助设备基础的允许偏差　　　　单位：mm

项　　　目		允许偏差	
纵、横轴线的坐标位置		±20	
不同平面的标高 （包括柱子基础面上的预埋钢板）		0 −20	
平面的水平度 （包括柱子基础面上的预埋钢板或地坪上需安装锅炉的部位）		每 1m	5
		全长	10
外形 尺寸	平面外形尺寸	±20	
	凸台上平面外形尺寸	0 −20	
	凹穴尺寸	+20 0	
预留地脚螺 栓孔	中心位置	±10	
	深　　度	+20 0	
	孔壁垂直度	10	
预埋地 脚螺栓	顶端标高	+20	
	中心距（在根部和顶部两处测量）	±2	

420

锅炉安装前，首先应画出锅炉纵向和横向安装基准线和标高基准点。锅炉纵向和横向基准线应相互垂直，条形基础上两中心线应相互平行。设备基础一般为混凝土结构，应待混凝土强度到达75%以上时，方可吊装设备。

3．锅炉就位

在起吊设备时，应将绳索固定在吊装环上，且应保持设备的端正、平稳，各股绳索受力应均匀，设备吊装应缓慢均匀。锅炉就位时，还应算出应垫垫板的厚度和组数，并将各垫板放置稳固。锅炉起落时，必须有专人统一指挥，并应做好协调工作。

4．锅炉找平、找正

（1）锅炉中心线应与基础上的基础中心线相重叠。
（2）锅炉前墙面的垂直投影应与基础横向基准线重叠。
（3）对纵锅筒形锅炉，炉前锅筒可略高于炉后，以利排污。
（4）多台锅炉并列安装时，应使锅炉前墙处在同一垂直面上。

二、散装锅炉安装

以蒸发量20～35 t/h，蒸汽温度为饱和温度400℃左右为主，重点供中小型电站和工矿企业工业生产用，即一般称为工业锅炉安装。

一般在基础画线验收后，进行锅炉的安装。其中主要包括钢柱、钢架的组合、焊接、吊装就位、找正、固定；进行锅筒、集箱的安装；再进行受热面管子和水冷壁管的胀接或焊接；再将省煤器、过热器、空气预热器、炉排进行就位找正。

1．钢架安装

（1）安装顺序：检验校正→立柱安装→横梁安装→托架安装→平台安装→扶梯安装。
（2）钢架起吊就位：在起吊和就位时，调整钢架的位置，直到立柱的中心线与相应的基础中心线重合。钢架起吊时应缓慢，起吊前应在立柱上挂好找正用的绳索。依钢架的安装顺序应先吊立柱，待立柱就位后立即将其拉紧固定，并安装横梁，使其成为一个组合体。

（3）钢架调整：锅炉钢架组成后，应调整立柱的位置和标高及垂直度，使其符合表 9-5 的要求。

表 9-5　钢架安装的允许偏差和检验方法

项　　目	允许偏差/mm	检测方法
各柱子的位置	±5	—
任意两柱子间的距离（宜取正偏差）	间距的 1/1 000，且不大于 10	—
柱子上的 1m 标高线与标高基准点的高度差	±2	以支承锅筒的任一根柱子作为基准，然后用水准仪测定其他柱子
各柱子相互间标高之差	3	—
柱子的垂直度	高度的 1/1 000，且不大于 10	—
各柱子相应两对角线的长度之差	长度的 1.5/1000，且不大于 15	在柱脚 1m 标高和柱头处测量
两柱子间的垂直面内两对角线	长度的 1/1 000，且不大于 l0	在柱子的两端测量
支承锅筒的梁的标高	0 −5	—
支承锅筒的梁的水平度	长度的 1/1 000，且不大于 3	—
其他梁的标高	±5	—

（4）钢架安装：钢架的安装有组合安装和分件安装两种方法。

1）组合安装：采用组合法安装钢架时，将组合件中各钢柱的底板对准基础上的轮廓线就位，初调整后用带有花篮螺栓的钢丝绳拉紧，待各组合件全部拼装完毕后，再进行调整。调整合格的组合件应予以点焊加固。待全部调整合格后，并检查符合图样和规范要求后，才可进行焊接。

2）分件安装：采用分件安装时，应先装钢柱、后装横梁。将钢柱的底板对准基础上的轮廓线就位，然后用带有花篮螺栓的钢丝绳拉紧，经初调后，即可用螺栓将横梁装上，再进行调整。每调整合格一件，就立即点焊加固。接着将立柱、联梁等按要求的位置点焊上，经全部复查符合规范要求时，才能进行焊接。

（5）钢架立柱与基础固定方法有三种：

①用地脚螺钉灌浆固定。这种方法要求立柱底板与基础表面之间应有不小于 50mm 的灌浆层，以保证二次灌浆的顺利进行。

②立柱底板与基础预埋钢板焊接固定。这种方法要求把立柱底板、预埋钢板和找平垫铁一起焊接牢固。

③立柱与预埋钢筋焊接固定。这种方法要求将钢筋加热弯曲并紧靠在柱脚上，其焊缝长度应为预埋钢筋直径的 6～8 倍，并应焊牢，钢筋转弯处不应有损伤。

（6）平台的安装：平台、撑架、扶梯、栏杆、栏杆柱、挡脚等应安装平整，焊接牢固，栏杆柱的间距应均匀，栏杆接头焊缝处表面应光滑。安装时不应任意割短或接长扶梯，或改变扶梯的斜度和扶梯的上、下脚踏板与连接平台的间距。在平台、扶梯、撑架等构件上，不应任意切割孔洞，当需要切割时，在切割后应加固。对于有些妨碍施工的构件，可留到以后安装。

2．锅炉集箱和受热面管束的安装

（1）锅筒、集箱的吊装：锅筒、集箱吊装必须在锅炉钢架找正固定后起吊。就位时，应固定一端支座，另一端应留出热膨胀的间隙，其纵横中心线与安装基准线和标高的偏差见表 9-6。

表 9-6　锅筒、集箱安装的允许偏差　　　　单位：mm

项　　目	允许偏差
锅筒纵向和横向中心线与安装基准线的水平方向距离	±5
主锅筒的标高	±5
锅筒、集箱全长的纵向水平度	2
锅筒全长的横向水平度	1
上、下锅筒之间水平方向距离和垂直方向距离	±3
上锅筒与上集箱的轴心线距离	±3
上、下集箱之间的距离、集箱与相邻立柱中心距离	±3
上、下锅筒横向中心线相对偏移	2

注：锅筒纵向和横向中心线两端所测距离的长度之差不应大于2mm。

（2）受热面管束的安装：受热面管束是由多根（排）对流管或水冷壁管组成的对流管束及水冷壁管束，是锅炉的主要受热面。受热管束的安装有两种形式，即管束与上、下锅筒的连接，管束与锅筒和集箱的连接。

1）受热面管束的焊接：

①受热面管子及其本体管道的焊接对口内壁应平齐，其错口量不应大于壁厚的 10%且不应大于 1 mm。

②焊接管口端面的倾斜度应符合表 9-7 的规定。

表 9-7　焊接管口的端面倾斜度　　　　单位：mm

管子公称外径	≤60	60～108	108～159	＞159
端面倾斜度	≤0.5	≤0.6	≤1.5	≤2

③管子因焊接引起的弯折度，在距焊缝中心 200mm 处的轴向偏差不应大于 1mm。

④管子上所有附属焊接件，均应在水压试验前施焊完毕。

2）受热面管束的胀接：受热面管的胀接应采用二次胀接法即紧固胀及扳边胀，管子在插入汽包孔之前应将汽包孔内的油污脏物擦抹干净。

①紧固胀（挂管）自汽包的纵向中心管排，按编号向外侧顺序安装紧固，应使用紧固胀管器，不得使用扳边胀管器代用。

②扳边胀：是胀管的终胀工序，在扳边胀前应结束管子的所有焊接工作，应采用扳边胀管器，扳边角度 12°～15°。扳边胀时应采取从中心向两端，两侧反阶式胀接的顺序。禁止从一端向另一端不变方向的胀接。

3. 过热器安装

过热器由多根无缝钢管弯制的蛇形管，管子两端焊接于两个圆形或方形集箱上组成的。常用的管子直径为 32～38mm，管壁厚度为 3～4mm，当管壁受热温度小于或等于 450℃时，采用 20 号碳素钢管，温度超过 450℃时，采用合金钢管。

过热器一般置于炉膛出口或对流管束中间，其布置形式以双逆流式应用较多，即蒸汽入口位于过热器的中部，这样既可得到较高的传热效果，又可减少过热器管子烧坏的根数。

过热器的安装有两种方法，组合安装法是将过热器管子与集箱在地面组合架上组装成整体，用整体吊装安装；单体安装方法是在炉顶吊一根管子和集箱连接一处，逐根吊装，最后组合成过热器整体。组合安装高空作业工作量小，安装进度快、质量易于保证，但应采用可靠的吊装方法，使整体吊装时不会造成损伤及变形。中、小型锅炉过热器安装多采用组合安装法。

（1）过热器的组装：过热器组装前必须将集箱清理干净，检查各管孔有无污物堵塞，所以管座的管孔清理后均应用铁皮封闭；过热器蛇形管应逐根检查与校正（检查及校正方法同对流管，见本章第四节）；安装时应逐根管子做通球试验。

过热器组装时，集箱应先牢固固定（单根炉内安装时，集箱安装位置应找正，使位置正确无误），先组装集箱前、后、中间三根蛇形管，以此为基准管，基准管经位置检测及找正后点焊固定，然后由中间两侧基准管逐根组装，每装一根管子都使其紧靠于垂直梳形板槽内并点焊固定。组装结束后，经全面检测校正，即可焊接成整体过热器。焊接时，应使焊口间隔施焊，以免热力集中产生热变形。

（2）过热器的安装：过热器安装应在水冷壁管束安装前进行，或与水冷壁管束安装交错进行，以免造成因工作面狭小而无法进行安装的返工事故。

为便于吊装，过热器的组合宜采用在组合架上的垂直组合。过热器整体吊装就位后，应立即检测和校正其与锅炉锅筒、相邻立柱等的相对位置。

整体过热器的安装与稳固方法由设计确定。图 9-2 为通过三根吊杆的吊挂安装方法，其中两端吊点在过热器集箱中部；中间吊点在过热器蛇形管排中间，经横梁（槽钢）吊挂，三根承力吊杆可最后用螺栓固定于钢架承重横梁上。

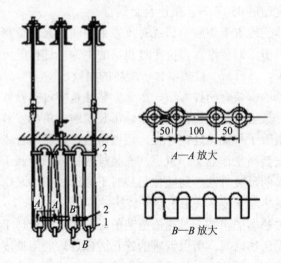

图 9-2　过热器的组装与固定

1—垂直梳形槽板；2—水平夹板

4. 省煤器的安装

常用的非沸腾式铸铁省煤器由许多外侧带有方形或圆形肋片的铸铁管组成，管长约为 2m，管端带铸铁法兰，管与管间用法兰弯头相连，组成不同受热面积的省煤器整体，用以预热锅炉补给水（或循环的锅炉回水），铸铁省煤器的构造如图9-3所示。

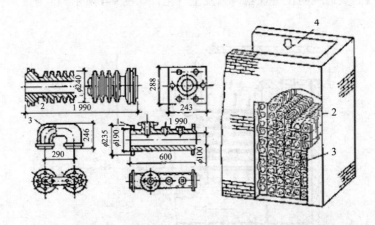

（a）铸铁省煤器　　　　　（b）省煤器的组成

图9-3　铸铁省煤器的构造

1—进水口；2—铸铁鳍片管；3—铸铁弯头；4—烟气

（1）省煤器支架安装：将支架上好地脚螺栓放在基础上。当烟管为现场制作时，支架可按基础图找平找正；当烟管为成品组件时，应等省煤器就位后，按照实际烟管位置尺寸找平找正。

（2）省煤器安装：

1）省煤器安装前应进行水压试验。试验压力为 $1.25PN+5$（PN 为锅炉工作压力），无渗漏再进行安装。同时可以进行省煤器安全阀调整。省煤器安全阀的开启压力应为装置点的 1.1 倍，或为锅炉工作压力的 1.1 倍。

2）用人字扒杆或其他吊装设备将省煤器安装在支架上，并检查省煤器的进口位置、标高是否与锅炉烟气出口相符；以及两口的距离和螺栓孔是否相符。通过调整支架的位置和标高达到烟管的安装要求。

3）一切妥当后可将省煤器下部的槽钢与支架板焊在一起。

（3）省煤器管路系统：省煤器应装再循环管，即通过省煤器的给水不进入锅炉而又返回给水箱。再循环管的作用是必要时减低省煤器的负荷或防止省煤器内水发生气化，如图9-4所示。

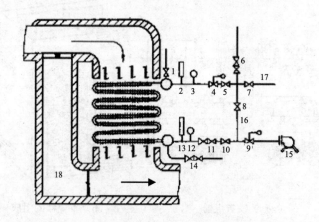

图9-4　省煤器的管路系统及旁通管道

1—放空气阀；2，13—温度计；3，12—压力表；4，9—安全阀；

5，6，7，8，10，11—给水截止阀；14—放水阀；15—给水泵；

16—旁路水管；17—回水管；18—旁通管道

5. 空气预热器的安装

常用的管式空气预热器由管径为 40～51mm，壁厚为 1.5～2.0mm 的焊接钢管或无缝钢管制成，管子两端焊在上、下管板的管孔上，形成方形管箱。为使空气在预热器内能多次交叉流通，还装有中间管板。空气预热器组置于省煤器后的尾部烟道内，用空气连通罩（转折风道）及导流板使空气在中间管板隔绝的上、下预热器之间交叉流动，烟气则从预热器管内自上而下流通，如图 9-5 所示。在管箱与管箱之间的连接处，转折风道上还设有膨胀节，以补偿受热后的伸缩，保证空气预热器组的正常运行如图9-6、图 9-7 所示。

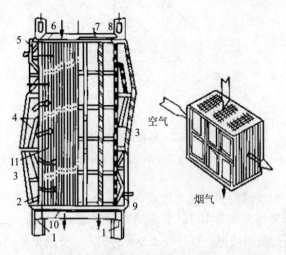

（a）空气预热器组的纵剖面图示　　（b）管箱

图 9-5　管式空气预热器组的结构

1—锅炉钢架；2—预热器管子；3—空气连通罩；4—导流板；

5—热风道连接法兰；6—上管板；7—预热器墙板；8—膨胀节；

9—冷风道连接法兰；10—下管板；11—中间管板

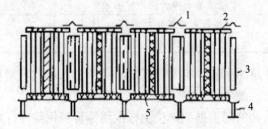

图 9-6　管箱间的连接

1—膨胀节密封板；2—上管板；3—挡板；4—支承架；5—管箱

　　管式空气预热器一般是在锅炉制造厂组装成组合件并随机供货，如为分散零件供货时，应在现场按设计图纸组装成管箱。管式空气预热器的安装一般按以下步骤进行：

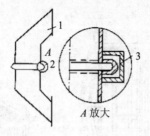

图 9-7　转折风道的安装

1—转折风道；2—膨胀节；3—临时加固板

（1）支承框架的安装。管式空气预热器安装在支承框架上，支承框架必须首先安装完好，并应严格控制其安装质量。安装后应进行认真的检测和校正，以符合表 9-8 的规定。支承框架校正合格后，在支承梁上画出各管箱的安装位置边缘线，并在四角焊上限位短角钢，使管箱就位准确迅速。在管箱与支承梁的接触面上垫 10mm 厚的石棉带并涂上水玻璃以使接触密封。

表 9-8　管式空气预热器支承框架的偏差

序号	项目	偏差不应超过
1	支承框架水平方向位置偏差	±3mm
2	支承框架的标高偏差	±5mm
3	预热器安装的垂直度	1/1 000

（2）管箱的吊装。起吊管箱时，用 4 根长螺丝杆对称穿过管箱四角的管子，螺丝杆下端安有锚板和螺母以托住管箱，上端通过槽钢对焊并钻孔的起重框架，垫上锚板用螺母将钢丝绳拧紧后，即可吊起，如图 9-8 所示。管箱经过检查合格后，方可进行吊装。吊装单个管箱时应缓慢进行，使其就位于支承梁的限位角钢中间，经找正与调整，使管箱安装位置与钢架中心线的距离偏差为 ±5mm，垂直度误差为 ±5mm。管箱垂直度检查的方法是，从管箱上部中心处挂垂球，量测线锤与管子四壁的距离，以测得安装垂直度误差，调整垂直度时，可在管箱与支承梁间加垫铁。

（3）同一层管箱经吊装打正后，将相邻管箱的管板用具有伸缩性的"几"形密封板焊接连接在一起，如图9-6所示。

（4）烟道装好后，再装每段空气预热器上层管箱与烟道之间的伸缩节。

（5）安装转折风道，转折风道用钢板制作，按设计尺寸先在平台上进行组合，以组合件的形式进行吊装，如图9-7所示。在安装时，转折风道的膨胀节应临时加固，否则起吊时容易拉坏。

（6）安装管箱外壳与锅炉钢架间的膨胀节，如图9-9所示。

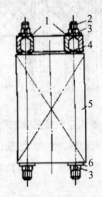

图9-8　管箱的起吊方法

1—钢丝绳及压紧锚板；2—螺杆；3—螺母；4—框架；5—管箱；6—锚板

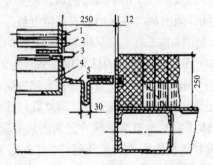

图9-9　管箱外壳与锅炉钢架间的膨胀节

1—预热器管子；2—上管板；3—上管板与外壳间的膨胀节；4—外壳；
5—管箱的外壳与锅炉钢架间的膨胀节

（7）防磨套管应与管孔紧密结合，一般以稍加用力即可插入为准，露在管板外面的高度应一致，一般允许偏差为±5mm，如图9-10所示。

（8）管式空气预热器安装完毕，应检查和清除安装杂物，避免运行时阻塞预热器管子。最后应在堵住出风口的情况下，进行送风实验，以检查安装的严密性。

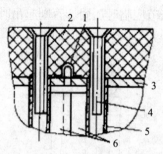

图 9-10　管式空气预热器的防磨套管

1—膨胀节；2—耐火塑料；3—上管板；4—防磨套管；

5—预热器管子；6—挡板

6．炉排的安装

（1）手动炉排的安装：以锅炉基础的纵、横基准线为依据，定出炉排的位置中心线，画出炉门及横梁的安装位置线。安装固定搁置炉排的横梁。按设计图样的要求，找正相邻横梁之间的距离，使其偏差不大于2mm，同时还应找正横梁的标高和水平，使其在同一平面上，每米偏差不得大于2mm。然后，安放炉排片，充分估计炉片本身尺寸的偏差和热膨胀因素，为防热膨胀卡住，调整好每孔炉排片之间的间隙，当图样无具体规定时，整个炉排片之间的总间隙应保持在 14～30mm，边部炉条和墙板之间应有膨胀间隙，不可过紧或过松，必要时要对炉排片进行选配、调整。安装除灰摇杆，并调整使其转动灵活。最后，安装门框及炉门，并确保密封部位的严密。

（2）链条炉排的安装：锅筒安装之后，即可进行链条炉排的安装，为方便锅炉本体水压试验时链条炉排冷态试运转结束，为后面的锅炉砌筑创造条件，链条炉排的安装应同锅炉本体受热面管子安装交叉进行。

1）链条炉排组装前，炉排构件的几何尺寸，应符合表9-9要求。

表9-9　链条炉排安装前的检查项目和允许偏差　　　单位：mm

项目	允许偏差	备注
型钢构件的长度	±5	——
型钢构件的直线度（每米）	1	——
各链轮与轴线中点间的距离口（a，b）	±2	如图9-11所示
同一轴上的任意两链轮，其齿尖前后错位（⊿）	3	如图9-12所示

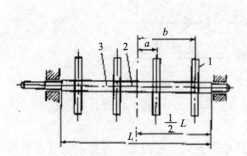
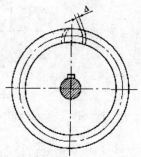

图9-11　链轮与轴线中点间的距离　　图9-12　链轮的齿尖错位

1—链轮；2—轴线中点；3—主动轴

2）检查炉排基础上有关预埋钢板、预埋螺栓、预留孔是否完好，并对缺陷及时处理。炉排基础经检查验收合格后，在基础上画出炉排中心线、前轴中心线、后轴中心线、两侧墙板位置线，如图 9-13 所示；并用对角线检查画线的准确度，如图 9-14 所示。

3）安装墙板。墙板及其构件是炉排的骨架，在其前后各装一根轴。前轴和变速箱相连，轴上装有齿轮拖动全部链条炉排转动。安装时，应按设计要求留出轴向及径向热膨胀间隙，如图9-15所示。同时，应按规定标准调整前轴的标高、水平度、平行度及轴上齿轮和滑轮的位置。

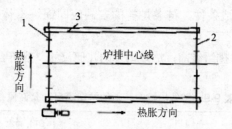

图 9-13　炉排膨胀方向

1—前轴；2—后轴；3—墙板

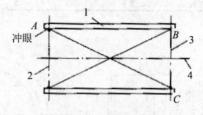

图 9-14　冲眼的测量

1—墙板；2—前轴中心线；3—后轴中心线；4—炉排中心线

4）炉排片组装以松动灵活为宜，不可过紧、过松，装好用手摇动，并对销轴、开口销全面检查，不得有缺少及未掰开情况。边部炉条与墙板之间应留有间隙。

5）对于鳞片或横梁式链条炉排在拉紧状态下测量，各链条的相对长度差不得大于 8mm。

6）组装加煤斗时，应检查各机件无异常现象时，方可清干净进行安装。

7）组装挡渣门时，轴与轴之间和各出渣门之间，应按规定留出膨胀间隙。操纵机构和轴的转动均应灵活。

8）组装挡渣器，经调整后，两挡渣器之间应留有适当间隙，端部与墙体间应留出间隙。

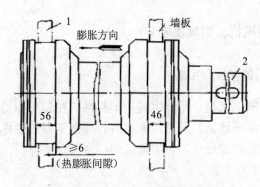

图 9-15　炉排前、后轴承预留热膨胀间隙

1—墙板；2—与减速器连接轴端

第四节　锅炉辅助设备安装

一、分汽缸安装

　　分汽缸的工作压力和锅炉相同，属于一、二类压力容器，分汽缸一般安装在角钢支架上，如图 9-16 所示。当分汽缸直径 $D \geqslant 350mm$ 时，应从地面加 50×50×5 角钢立柱支撑。有时也安装在混凝土基础的角钢支架上，用圆钢制的 U 形卡箍固定。分汽缸安装的位置应有 0.005 的坡度，分汽缸的最低点应安装疏水器排放出汽中的冷凝水。

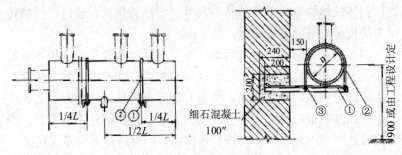

图 9-16　分汽缸支架

1—支架；2—U 形螺栓；3—螺母

二、鼓风机、引风机安装

1. 风机的搬运和吊装

整体安装的风机，吊装时绳索不得捆绑在转子和机壳或轴承盖的吊环上。现场组装的风机，捆绑时，绳索不得损伤样机表面。转子、轴颈和轴封等处均不得用绳捆绑，应绑标准绳扣。风机转子和机壳内如涂有保护层，不得损伤。

2. 风机安装

（1）将鼓风机抬到基础上就位。由于风机一侧比电机一侧要重，需先将风机壳一侧定位垫好，再用垫铁将电机侧找正，最后用混凝土将地脚螺栓灌注好。待混凝土强度达到 75%，再复查风机的水平度，紧好地脚螺栓。

（2）风管安装。当采用地下风管时，地下风道的内壁要光滑，风道要严密。风机出口与风管之间，风管与地下风道之间连接要严密。当采用铁皮风道时，风道法兰连接处应严密不漏。最后扳动检查锅炉风室调节阀操纵是否灵活，定位是否正确可靠。

（3）电动机安装。先在安置好的基架（滑座）上或基础上安装电动机。就位后，以风机的对轮为准，进行相对位置找正，调准距离。初步校核传动皮带的规格与尺寸，要注意风机运转时，严禁传动中的皮带与基础擦边而过。

（4）将基础及台板上的污垢、灰屑等杂物清除干净，用手锤检查垫铁和地脚螺栓，不应有松动现象。然后，在基础上先支模板，用水浇湿凿毛后的接触表面，用细石混凝土进行二次灌浆，其强度等级应比基础混凝土高一级并且捣固密实，地脚螺栓不得歪斜。设计强度达到 70%以上，即可拧紧地脚螺栓，再进行对轮二次找正。

（5）电动机单机运转后，进行对轮连接，再次量准和核实传动皮带的尺寸，然后固定皮带。皮带转动的通风机和电动机、轴与轴间的中心线间距和皮带的规格，必须符合设计规定。

（6）安装进出口风管（道）。通风管（道）安装时，其重量不可加在风机上，应设置支吊架（支撑），并与基础或其他建筑物等物连接牢固；风管与风机连接时，如果错口不得强制对口，勉强连接上，要重新调整合适后再连接。

（7）以上全部安装过程中，机体相连处法兰接合面上，都必须涂刷润滑油如机油等。

（8）风机运转。接通电源试车，检查风机转向是否正确，有无摩擦和振动现象。电源盒轴承温升是否正常，滑动轴承温升最高不得超过 60℃；滚动轴承温度最高不得超过 80℃。风机持续运转历时应不少于 2h，并做好"风机试运记录"。

三、软水设备安装

1. 水处理方法

水处理方法有炉内直接加热法、除垢剂软水法、磁水器处理法、离子交换剂软水法等几种方法。

（1）炉内直接加热法：以磷酸三钠法较为简单、可靠。

（2）磁水器处理法：有永磁软水器和电磁软水器，统称磁水器。

（3）离子交换剂软水法：主要是离子交换设备，固定床、移动床、流动床等设备。

2. 水处理设备安装

对于各类型水处理设备的安装，可按设计规定和设备出厂说明书规定的安装方法进行。如无明确规定时，可按下列要求进行安装。

安装前，应根据设计规定对设备的规格、型号、长宽尺寸、制造材料以及应带的附件等进行核对、检查；对设备的表面质量和内部的布水设施，如水帽等，也要细致检查；特别是有机玻璃和塑料制品，更应严格检查，符合要求方可安装。还应根据设备结构，结合床离子交换器的设置，一般不少于两台；在原水质处理量较稳定的条件下，可采用流动床离子交换器。

位置确定后，应按设计要求修好地面或建好基础，其质量要求应符合设备的技术要求。

四、水位表安装

水位表是根据液体在连通器各容器的液面在同一个水平面上的原理制成的用于指示锅炉内水位高低的一种仪表。小型锅炉中安装的水位表一般有两种：一种是玻璃管式水位表，一种是玻璃板式水位表。

水位表的安装技术要求：

（1）蒸发量大于 0.2t/h 的锅炉应装两个彼此独立的水位表。

（2）水位表要装在便于观察的地方并且要有足够的照明。

（3）为防止形成假水位，水连管和汽连管要水平布置，两管内径不得小于 18mm。

（4）水位表应有指示最高和最低安全水位的明显标志。上下接头的中心线应对准在一条直线上。

（5）在放水旋塞下应装有接到地面的泄水管。

（6）玻璃管式水位表应装安全防护罩。

五、压力表安装

压力表是锅炉的主要安全附件之一，如图 9-17 所示，为显示各监测点的压力，凡是压力容器和需要监视压力的设备，都必须装置压力表。压力表是测量锅炉内蒸汽压力的仪表，弹簧管式压力表是由表壳、刻度盘、指针、弹簧弯管、连杆、拉杆、扇形齿轮、调整螺钉支座、游丝等部分组成。当弹簧弯管内受到压力时，其自由端即向外伸展，带动连杆、扇形齿轮和小齿轮动作，从而使指针偏转，在刻度盘上指示出被测介质的表压力数值。

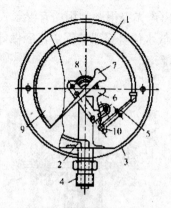

图 9-17　弹簧管式压力表

1—弹簧弯管；2—支座；3—外壳；4—管接头；5—拉杆；

6—扇形齿轮；7—指示针；8—游丝；9—刻度盘；10—调整螺丝

1. 压力表的选用

（1）压力表的精度不应低于 2.5 级。

（2）压力表的量程最好为工作压力的 2 倍。

（3）压力表表盘的直径不应小于 $\phi100$。

（4）每台锅炉应有一只具超压报警功能的压力表。

（5）压力表安装前应经国家技术监督检查部门批准的机构进行校验。

2. 压力表的安装

压力表应装在便于观察、冲洗和介质呈平流的管段上，并应尽量避免受到高温、水冻和震动。压力表前应装设缓冲弯管，采用钢管时，其内径不应小于 10mm，且压力表和弯管间应装设三通旋塞。压力表在表盘处应用红线标出工作压力点。

六、高低水位警报器安装

高低水位警报器是一种保护装置，其作用是当锅筒内水位过高或过低时，可以发出声光警报。常用的有浮子式水位警报器，如图 9-18 所示。安装高低水位警报器的锅炉，应做好水质控制，以防影响警报器的准确报警。

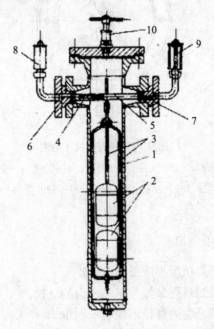

图 9-18 浮子式水位警报器

1—筒体；2—浮子；3—吊杆；4—左操纵杆；5—右操纵杆；
6—左汽阀；7—右汽阀；8—左汽笛；9—右汽笛；10—空气阀

第五节 烘炉、煮炉和锅炉试运行

一、烘炉

1. 烘炉应具备的条件

（1）锅炉整体安装完毕且验收合格。

（2）锅炉附属设备已安装就绪，并经单机试运转，符合规范要求。

（3）锅炉管道系统及仪表已安装完毕，并已调试。

（4）打开与引风机并联的烟道旁通，使炉墙自然干燥。

（5）备好烘炉用木柴及燃煤。

（6）烘炉方案已编制完成，并对烘炉人员进行了技术交底。

（7）冲洗锅炉并已注入合格的软化水至正常水位。

2. 烘炉

（1）木柴烘炉阶段：关闭所有阀门，打开锅筒排气阀，并向锅炉内注入清水，使其达到锅炉运行的最低水位。加进木柴，将木柴集中在炉排中间，约占炉排 1/2，点火。开始可单靠自然通风，按温升情况控制火焰的大小。起始的 2~3h 内，烟道挡板开启约为烟道剖面的 1/3，待温升后加大引力时，把烟道挡板关至仅留 1/6 为止。炉膛保持负压。最初两天，木柴燃烧须稳定均匀，不得在木柴已经熄火时再急增火力，直至第三昼夜，略添少量煤，开始向下个阶段过渡。

（2）煤炭烘炉阶段：首先缓缓开动炉排及鼓、引风机，烟道挡板开到烟道面积 1/3~1/6 的位置上，不得让烟从看火孔或其他地方冒出。注意打开上部检查门排除护墙气体。一般情况下烘炉不少于 4d，冬季烘炉要酌情将木柴烘炉时间延迟若干天。后期烟温不高于 150℃。砌筑砂浆的含水率降到 10% 以上为好。烘炉中水位下降时及时补充清水，保持正常水位。烘炉初期开启排污，到中期每隔一定时间进行一次定期排污。为防止冷空气进入炉膛，烘炉期应少开检查门、看火门、人孔等，严禁将冷水洒在炉墙上。

3. 烘炉注意事项

（1）火焰应保持在炉膛中央，燃烧均匀，升温缓慢，不能时旺时弱。烘炉时锅炉不升压。

（2）烘炉期间应注意及时补进软水，保持锅炉正常水位。

（3）烘炉中后期应适量排污，每 6～8h 可排污一次，排污后及时补水。

（4）为防止冷空气进入炉膛内，使炉膛产生裂损，煤炭烘炉时应尽量减少炉门、看火门开启次数。

二、煮炉

烘炉工序完成后，即可进行煮炉。

1．煮炉加药

（1）煮炉所用药品及剂量宜按锅炉安装使用说明书执行，若设计无规定，按表 9-10 用量向锅炉内加药。

表 9-10　煮炉所用药品及数量

药品名称	1m³水加药量/kg		
	铁锈较轻	铁锈较重	迁装锅炉
氢氧化钠（NaOH）	2～3	3～4	5～6
磷酸三钠（$Na_3PO_4 \cdot 12H_2O$）	2～3	2～3	5～6

注：1. 对于铁锈较薄的锅炉，也可以用磷酸钠进行煮炉，其用量为 6kg/m³。
　　2. 铁锈特别严重时，加药数量可按表再增加 50%～100%。

（2）有加药器的锅炉，在最低水位加入药量，否则可以在上锅筒一次加入。

（3）当碱度低于 45mmol/L，应补充加药量。

（4）药品可按 100%纯度计算，无磷酸三钠时，可用碳酸钠代替，数量为磷酸三钠的 1.5 倍。若单独用碳酸钠煮炉，其数量为每 1m³ 水加 6kg。

2．煮炉

（1）煮炉时间宜为 2～3d，煮炉的最后 24h 宜使锅炉压力保持在额定工作压力的 75%，当在较低压力下煮炉时，时间应延长。

（2）煮炉时，应加强排污并定期从锅筒和下集箱取水样，进行水质分析，当炉水碱度低于 45mmol/L 时，应补充加药。

（3）煮炉后期，炉水碱度及磷酸根含量不再有大的变化时，煮炉基本结束；煮炉结束后应用水将锅炉内部和曾与药液接触过的阀门清洗，并清除沉积物，检查排污阀，应无堵塞现象。

（4）煮炉后，检查锅炉内部应无油污、金属表面应无锈斑。

（5）对热水锅炉，也可采用循环药液煮炉。

3．煮炉注意事项

煮炉期间，炉水水位控制在最高水位，水位降低时，及时补充给水。每隔 3～4h 由上、下锅筒（锅壳）及各集箱排污处进行炉水取样，若炉水碱度低于 45mmol/L，向炉内补充加药。需要排污时，应将压力降低后，前后、左右对称排污。清洗干净后，打开人孔、手孔，进行检查，清除沉积物。

三、锅炉试运行

（1）打开点火门。首先在炉排前端放好木柴并点燃。开大引风机的调节阀使木柴引燃后，关小引风机的调节阀间断开启引风机使火燃烧旺盛，然后手工加煤并开启鼓风机。当煤层燃烧旺盛可关闭点火门向煤斗加煤。间断开动炉排，使煤逐步正常燃烧。

（2）为避免锅炉受热不均产生较大的热应力，影响锅炉寿命，升火时炉膛温升不宜过快，一般情况下，从升火至锅炉达到工作压力历时不小于 3～4h。

（3）升火以后还应注意水位变化，炉水受热后水位上升，当超过最高水位时应排污使水位正常。

（4）当锅炉有压力时，可进行压力表弯管和水位计的冲洗工作。当压力升至 0.3～0.4MPa 时对锅炉范围内的法兰、人孔、手孔和其他连接部位进行一次检查和热状态下的紧固。检查无问题后升至工作压力，在工作压力下再进行一次检查，人孔、手孔、阀门、法兰和填料应严密；锅炉、集箱、管道和支架的膨胀应正常。

第十章　管道的防腐与保温

第一节　管道的除锈与防腐

　　建筑安装工程中的管道、容器、设备等常因其腐蚀损坏而引起系统的泄漏，既影响生产又浪费能源，对输送有毒介质的管道而言还会造成环境污染和人身伤亡事故。许多工艺设施会因腐蚀而报废，最后成为一堆废铁。金属的腐蚀原因是复杂的，而且常常是难以避免的。为了防止和减少金属的腐蚀，延长管道的使用寿命，应根据不同情况采取相应防腐措施。防腐的方法很多，如采取金属镀层、金属钝化、电化学保护、衬里及涂料工艺等。在管道及设备的防腐方法中，采用最多的是涂料工艺。对于明装的管道和设备，一般采用油漆涂料，对于设置在地下的管道，则多采用沥青涂料。

一、管道的除锈

　　为了提高油漆防腐层的附着力和防腐效果，在涂刷油漆前应清除钢管和设备表面的锈层、油污和其他杂质。

　　钢材表面的除锈质量分为四个等级。

　　一级要求彻底除净金属表面上的油脂、氧化皮、锈蚀等一切杂物，并用吸尘器、干燥洁净的压缩空气或刷子清除粉尘。表面无任何可见残留物，呈现均一的金属本色，并有一定粗糙度。

　　二级要求完全除去金属表面的油脂、氧化皮、锈蚀产物等一切杂物，并用工具清除粉尘。残留的锈斑、氧化皮等引起的轻微变色的面积在任何部位 100mm×100mm 的面积上不得超过 5%。

　　一、二级除锈标准，一般必须采用喷砂除锈和化学除锈的方法才能达到。

三级要求完全除去金属表面上的油脂、疏松氧化皮、浮锈等杂物，并用工具清除粉尘。紧附的氧化皮、点锈蚀或旧漆等斑点状残留物面积在任何部位 100mm×100mm 的面积上不得超过 1/3。三级除锈标准可用人工除锈、机械除锈和喷砂除锈方法达到。

四级要求除去金属表面上油脂、铁锈、氧化皮等杂物，允许有紧附的氧化皮、锈蚀产物或旧漆存在，用人工除锈即可达到。建筑设备安装中的管道和设备一般要求表面除锈质量达到三级。常用除锈的方法有人工除锈、喷砂除锈、机械除锈和化学除锈。

1. 人工除锈

人工除锈常用的工具有钢丝刷、砂布、刮刀、手锤等。当管道设备表面有焊渣或锈层较厚时，先用手锤敲除焊渣和锈层；当表面油污较重时，用熔剂清理油污。待干燥后用刮刀、钢丝刷、砂布等刮擦金属表面直到露出金属光泽。再用干净废棉纱或废布擦干净，最后用压缩空气吹洗。钢管内表面的锈蚀，可用圆形钢丝刷来回拉擦。

人工除锈劳动强度大、效率低、质量差，但工具简单、操作容易，适用各种形状表面的处理。由于安装施工现场多数不便使用除锈机械设备，所以在建筑设备安装工程中人工除锈仍是一种主要的除锈方法。

2. 喷砂除锈

喷砂除锈是采用 0.35～0.5MPa 的压缩空气，把粒度为 1.0～2.0mm 的砂子喷射到有锈污的金属表面上，靠砂粒的打击去除金属表面的锈蚀、氧化皮等，除锈装置如图 10-1 所示。喷砂时工件表面和砂子都要经过烘干，喷嘴距离工件表面 100～150mm，并与之成70°夹角，喷砂方向尽量顺风操作。用这种方法能将金属表面凹处的锈除尽，处理后的金属表面粗糙而均匀，使油漆能与金属表面很好的结合。喷砂除锈是加工厂或预制厂常用的一种除锈方法。

喷砂除锈操作简单、效率高、质量好，但喷砂过程中产生大量的灰尘，污染环境，影响人们的身体健康。为减少尘埃的飞扬，可用喷湿砂的方法来除锈。喷湿砂除锈是将砂子、水和缓蚀剂在储砂罐内混合，然后沿管道至喷嘴高速喷出。缓蚀剂（如磷酸三钠、亚硝酸钠）能在金属表面形成一层牢固而密实的膜（即钝化），可以防止喷砂后的金属表面生锈。

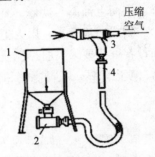

图 10-1　喷砂装置

1—储砂罐；2—橡胶管；3—喷枪；4—空气接管

3．机械除锈

机械除锈是用电机驱动的旋转式或冲击式除锈设备进行除锈，除锈效率高，但不适用于形状复杂的工件。常用除锈机械有旋转钢丝刷、风动刷、电动砂轮等。

图 10-2 是一电动钢丝刷内壁除锈机，由电动机、软轴、钢丝刷组成，当电机转动时，通过软轴带动钢丝刷旋转进行除锈，用来清除管道内表面上的铁锈。

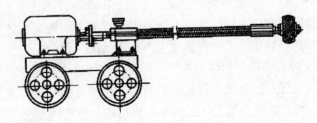

图 10-2　电动钢丝刷内壁除锈机

4. 化学除锈

化学除锈又称酸洗，是使用酸性溶液与管道设备表面金属氧化物进行化学反应，使其溶解在酸溶液中。用于化学除锈的酸液有工业盐酸、工业硫酸、工业磷酸等。酸洗前先将水加入酸洗槽中，再将酸缓慢注入水中并不断搅拌。当加热到适当温度时，将工件放入酸洗槽中，掌握酸洗时间，避免清理不净或侵蚀过度。酸洗完成后应立即进行中和、钝化、冲洗、干燥，并及时刷油漆。

二、管道及设备涂漆

油漆防腐的原理就是靠漆膜将空气、水分、腐蚀介质等隔离起来，以保护金属表面不受腐蚀。常用的管道和设备表面涂漆方法有手工涂刷、空气喷涂、静电喷涂和高压喷涂等。

1. 手工涂刷

手工涂刷是将油漆稀释调合到适当稠度后，用刷子分层涂刷。这种方法操作简单，适应性强，可用于各种漆料的施工；但工作效率低，涂刷的质量受操作者技术水平的影响较大，漆膜不易均匀。手工涂刷应自上而下、从左至右、先里后外、纵横交错地进行，漆层厚度应均匀一致，无漏刷和挂流处。

2. 空气喷涂

空气喷涂是利用压缩空气通过喷枪时产生高速气流将贮漆罐内漆液引射混合成雾状，喷涂于物体的表面。空气喷涂中喷枪如图 10-3 所示，所用空气压力为 0.2～0.4MPa，一般距离工件表面 250～400mm，移动速度 10～15m/min。空气喷涂漆膜厚薄均匀、表面平整、效率高，但漆膜较薄，往往需要喷涂几次才能达到需要的厚度。为提高一次喷膜厚度，可采用热喷涂施工。热喷涂施工就是将漆加热到 70℃左右，使油漆的黏度降低，增加被引射的漆量。采用热喷涂法比一般空气喷涂法可节省 2/3 左右的稀释剂，并提高近一倍的工作效率，同时还能改变涂膜的流平性。

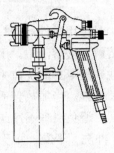

图 10-3　油漆喷枪

3．高压喷涂

高压喷涂是将经加压的涂料经由高压喷枪后，剧烈膨胀并雾化成极细漆粒喷涂到构件上。由于漆膜内没有压缩空气混入而带进的水分和杂质等，漆膜质量较空气喷涂高，同时由于涂料是扩容喷涂，提高了涂料黏度，雾粒散失少，也减少了溶剂用量。

4．静电喷涂

静电喷涂是使由喷枪喷出油漆雾粒在静电发生器产生的高压电场中荷负电，带电涂料微粒在静电力的作用下被吸引贴覆在带异性电荷的构件上。由于飞散量减少，这种喷涂方法较空气喷涂可节约涂料 40%～60%。

其他涂漆方法有滚涂、浸涂、电泳涂、粉末涂法等，因在建筑安装工程中的管道和设备防腐中应用较少，不再赘述。

5．涂漆的施工程序及要求

直接涂在管道或设备表面，一般涂 1～2 遍，每层涂层不能太厚，以免起皱和影响干燥。若发现有不干、起皱、流挂或露底现象，要进行修补或重新涂刷。面漆一般涂刷调和漆或磁漆，漆层要求薄而均匀，无保温的管道涂刷一遍调和漆，有保温的管道涂刷两遍调和漆。罩光漆层一般由一定比例的清漆和磁漆混合后涂刷一遍。不同种类的管道设备涂刷油漆的种类和涂刷次数见表 10-1。

表 10-1　管道设备刷漆种类和刷漆次数

分类	名　称	先刷油漆名称和次数	再刷油漆名称和次数
不保温管道和设备	室内布置管道设备	2 遍防锈漆	1～2 遍油性调和漆
	室外布置的设备和冷水管道	2 遍环氧底漆	2 遍醇酸磁漆或环氧磁漆
	室外布置的气体管道	2 遍云母氧化铁酚醛底漆	2 遍云母氧化铁面漆
	输油管道和设备外壁	1～2 遍醇酸底漆	1～2 遍醇酸磁漆
	管沟中的管道	2 遍防锈漆	2 遍环氧沥青漆
	循环水、工业水管和设备	2 遍防锈漆	2 遍沥青漆
	排气管	1～2 遍耐高温防锈漆	
保温管道和设备	介质温度＜120℃的设备和管道	2 遍防锈漆	
	热水箱内壁	2 遍耐高温油漆	
其他	现场制作的支吊架	2 遍防锈漆	1～2 遍银灰色调和漆
	室内钢制平台扶梯	2 遍防锈漆	1～2 遍银灰色调和漆
	室外钢制平台扶梯	2 遍云母氧化铁酚醛底漆	2 遍云母氧化铁面漆

三、埋地管道的防腐

埋地管道腐蚀是由土壤的酸性、碱性、潮湿、空气渗透以及地下杂散电流的作用等因素所引起的，其中主要是电化学作用。常用的防腐层包括石油沥青防腐层、环氧煤沥青防腐层和聚乙烯胶黏带防腐层。

1. 石油沥青防腐层

（1）石油沥青防腐层等级和材料见表 10-2。

表 10-2　沥青防腐绝缘层等级和结构

防腐等级	普通级	加强级	特加强级
防腐层总厚度/mm	≥4	≥5.5	≥7
防腐层结构	三油三布	四油四布	五油五布
1	底漆一层	底漆一层	底漆一层
2	石油沥青厚≥1.5mm	石油沥青厚≥1.5mm	石油沥青厚≥1.5mm
3	玻璃布一层	玻璃布一层	玻璃布一层
4	石油沥青厚1.0～1.5mm	石油沥青厚1.0～1.5mm	石油沥青厚1.0～1.5mm
5	玻璃布一层	玻璃布一层	玻璃布一层
6	石油沥青厚1.0～1.5mm	石油沥青厚1.0～1.5mm	石油沥青厚1.0～1.5mm
7	外包保护层	玻璃布一层	玻璃布一层
8	—	石油沥青厚1.0～1.5mm	石油沥青厚1.0～1.5mm
9	—	外包保护层	玻璃布一层
10	—	—	石油沥青厚1.0～1.5mm
11	—	—	外包保护层

（防腐层数为第1列的行标题，涵盖 1～11 各行）

　　石油沥青防腐层施工需要的主要材料包括沥青底漆、沥青涂料、中碱玻璃布和保护层。

　　沥青底漆是为了加强沥青涂料与钢管表面的附着力，在施工现场用沥青和汽油配制。沥青底漆配置时沥青与汽油的重量比一般为：沥青：工业汽油=1：2.5。

　　沥青涂料是沥青和适量粉状矿物质填充料的均匀混合物。填充料可以使用高岭土、石棉粉或废橡胶粉等。沥青成分强烈地吸附于填充料的表面，使沥青的附着力、耐热性和耐候性提高。填充料越细，效果越好。涂料的性质取决于沥青和填充料的性质和配合比。

　　中碱玻璃布是沥青涂层之间的包扎材料，在防腐绝缘层内起骨架的作用，增强绝缘层强度，避免脱落。使用时，中碱玻璃布应浸沾沥青底漆，并晾干后使用。

保护层常用防腐专用聚乙烯塑料布和牛皮纸。保护层的作用是提高防腐层的强度和热稳定性，减少或缓和防腐层的机械损伤和受热变形。用牛皮纸做保护层时应趁热包扎与沥青涂层上。

（2）沥青防腐层施工方法：

1）钢管在做防腐层前需要进行表面处理，表面处理要到达相应质量标准。

2）沥青的熬制温度应控制在230℃左右，最高不得超过250℃。每锅沥青的熬制时间控制在4～5h。

3）底漆干燥后方可浇涂沥青及缠玻璃布，常温下，间隔时间不应超过24h。

4）沥青的浇涂温度以200～220℃为宜，最低不得低于180℃，每层沥青浇涂厚度为1.5mm。

5）浇涂沥青后应立即缠绕玻璃布，玻璃布必须干燥。玻璃布压边宽度30～40mm，搭接长度100～150mm，玻璃布的沥青浸透率应达到95%以上。管道两端应预留一段不涂沥青，并且各防腐层做成梯形接茬，阶梯宽度为50mm。

6）待沥青冷却到40～60℃时方可包扎聚乙烯工业保护膜。保护膜应紧密适宜，无褶皱、脱壳现象，压边应均实，压边宽度30～40mm，搭接长度100～150mm。

7）除采取特别措施外，严禁在雨、雪、雾及大风天气进行露天作业。气温低于5℃时，应按照冬季施工处理，当气温低于−15℃或相对湿度大于85%时，在未采取可靠措施的情况下，不得进行防腐作业。冬季施工时，应按《石油沥青脆点测定法》（GB/T 4510—2006）测定沥青的脆化温度。当气温接近脆化温度时，不得进行防腐管道的吊装、运输和敷设工作。

（3）石油沥青防腐绝缘层施工质量检查：

1）外观检查：主要检查表面的平整、无气泡、麻面、皱纹、凸瘤和包杂物等缺陷。

2）厚度。

3）附着力：在防腐层上切一夹角为 45°～60°的切口，从角尖撕开漆层，撕开 30～50cm² 面积时感到费力，撕开后第一层仍然黏附在钢管表面。

4）绝缘性：用电火花检漏仪进行检测，以不闪现火花为合格。

2. 环氧煤沥青防腐层

环氧煤沥青防腐层适用于埋地输送油、水、气的钢质管道的外壁防腐蚀，输送介质温度不应高于 110℃。

（1）环氧煤沥青防腐层主要材料是环氧煤沥青涂料和中碱玻璃布。

环氧煤沥青涂料是甲、乙双组分涂料，由底漆的甲组分加乙组分（固化剂），面漆的甲组分加乙组分（固化剂）组成，并和相应的稀释剂配套使用。环氧煤沥青防腐层应采用中碱、无捻、无蜡的玻璃布作加强基布。含蜡的玻璃布必须脱蜡，其出厂产品包装应有防潮措施。玻璃布参考宽度见表 10-3。

表 10-3　玻璃布参考宽度　　　　　单位：mm

管径	60～89	114～159	219	273	377	426～529	720
布宽	120	150	200～250	300	400	500	600～700

环氧煤沥青涂料用于埋地钢管外防腐蚀时，应根据不同的土壤腐蚀环境，选用不同等级结构的防腐层，见表 10-4。

表 10-4　环氧煤沥青防腐层等级与结构

防腐层等级	结构	干膜厚度/mm
普通	底漆—面漆—面漆	≥0.2
加强	底漆—面漆—玻璃布—面漆—面漆	≥0.4
特加强	底漆—面漆—玻璃布—面漆—玻璃布—面漆—面漆	≥0.6

防腐层质量检查内容包括外观检查、厚度检查、针孔检查和黏附力检查。

（2）施工技术要求：

1）钢管表面处理：钢管在涂敷前，必须进行表面处理，除去油污、泥土等杂物。除锈标准应达到 Sa2.5 的等级，并使表面达到无焊瘤、无棱角、光滑无毛刺。

2）涂料配制：环氧煤沥青涂料的配制，整桶漆在使用前，必须充分搅拌，使整桶漆混合均匀。底漆和面漆必须按厂家规定的比例配制，配制时应先将底漆或面漆倒入容器，然后再缓慢加入固化剂，边加入边搅拌均匀。刚开桶的底漆或面漆不得加入稀释剂，在施工过程中，当黏度过大不宜涂刷时，加入稀释剂重量不得超过涂料的5%。配好的涂料需熟化 30min 后方可使用，常温下涂料的使用周期一般为 4～6h。

3）涂刷底漆：钢管经表面处理合格后应尽快涂底漆，间隔时间不得超过 8h，大气环境恶劣（如湿度过高，空气含盐雾）时，还应进一步缩短间隔时间。要求涂刷均匀，不得漏涂，每个管子两端各留裸管 150mm 左右，以便焊接。

4）刮腻子：焊缝高于管壁 2mm，用面漆和滑石粉调成稠度适宜的腻子，在底漆表干后抹在焊缝两侧，并刮平成为过渡曲面，避免缠玻璃布时出现空鼓。

5）涂面漆和缠玻璃布：底漆表干或打腻子后，即可涂面漆。涂刷要均匀，不得漏涂。在室温下，涂底漆与涂第一道面漆的间隔时间不应超过 24h。

6）检查防腐层干性的标准：

表干：用手指轻触防腐层不粘手。

实干：用手指推捻防腐层不移动。

固化：用手指甲力刻防腐层不留划痕。

3. 聚乙烯胶黏带防腐层

（1）聚乙烯胶黏带是在聚乙烯薄膜上涂以特殊的胶黏剂而制成的防腐材料，在常温下有压敏、粘结性能，稳定升高后能固化，与金属有很好的附着力。

根据土壤腐蚀性的强弱程度和燃气管道敷设地段环境的不同，

聚乙烯胶黏带有不同的防腐等级和结构。聚乙烯胶黏带防腐等级和结构见表 10-5。

表 10-5　聚乙烯胶黏带防腐层等级和结构

防腐等级	防腐层结构	总厚度
普通级	底漆—内带（带间搭接宽度 10～19mm）—外带（带间搭接宽度 10～19mm）	≥0.7mm
加强级	底漆—内带（带间搭接宽度为 50%带宽）—外带（带间搭接宽度 10～19mm）	≥1.0mm
特加强级	底漆—内带（带间搭接宽度为 50%带宽）—外带（带间搭接宽度为 50%带宽）	≥1.4mm

（2）聚乙烯胶黏带防腐层施工要求：

1）钢管在做防腐层前需要进行表面处理，表面处理要到达相应质量标准。

2）底漆涂刷前，在容器中应当搅拌均匀，直到沉淀物全部溶解为止。

3）胶黏带卷体温度应高于 5℃，当环境温度较低时，应适当地采取保温措施。大气相对湿度大于 75%或有风沙天气时不宜施工。

4）胶黏带始端与末端搭接长度不少于 1/4 周长且不少于 100mm，缠绕各圈间应平行，不能扭曲。

5）对于工厂预制缠带，管端应留长为 140～160mm 裸管，以备焊接。并在成品管端做出防腐等级标记（普通级：红色，加强级：绿色，特加强级：蓝色）。

6）连接部位和焊缝处需进行补口，补口层与原涂层的搭接宽度不应小于 100mm。

7）补口时应除去管端防腐层松散部分。

8）补口处钢管与各胶黏带间应涂刷与胶层相容的底胶，底胶剥离强度不小于 8N/cm。

第二节 管道的保温

一、管道保温目的与要求

1. 管道保温的目的

水暖管道工程中，都要求管道输送的热介质（或冷介质）保持一定温度，尽量减少热量（或冷量）损失。热量和冷量的损失都是对能源的浪费。因此，必须对管道进行绝热处理。管道绝热减少介质温降和温升，节约能源，保证正常生产外，还有以下目的：

（1）防止冬季冻坏管道和阀门，特别是当管道间断性工作时，管道保温更为重要。

（2）防止高温管道和阀门附件烫伤操作人员。

（3）防止空气中的水蒸气凝结在管道上。

（4）为减少腐蚀，在管道外设置保温（保冷）层，保持管外壁的干燥。

2. 管道保温的要求

（1）管道保温厚度应该符合设计规定，厚度允许偏差为 5%～10%。

（2）管道保温时，应粘贴紧密，表面应平整，圆弧应均匀，无环形断裂。表面平整度，采用卷材和板材时，每米允许偏差 5mm；涂抹或其他做法允许偏差为 10mm。

（3）管道保温采用硬质保温瓦时，在直线管段上，应每隔 5～7m 留一条膨胀缝，膨胀缝的间隙为 5mm，弯管处也应留出膨胀缝，须用柔性保温材料填充，如使用石棉绳或玻璃棉，管道弯管处留膨胀缝的位置如图 10-4 所示。

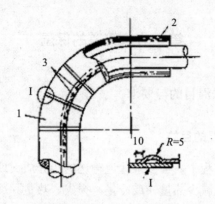

图 10-4　弯管膨胀缝位置

1—铁皮保护层；2—保温层；3—半圆头自攻螺丝

（4）采用保温瓦保温时，其接缝应错开；用矿渣棉保温时，厚度须均匀平整，接头要搭平，绑扎牢固；用草绳石棉灰保温时，应先在管壁上涂抹石棉灰后缠草绳，不准草绳接触壁管。

（5）绑扎保温瓦时，必须用镀锌铁丝，在每节保温瓦上应绑扎两道。当管径为 25～100mm 时，用 18 号铁丝；管径为 125～200mm时，用 16 号铁丝。

（6）垂直管道做保温层，当层高小于或等于 5m 时，每层应设 1个支撑托板，层高大于 5m 时，每层支撑托板应不少于 2 个。

（7）管道附件保温时，法兰、阀门、套管伸缩器等不应保温。两侧应留出 70～80mm 间隙，在保温层端部抹 60°～70°的斜坡。在管道支架处应留出伸缩活动量，填以石棉绳。

（8）保温层外应做保护层，采用铁皮做保护层时，纵缝搭口应朝下，铁皮的搭接长度为 30mm。采用石棉水泥或麻刀石灰做保护层时，用在管道上其厚度不小于 10mm，用在设备、容器上其厚度不小于 15mm。弯管处铁皮保护层应做成虾米腰形状。

（9）保温管道最外层缠玻璃丝布时，应以螺旋状绕紧，前后搭接 40mm，垂直管道应自下而上绕紧，每隔 3m 及布带的两端均应用直径为 1mm 的镀锌铁丝绑扎一圈。管道最外层采用玻璃布油毡，其横向搭接缝用稀释沥青粘合，纵向搭接缝口应向下，缝口搭接 50mm，外面用镀锌铁丝或钢带扎紧。

二、管道保温结构形式

热绝缘结构由热绝缘层、保护层和补强结构组成。热绝缘层必须满足工艺及适用要求：热稳定性好，化学稳定性好，足够的强度，保护管道免受腐蚀，不影响管道的热胀冷缩，无毒无味，不易受鼠蚁破坏。常见的施工方法有缠绕涂抹法、绑扎法、预制块法、缠绕法和填充法。

1．缠绕涂抹法（如图 10-5 所示）

（1）施工工序：

1）将石棉硅藻土或碳酸镁石棉粉用水调成胶泥待用。

2）再用六级石棉和水调成稠浆并涂抹在已涂刷防锈漆的管道表面上，涂抹厚度为 5mm 左右。

3）等该涂抹底层干燥后，再将待用胶泥往上涂抹。涂抹应分层进行，每层厚度为 10～15mm。前一层干燥后，再涂抹后一层，直到获得所要求的保温厚度为止。管道转弯处保温层应有伸缩缝。

4）施工直立管道段的保温层时，应先在管道上焊接支承环，然后再涂抹保温胶泥。支承环由 2～4 块宽度等于保温层厚度的扁钢组成。当管径＜150mm 时，可直接在管道上捆扎几道铁丝作为支承环。支承环的间距为 2～4m。

5）进行涂抹式保温层施工时，其环境温度应在 0℃以上。可向管内通入温度不大于 150℃的蒸汽，以加快干燥速度。

（2）涂抹法的优点：

1）要求保温材料品种少，辅助材料也用得少。

2）施工方法简单，维护检修方便。

3）为减少热损失，保温结构是个整体，没有接缝。

4）适用于任何形状的管道、管件及阀门等。

5）这种结构使用时间较长，一般可达 10 年以上。

（3）涂抹法的缺点：

1）主要靠手工操作，消耗劳动力多，生产效率低。

2）工程质量在很大程度上取决于操作工人的技术水平和劳动态度。

3）待前一层干燥后才能抹下一层，这样拖延了施工时间。

4）为了加快干燥，被保温的管道要预热到 80～150℃，这样给新建厂带来了困难，也使保温层增加了成本。

5）机械强度不高，多数情况下需用镀锌钢丝网作支撑骨架，所以不能用于机械强度要求高的管道上。

6）胶泥是用水调和的，因此，容易吸水，这就增大了热导率，降低了机械强度。

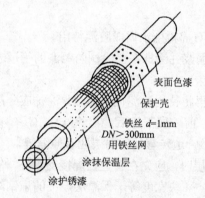

图 10-5　缠绕涂抹法绝缘层结构

表面色漆
保护壳
铁丝 d=1mm
DN>300mm
用铁丝网
涂抹保温层
涂护锈漆

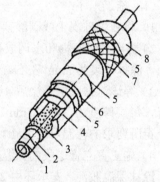

图 10-6　绑扎法绝缘层结构

1—管道；2—防锈漆；3—胶泥；

4—绝热层；5—镀锌钢丝；6—沥青油毡；

7—玻璃丝布；8—防腐漆

2．绑扎法

绑扎法是目前管道工程热绝缘层常用的施工方法。将岩棉、玻璃棉、矿渣棉、石棉等绝热材料毡状的管壳或弧形毡块直接包裹在管道上，然后用镀锌钢丝绑扎固定。每块毡块至少绑扎两处，钢丝接头嵌入接缝内。然后再在外部做保护层和防潮层，保护层可以不做，但是必须有防潮层。防潮层的做法是在保护层外层涂一层沥青涂料，外包浸沥青的玻璃布，玻璃布外侧再涂一层沥青，沥青玻璃布作为防潮层，如图10-6所示。

特点：

1）施工简单，维修方便。

2）材料具有弹性，较容易受潮。

3）可用于有振动和温度变化较大的地方。

4）使用寿命较长。

3. 缠绕法

缠绕法常用于小管径管道，按介质温度和使用工况分别采用石棉绳、石棉布或铝箔进行缠绕，缠绕时彼此靠近，以防松动。缠绕起止段要用镀锌钢丝扎牢，外层一般以玻璃丝布包缠刷漆，如图10-7所示。

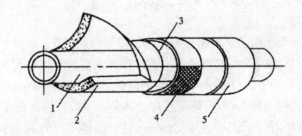

图 10-7 缠绕法绝缘层结构

1—管道；2—保温毡或布；3—镀锌铁丝；4—镀锌铁丝网；5—保护层

（1）缠绕结构的优点：

1）这种保温结构施工方法简单，检修方便。

2）石棉绳、草绳保温使用辅材少，不消耗金属材料。

3）多用于有振动和温度变化较大的管道保温。

4）使用稻草绳保温造价很低，并适用于不规则的管道。

（2）缠绕结构的缺点：

1）使用稻草绳在温度高时，容易被烤糊，使用年限短。

2）用石棉绳造价太高，不经济，不宜推广。

4．预制块法

（1）施工工序：

1）将泡沫混凝土、硅藻土或石棉蛭石等预制成能围抱管道的扇形块（或半圆形管壳）待用。构成环形块数可根据管外径大小而定，但应是偶数，最多不超过 8 块；厚度不大于 100mm，否则应做成双层。

2）一种施工方法是将管壳用镀锌铁丝直接绑扎在管道上。

3）一种施工方法是在已涂刷防锈漆的管道外表面上，先涂一层 5mm 厚的石棉硅藻土或碳酸镁石棉粉胶泥（若用矿渣棉或玻璃棉管壳保温时，可用直接绑扎法）。

4）将待用的扇形块按对应规格装配到管道上面。装配时应使横向接缝和纵向接缝相互错开；分层保温时，其纵向缝里外应错开 15°以上，而环形对缝应错开 100mm 以上，并用石棉硅藻土胶泥将所有接缝填实。

5）预制块保温层可用有弹性的胶皮带临时固定；也可用胶皮带按螺旋形松缠：每一段管子上，再顺序塞入各种经过试配的保温材料，并用直径 1.2～1.6mm 的镀锌钢丝或薄铁皮箍（20mm×1.5mm）将保温层逐一固定，方可解下胶皮带移至下一段管上进行施工。

6）当绝热层外径 > 200mm 时，应用 30mm×50mm～50mm×50mm 镀锌钢丝网对其进行捆扎。

7）在直线管段上，每隔 5～7m 应留一膨胀缝，间隙为 5mm。在弯管处，管径小于或等于 300mm 时，应留一条膨胀缝，间隙为 20～30mm。膨胀缝须用柔性保温材料（石棉绳或玻璃棉）填充。

（2）预制装配式保温结构的优点：

1）保温管壳、弧形瓦、梯形瓦等都可以在预制厂进行预制，这不但提高劳动效率，而且还能保证预制品的质量。

2）使用预制管壳时，施工非常方便，能够加快进度，并能保证质量。

3）预制品都有较高的机械强度。

4）使用管壳时做外面保护层也容易，并不像使用棉毡那样难做，而且也很牢固。

5）可以在工厂或预制厂进行管段保温，在管段两端留出焊接的长度，运到现场焊好试压后，再做焊接部位的保温。

6）预制保温结构比较坚固耐用，使用时间长。

（3）预制装配式保温结构的缺点：

1）接缝处虽然用胶泥抹平，但还会有热量逸出，增加管道热损失。

2）搬运中损耗量大，尤其是长途运输。

3）消耗辅助材料较多，需要大量的镀锌钢丝网。

4）不同管径、不同厚度规格品种多，在保存和使用中容易弄错。

5）对于形状复杂的管道，加工量大，消耗工时多，使用较困难。

5. 填充法

施工时，在管壁固定好圆钢制成的支承环，环的厚度和保温层厚度相同，然后用铁皮、铝皮或钢丝网包在支承环的外面，再填充保温材料。填充法也可采用多孔材料预制成的硬质弧形块作为支撑结构，其间距约为 900mm。平织钢丝网按管道保温外周尺寸裁剪下料，并经卷圆机加工成圆形，才可包覆在支撑结构上进行矿渣棉填充。填充保温结构宜采用金属保护壳，采用这种方法施工麻烦，保温材料易飞扬，影响人体健康；加之填充的保温结构容重不易达到设计规定的装填容重，而且均匀密实程度也有差别，故较少采用。

第十一章　施工组织与班组管理

建筑设备安装工程的施工应结合工程性质、工期长短、材料供应情况、运输条件、劳动力素质和机械装备程度等各种技术条件，从全局出发，通盘加以考虑，合理确定施工方案，安排施工进度，进行现场布置，把设计与施工、技术与经济、前方与后方、企业的全局活动与工程的施工组织以及各项目之间的关系更好地协调起来，从而做到人尽其力，物尽其用，优质、低耗、高速度，以取得较好的经济效益和社会效益。

第一节　施工准备工作

施工准备工作的内容一般包括：技术资料的准备、施工现场的准备、施工物资及施工队伍准备等。每项准备工作都包含了许多具体内容。

一、技术资料的准备

技术资料的准备包括：熟悉和审查图纸；签订工程合同；编制施工组织设计；编制施工图预算及施工预算等。

1. 熟悉、审查图纸

各级施工人员在开工前要认真学习图纸，了解设计意图及施工的技术标准、工艺规程、系统特点等，并提出问题，同时考虑设备安装工程与建筑工程施工的协调配合事宜。

审查图纸应注意以下问题：

1）核对设计是否符合施工条件。应核对设计采用的新工艺、新技术在施工时是否可行；采用的特殊施工方法和特定技术措施在设备上及技术上有无困难；特殊材料、设备的加工订货能否落实等。

2）核对主要尺寸、位置、标高有无错误和遗漏。先看平面图、剖面图、轴侧图，然后看细部及详图，核对有无矛盾处。

3）核对材料品种、规格、数量能否满足要求。

熟悉和审查图纸要抓住关键环节。对审查出的问题及时提交建设单位和设计单位，抓紧办理洽商手续并纳入工程预算和工程技术档案。

2．熟悉技术规程、规范

各种技术规程、规范是国家制定的法规，是实践经验的总结，是保证工程质量的前提条件。认真学习有关技术规程，为保证优质、安全、按时完成工程任务打下坚实的技术基础。

3．熟悉工程承包合同

工程承包合同，是发包者与承包者为完成一定的工程任务，明确相互权利与义务关系而签订的协议。合同具有法律的效力，受国家法律的保护，任何一方违约，都要按有关规定承担法律责任。施工管理人员必须在施工前熟悉合同内容，准确理解双方的权利与义务。

4．编制施工组织设计

施工组织工作是用施工组织设计文件全面体现的。工程任务确定后，在开工之前必须编制施工组织设计。施工组织设计是对建设工程作的全面安排，是指导施工的重要文件。影响施工进度和工程质量的主要因素有人员、材料、设备、管理水平等，如何利用有利因素，克服不利因素，合理组织人力、物力，这是施工组织的重要问题。只有认真制订、贯彻执行施工组织设计，才能做到工期短、质量高、成本低。

给排水安装工程一般以编制施工方案的形式组织施工。施工方案包括的内容有：

1）施工方案的说明，包括工程性质、规模、特点，所采用的施工方法和施工顺序等。

2）施工进度计划表或网络图。

3）材料、劳动力、机具使用计划。

4）各项技术措施。

5）施工现场平面布置图。

5. 编制施工图预算和施工预算

施工图预算是确定工程造价的具体文件，是控制投资、加强施工管理和经济核算的基础。同时也是银行拨款、建设单位和施工单位结算工程费用、建筑安装企业进行"两算"对比的依据。

施工预算是编制施工计划指导施工的依据，也是加强班组核算、实行按劳分配及进行"两算"对比的依据。

施工前，必须编制好施工图预算和施工预算。

二、施工现场的准备

一般包括拆除障碍物、测量放线、搭设临时设施等内容。

三、施工物资及劳动力准备

1. 施工物资准备

施工现场材料、配件、器具的进场，施工机具的准备，必须按照施工组织设计的要求及材料、器具需用量计划的要求进场，并应注意以下几点：

（1）对于无出厂合格证明和没有按规定复试的原材料，一律不准进场使用。

（2）对于进入现场的设备应会同有关部门进行开箱检查，对不符合要求或因运输损坏者，应立即通知厂方解决。

（3）对于进场的防水、防腐、保温等材料，应按规格分开堆放。

（4）进场的机械设备应妥善保管，按指定位置安放。

2. 施工队伍准备

基本施工队伍的确定，要根据现有的劳动组织情况及施工组织设计的劳动力需用量计划确定；专业施工队伍要根据施工进度的安排，企业的生产计划及现有专业队的情况加以确定。如需用外包施工队时，要进行技术考核，对技术不达标、质量没保证的不能使用。

在施工前，要对施工队伍进行劳动纪律和安全教育。在组织施工队伍时，一定要遵循劳动力相对稳定的原则，以保证工程质量和劳动效率的提高。

同时，要求本企业职工和外包施工队人员必须做到遵守劳动纪律、遵守操作规程、保证工程质量、保证施工进度、保证安全生产，不断提高技术水平，以提高企业的竞争能力。

第二节　组织施工的方法

一、组织施工的原则

应根据建筑安装工程的特点，工作情况组织施工，一般原则是：

（1）连续性：指在整个施工过程中，各工序之间在时间上紧密衔接，没有或很少有不必要的停顿、间隔。

（2）均衡性：在指定的一段时间间隔内（如季、月、旬）完成大致相等或稳定递增的产量或工作量，使施工生产过程不至于前松后紧和突击抢工的局面，保证相对均衡地完成施工生产任务。

（3）比例性：指在生产过程的各个阶段、各项工序的生产能力要相互匹配、协调，保持一定的比例关系。

二、组织施工方法

为满足上述原则，在组织施工方法上，可归纳为三种形式：顺序施工法、平行施工法、流水作业法。三种方法各有不同特点，应视具体情况灵活选用。

现以室外采暖管道安装工程为例，分析三种组织施工方法的特点及其效果。将厂区采暖管道分为三段施工，各段施工工序、工程量、劳动组织相同，如图 11-1 所示。

（1）顺序施工法：将三段管道按先后顺序依次投入施工，即后一段施工必须在前一段全部完工后才能开始，从图 11-1 中可看出，从Ⅰ段开工经 6 天完工后，Ⅱ段再开始施工，依次直至Ⅲ段施工结束，其工期为 18 天。

（2）平行施工法：按三段分别组织施工力量同时进行施工，同时完成各段管道工程，其工期为 6 天。

（3）流水作业法：按施工工序，分别组织 3 个专业班组，依次在三段管道工程上完成同一专业内容的施工，3 个专业班组按照一定的流水方向依次进行操作。从图 11-1 可知，由 30 人组成的挖槽专业班组，首先在Ⅰ段上开工，经 2 天完成Ⅰ段挖槽后，依次流向Ⅱ、Ⅲ段挖槽工序施工，直至挖槽工序完工，共用 6 天。由 20 人组成的安管专业班组，在Ⅰ段挖槽完成后开始进行安管工序，2 天完成Ⅰ段安管任务后，依次流向到Ⅱ、Ⅲ段安管，至安管工序结束，也用 6 天。同样，其他专业班组依次进行流水作业，直至全部完成施工任务。其流水作业法工期为 10 天。

相同的工程量用不同的施工方法，将产生不同的效果。

顺序施工法，其优点是现场占用劳动力少，工序单一，便于管理，但存在工期长，专业班组工作不连续，对劳动力的调配和工效等方面将造成不利影响。

平行施工法，其优点是工期短，但所需劳动力集中，对组织施工和现场管理都有不利影响。

流水作业法，其优点是专业班组工作连续且均衡，劳动力起伏平缓，使用合理，有利于提高工效和保证工程质量。在正常情况下，采用流水作业法符合组织施工的连续性、均衡性、比例性三项原则。

第三节　施工作业计划及施工任务单

一、施工作业计划

施工作业计划是年度、季度施工计划的具体化，是施工基层单位依据年度计划和工程承包合同、施工方案，结合上期计划完成情况，编制月、旬施工作业计划，一般时间较短，内容比较具体，任务落实到班组。

1．施工作业计划的作用

（1）将施工任务层层落实，分配到各班组，使班组及各个业务部门在日常施工中有明确的目标，以保证全面完成施工任务和各项技术经济指标。

（2）是施工单位做好劳动力、材料、设备和机具准备及供应的依据。

（3）是基层单位开展经济活动分析，班组核算与评发奖金的依据。

（4）是各级管理人员进行组织、检查与调度的依据。

2．施工作业计划的主要内容

月度施工作业计划是施工基础单位计划管理中的中心环节。现场的一切活动都是保证月施工作业计划的完成。其主要的内容包括以下方面：

（1）单位工程项目进度要求，开工、交工进度计划。

（2）实物工程量。

（3）建筑安装工作量。

（4）各项技术指标汇总表。

（5）劳动力需用量平衡计划。

（6）安装材料、预制件加工、设备的需要量计划。

（7）主要施工机械和运输平衡计划。

（8）技术组织措施计划。

（9）月份提高生产率，降低成本措施计划。

（10）为下月施工准备工作一览表。

二、施工任务单

1. 施工任务单的作用

施工任务单是施工基层单位向班组下达生产任务的主要形式，管理执行施工作业计划的有效措施，也是施工单位实行定额管理，贯彻按劳分配，开展班组核算，奖励评比的依据。通过任务单，可以将生产、技术、质量、安全、成本等各项技术经济指标分解为小组指标，落实到班组和个人。

2. 施工任务单的内容

内容与格式，各地区各单位有所不同，一般包括：

（1）任务单：是班组进行施工的主要依据，内容有工程项目、工程数量、劳动定额、计划用工数、完成日期、质量和安全要求等，见表11-1。

表 11-1　施工任务单

_____施工队_____组　　　　　　　　　_____年___月___日

工程项目	单位	计划用工数			实际完成			附注
		工程量	时间定额	用工数	工程量	耗用工日	完成定额	
完成各项指标情况	质量评定		安全评定			限额用料		

468

（2）小组记工单（或考勤表）：是班组的考勤记录，也是班组分配计件工资或奖励工资的依据，见表11-2。

表11-2　小组记工单

验收日期 ＿＿＿＿年＿＿月＿＿日

工程部位及项目	合计用工	实际用工											
		工种	1日	2日	3日								31日
	技工												
	合同工												
	技工												
	合同工												
班组记录	班（组）长：												
	考勤员：												

（3）限额领料单：是班组完成任务所需的材料限额，是班组领退材料的凭证，见表11-3。

表11-3　限额领料单

材料名称	规格	单位	限额用量	领料记录				定额数量	执行情况		
				第一次		第二次			实际耗用量	节约或浪费（＋、－）	返工损失
				日/月	数量	日/月	数量				

3. 施工任务单的签发

施工任务单一般由施工技术员根据施工作业计划进行签发和验收。其程序是：

（1）由工长（施工员）于月末根据月、旬作业计划的要求，签发任务单。主要填写工程项目、工程量、接受班组、开竣工日期等栏目。

（2）主管施工技术队长，负责审批工长签发的任务单。

（3）由定额员将队长批准的任务单进行登记，并选用定额，按工程量计算出计划用工数，再将任务单返还工长。

（4）工长将任务单和作业计划向工人班组进行任务交底，同时进行技术、质量、安全等全面交底。

（5）在施工过程中班组考勤员或班组长，记录出勤情况。

（6）班组完成任务后或月末，工长及时验收完成工程量和其他项目栏，作为任务单结算依据。

第四节　施工现场安全管理与文明施工

一、施工现场安全管理

1．施工员安全生产责任制

（1）施工员是所管辖区域范围内安全生产的第一责任人，对所管辖范围内的安全生产负直接领导责任。

（2）认真贯彻落实上级有关规定，监督执行安全技术措施及安全操作规程，针对生产任务特点，向班组进行书面安全技术交底，履行签字手续，并对规程、措施、交底要求的执行情况经常检查，随时纠正违章作业。

（3）负责组织落实所管辖施工队伍的三级安全教育、常规安全教育、季节转换及针对施工各阶段特点等进行的各种形式的安全教育，负责组织落实所管辖施工队伍特种作业人员的安全培训工作和持证上岗的管理工作。

（4）经常检查所管辖区域的作业环境、设备和安全防护设施的安全状况，发现问题及时纠正解决。对重点特殊部位施工，必须检查作业人员及各种设备和安全防护设施的技术状况是否符合安全标准要求，认真做好书面安全技术交底，落实安全技术措施，并监督执行，做到不违章指挥。

（5）负责组织落实所管辖班组开展各项安全活动，学习安全操作规程，接受安全管理机构或人员的安全监督检查，及时解决提出的不安全问题。

（6）对工程项目中应用的新材料、新工艺、新技术严格执行申报、审批制度，发现不安全问题，及时停止施工，并上报领导或有关部门。

（7）发生因工伤亡及未遂事故必须停止施工，保护现场，立即上报，对重大事故隐患和重大未遂事故，必须查明事故发生原因，落实整改措施，经上级有关部门验收合格后方准恢复施工，不得擅自撤除现场保护设施，强行复工。

2．施工安全控制的基本要求

（1）必须取得安全行政主管部门颁发的《安全施工许可证》后才可开工。

（2）总承包单位和每一个分包单位都应持有《施工企业安全资格审查认可证》。

（3）各类人员必须具备相应的执业资格才能上岗。

（4）所有新员工必须经过三级安全教育，即进公司、进工程项目和进施工班组的安全教育。

（5）特殊工种作业人员必须持有特种作业操作证，并严格按规定定期进行复查。

（6）对查出的安全隐患要做到"五定"，即定整改责任人、定整改措施、定整改完成时间、定整改完成人、定整改验收人。

（7）必须把好安全生产"六关"，即措施关、交底关、教育关、防护关、检查关、改进关。

（8）施工现场安全设施齐全，并符合国家及地方有关规定。

（9）施工机械必须经安全检查合格后方可使用。

3. 安全技术交底

安全技术交底是指导工人安全施工的技术措施，是项目安全技术方案的具体落实。安全技术交底一般由技术管理人员根据分部分项工程的具体要求、特点和危险因素编写，是操作者的指令性文件，因而，要具体、明确、针对性强，不得用施工现场的安全纪律、安全检查等制度代替，在进行工程技术交底的同时进行安全技术交底。

安全技术交底与工程技术交底一样，实行分级交底制度：

（1）大型或特大型工程由公司总工程师组织有关部门向项目经理部和分包商（含公司内部专业公司）进行交底。

（2）一般工程由项目经理部总工程师会同现场经理向项目有关施工人员（项目工程管理部、工程协调部、物资部、合约部、安全总监及区域责任工程师、专业责任工程师等）和分包商行政和技术负责人进行交底。

（3）分包商技术负责人要对其管辖的施工人员进行详尽的交底。

（4）项目专业责任工程师要对所管辖的分包商的工长进行分部分项工程施工安全措施交底，对分包工长向操作班组所进行的安全技术交底进行监督与检查。

（5）专业责任工程师要对劳务分承包方的班组进行分部分项工程安全技术交底并监督指导其安全操作。

（6）各级安全技术交底都应按规定程序实施书面交底签字制度，并存档以备查用。

4. 安全检查的标准

现场检查的评价标准以《建筑施工安全检查标准》（JGJ 59—2011）为准。标准采用了安全系统工程原理，结合建筑施工中伤亡事故规律，依据国家有关法律法规、标准和规程以及《施工安全与卫生公约》（第167号公约）的要求而编制。

二、施工现场文明施工

文明施工是指保持施工场地整洁、卫生，施工组织科学，施工程序合理的一种施工活动。文明施工包括规范施工现场的场容场貌，保持作业环境的整洁卫生；科学、有序地组织施工；减少噪声和废弃物等对周围环境和居民的影响；保证员工的安全和健康。

1. 现场文明施工基本要求

实现文明施工，不仅要着重做好施工现场的场容管理工作，还要相应做好现场材料、机械、安全、技术、保卫、消防和生活卫生等方面的管理工作。一个工地的文明施工水平是该工地乃至所在企业各项管理工作水平的综合体现。现场文明施工基本要求如下：

（1）工地主要入口要设置简朴规整的大门，门旁必须设立明显的标牌，标明工程名称、施工单位和工程负责人姓名等内容。

（2）建立文明施工责任制，划分区域，明确管理负责人，实行挂牌制，做到现场清洁整齐。

（3）施工现场场地平整，道路坚实畅通，有排水措施，基础、地下管道施工完后要及时回填平整，清除积土。

（4）现场施工临时水电要有专人管理，不得有长流水、长明灯。

（5）施工现场的临时设施，包括生产、办公、生活用房、仓库、料场、临时上下水管道以及照明、动力线路，要严格按施工组织设计确定的施工平面图布置、搭设或埋设整齐。

（6）工人操作地点和周围必须清洁、整齐，做到活完脚下清，工完场地清，丢撒在楼梯、楼板上的砂浆混凝土要及时清除，落地灰要回收过筛后使用。

（7）砂浆、混凝土在搅拌、运输、使用过程中，要做到不撒、不漏、不剩，使用地点盛放砂浆、混凝土必须有容器或垫板，如有撒、漏要及时清理。

（8）要有严格的成品保护措施，严禁损坏污染成品，堵塞管道。

高层建筑要设置临时便桶，严禁在建筑物内大小便。

（9）建筑物内清除的垃圾渣土，要通过临时搭设的竖井或利用电梯井或采取其他措施稳妥下卸，严禁从门窗口向外抛掷。

（10）施工现场不准乱堆垃圾及余物。应在适当地点设置临时堆放点，并定期外运。清运渣土垃圾及流体物品，要采取遮盖防漏措施，运送途中不得遗撒。

（11）根据工程性质和所在地区的不同情况，采取必要的围护和遮挡措施，并保持外观整洁。

（12）针对施工现场情况设置宣传标语和黑板报，并适时更换内容，切实起到表扬先进、促进后进的作用。

（13）施工现场严禁居住家属，严禁居民、家属、小孩在施工现场穿行、玩耍。

2. 对现场机械管理方面的要求

（1）现场使用的机械设备，要按平面布置规划固定点存放，遵守机械安全规程，经常保持机身及周围环境的清洁，机械的标记、编号明显，安全装置可靠。

（2）清洗机械排出的污水要有排放措施，不得随地流淌。

（3）在用的搅拌机、砂浆机旁必须设有沉淀池，不得将浆水直接排放下水道及河流等处。

（4）塔吊轨道按规定铺设整齐稳固，塔边要封闭，道渣不外溢，路基内外排水畅通。

总之，要从安全防护、机械安全、用电安全、保卫消防、现场管理、料具管理、环境保护、环境卫生 8 个方面进行定期检查。

3. 施工现场安全色标管理要求

安全色是表达信息含义的颜色，用来表示禁止、警告、指令、指示等，其作用在于使人们能迅速发现或分辨安全标志，提醒人们注意，预防事故发生。

（1）红色：表示禁止、停止、消防和危险的意思。

（2）蓝色：表示指令，必须遵守的意思。

（3）黄色：表示通行、安全和提供信息的意思。

安全标志是指在操作人员容易产生错误，有造成事故危险的场所，为了确保安全，所采取的一种标志。

此标志由安全色、几何图形符号构成，是用以表达特定安全信息的特殊标志，设置安全标志的目的，是为了引起人们对不安全因素的注意，预防事故发生。

（1）禁止标志：是不准或制止人们的某种行为（图形为黑色，禁止符号与文字底色为红色）。

（2）警告标志：是使人们注意可能发生的危险（图形警告符号及字体为黑色，图形底色为黄色）。

（3）指令标志：是告诉人们必须遵守的意思（图形为白色，指令标志底色均为蓝色）。

（4）提示标志：是向人们提示目标的方向，用于消防提示（消防提示标志的底色为红色，文字、图形为白色）。

4. 文明施工的组织与管理

文明施工的组织与管理见表 11-4。

表 11-4　文明施工组织与管理

技术措施	内容及要求
组织和制度管理	（1）施工现场应成立以项目经理为第一责任人的文明施工管理组织。分包单位应服从总包单位的文明施工管理组织的统一管理，并接受监督检查。 （2）各项施工现场管理制度应有文明施工的规定。包括个人岗位责任制、经济责任制、安全检查制度、持证上岗制度、奖惩制度、竞赛制度和各项专业管理制度等。 （3）加强和落实现场文明检查、考核及奖惩管理，以促进施工文明管理工作提高。检查范围和内容应全面周到，包括生产区、生活区、场容场貌、环境文明及制度落实等内容。检查发现的问题应采取整改措施

技术措施	内容及要求
建立收集文明施工的资料及其保存的措施	（1）上级关于文明施工的标准、规定、法律法规等资料； （2）施工组织设计（方案）中对文明施工的管理规定，各阶段施工现场文明施工的措施； （3）文明施工自检资料； （4）文明施工教育、培训、考核计划的资料； （5）文明施工活动各项记录资料
加强文明施工的宣传和教育	（1）在坚持岗位练兵基础上，要采取派出去、请进来、短期培训、上技术课、登黑板报、广播、看录像、看电视等方法狠抓教育工作； （2）要特别注意对临时工的岗前教育； （3）专业管理人员应熟悉掌握文明施工的规定

5．施工现场特殊情况的处理

施工现场特殊情况的处理见表 11-5。

表 11-5　施工现场特殊情况处理

序号	类别	规定及要求
1	征用临时道路、架设临时电网及施工必需的封路、停水、停电	（1）建设工程施工应当在批准的施工场地内组织进行。需要临时征用施工场地或者临时占用道路的，应当依法办理有关批准手续； （2）建设工程施工中需要架设临时电网、移动电缆等，施工单位应当向有关主管部门提出申请，经批准后在有关专业技术人员指导下进行； （3）施工中需要停水、停电、封路而影响到施工现场周围地区的单位和居民时，必须经有关主管部门批准，并事先通告受影响的单位和居民
2	爆破作业	建设工程施工中需要进行爆破作业的，必须经上级主管部门审查同意，并持说明使用爆破器材的地点、品名、数量、用途、四邻距离的文件和安全操作规程，向所在地县、市公安局申请《爆破物品使用许可证》，方可使用。进行爆破作业时，必须遵守爆破安全规程

序号	类别	规定及要求
3	发现文物、化石等特殊物品	施工单位进行地下或者基础工程施工时，发现文物、古化石、爆炸物、电缆等应当暂停施工，保护好现场，并及时向有关部门报告，在按照有关规定处理后，方可继续施工

第五节　班组管理

班组是企业的基层生产单位，班组管理是企业管理的基础，是企业一切工作的落脚点。加强班组建设，对提高企业素质和职工队伍素质，搞好生产，提高经济效益都有十分重要意义。

一、班组管理的目标

施工班组管理的目的和任务是，最大限度地调动和发挥班组工人的积极性和创造性，提高人的素质，充分发挥人的作用。在施工的全过程中，实现高速度、高质量、高工效、低成本，获得最佳综合效益。

管理目标可以概括为：

（1）使施工生产全过程的各个组成部分实现正规化、标准化、规范化。

（2）促进智力开发，强化培训考核，不断提高工人的政治、业务素质。

（3）实行全面系统管理，用科学的手段和方法解决施工过程中出现的各种问题。

（4）班组要认真贯彻企业的规章制度，严格劳动纪律，制定班组安全文明生产措施，团结一致，紧密配合，保障施工正常进行。

（5）班组要抓好基础管理工作，做到各项原始记录完整，建立必要班组各项台账和管理图表。

二、班组生产管理

（1）按照施工任务单下达的施工任务，认真组织讨论生产制度有效措施，保证完成和超额完成上级下达的生产任务。

（2）坚持质量第一，确保施工质量要求。

（3）严格执行作业计划，保证施工进度。

（4）严格执行岗位作业标准，保证生产和工作安全、有序进行。

（5）组织班组成员，坚持苦练基本功，人人达到本岗位、本级别的应知应会标准，不断提高技术水平。

三、班组安全生产管理

"生产必须安全、安全为了生产"这是国家一再强调的方针，也是企业管理的一项根本原则。安全技术的意义在于从技术上和组织上采取措施，以保证施工全过程的人身安全。施工班组应根据水暖施工的技术特点，制定技术上的安全措施。班组安全生产管理应制度化，如制定安全责任制，使安全生产层层落实，责任明确，在组织上有严密的保障；建立健全安全技术措施制度，使安全生产有技术上的保证；建立安全交底、安全检查、安全教育制度，使安全生产有全面的保障。

1．安全生产基本要求

（1）进入施工现场，必须戴好安全帽，高空作业必须系好安全带，并正确齐全穿戴好劳动防护用品。

（2）不懂电气和机械的人员，严禁使用机电设备。各种电动机械设备，必须有良好的安全接地和防雷装置。

（3）施工现场应整洁，各种材料、设备和废料按指定地方堆放。

（4）开工前应先检查周围环境是否符合安全要求，如发现有危及安全因素，应立即向技术安全部门或施工负责人报告，经消除不安全因素后，再进行施工。

（5）在金属容器内或黑暗潮湿的场所工作时，所用照明灯的电压为 12V，环境较干燥时，电压不能超过 36V。

（6）在搬运和吊装管子时，应注意不要与裸露的电线接触，以免发生触电。

（7）油类及其他易燃易爆物，应放在指定地点。氧气瓶和乙炔发生器应远离火源，距离一般不小于 10m。

（8）在协助电焊工组对管道焊口时，应戴上电焊面罩，防止弧光刺伤眼睛。

（9）从事高空作业人员，必须使用安全带，安全带要挂在牢固地方，以防断裂造成事故。

（10）施工地点的孔洞口一定要覆盖好，防止人员坠落受伤。

（11）机电设备应符合有关安全规定，安装漏电保护装置，不准"带病"使用。

（12）操作人员不准从各种脚手架爬上爬下，禁止乘坐非乘人的垂直运输设备上下。

2. 安全技术操作要点

（1）用车辆运输管材、管件要绑牢，人力搬运起落要一致。横穿沟、坑、井要搭好通道，不得负重跨越。用滚杆运输，要防止压脚，并不准用手直接调整滚杆，管子滚动前方不得有人。

（2）用锯床、切管器、锯弓、砂轮锯切割管子，要垫平卡牢，用力均匀，不得过猛，临近切断时，用手或支架托住。砂轮锯必须有防护罩，操作时应站在侧面。周围不得堆放易燃物品。

（3）套丝工作要支平夹牢，工作台要平稳，两人以上操作，动作要协调，防止柄把伤人。不许立放套丝板。

（4）管子串动和对口，动作要协调，手不得放在管口和法兰接合处。

（5）安装管道阀门前，应先清洗检查、试压后方能安装，紧法兰螺栓应对称同时均匀用力。丝扣阀门要防止因用力过大紧破。

（6）安装立管，要上、下配合好，不准任意向下扔东西。在管井内操作时，要搭好防护板。

（7）管道支架安装要牢固，防止管道安装时支架脱落。

（8）散热器组装后应放稳，试压时用木板垫稳，防止倾倒伤人。试压时加压缓慢，防止崩裂伤人。试压后堆放整齐。

（9）搬运卫生器具要妥善保护，以免磕碰受损。

（10）沟槽内施工，遇有土方松动、裂缝等，应及时加固。人工下管，所用索具、地桩要牢固。

（11）管道吊装时，倒链应完好可靠，吊件下方禁止站人，管子就位卡牢后，再松倒链。

（12）新旧管线相接时，要弄清旧有管线内介质的性质，并清除干净，经有关部门检查许可后，再连接。

（13）管道试压，操作时，要分级缓慢升压，停泵稳压后方可进行检查。非操作人员不得在盲板、法兰、焊口、丝口接口处停留。

（14）管道吹扫、冲洗时，应缓慢开启阀门，防止管内物料冲击，产生危害。

第六节 工程质量管理

一、全面质量管理简介

全面质量管理是指企业为了保证和提高工程质量，运用一整套质量管理体系、手段和方法所进行的全面的系统的管理活动，是一种科学的现代质量管理方法。

1. 全面质量管理的基本特点

（1）广义的质量概念：全面质量管理的质量概念是全面的，认为产品质量是由工序质量决定的，工序质量是由工作质量决定的，工作质量是由人的素质决定的。

（2）强调管理的全面性：指全企业、全过程和全人员的"三全"管理。

（3）有明确的基本观点：从系统出发全面地对各项管理进行分

析并找出对策，把提高人的质量意识、问题意识作为改进质量的出发点，提出"为用户服务"、"凭数据说话"、"预防为主"等观点。

（4）有一套科学管理工具：将系统工程、数理统计、运筹学等学科运用于管理之中，形成了行之有效的管理方法。

2. 全面质量管理的基本方法

（1）建立质量管理体系：为实现施工过程全方位的质量控制和管理，施工企业必须建立和健全以经理为首的工程质量保证体系。用企业中的生产、技术、经营、动力设备、材料、劳资等管理部门的工作质量来保证施工现场的工程质量，用企业质量管理系统的工作来控制工作质量和工程质量。

运用系统的概念和方法，从企业的整体经营目标出发，把企业各部门、各环节的质量管理机构严密地组织起来，规定其质量管理方面的职责、任务、权限，并做好互相协作，使质量管理制度化、标准化，形成一个完整的质量管理体系。

施工企业的质量管理体系的基本组成包括：施工准备、施工过程、使用服务三个阶段的质量管理。

1）施工准备阶段质量管理的内容：

①调查研究，搜集资料。

②熟悉图纸和文件，会审图纸。

③编制施工组织设计。

④施工现场准备，做好施工测量定线。

⑤编制好施工与质量管理计划等。

2）施工过程阶段质量管理的内容：

①进行技术交底，落实质量管理计划。

②做好测量和技术复核。

③做好材料、设备的检查和试验。

④做好工程质量检查和验收工作。

⑤做好各部门的协调配合，达到全员参加质量管理的要求。

3）使用阶段质量管理的内容：

①及时回访。

②实行保修。

使用阶段的质量管理是全面质量管理工作的一个重要阶段，是考核工程质量的过程，也是质量管理的归宿和又一个质量管理的起点。

（2）全面质量管理活动过程：全面质量管理按计划、实施、检查、处理4个阶段8个步骤循环推进。简称PDCA循环。

（第一阶段：计划阶段（也称P阶段），其工作内容是8个步骤中的前4个步骤）

1）调查分析现状，找出存在的质量问题。

2）分析原因和影响因素。

3）找出主要影响因素和原因。

4）制定对策及措施，提出行动计划。

（第二阶段：实施阶段（也称D阶段），其工作内容是8个步骤中的第5个步骤）

5）执行措施。

（第三阶段：检查阶段（也称C阶段），其工作内容是8个步骤中的第6个步骤）

6）检查采取措施的效果。

（第四阶段：处理阶段（也称A阶段），其工作内容是8个步骤中的最后两个步骤）

7）总结经验，巩固成绩，进行标准化。

8）将遗留问题转入下一个循环。

经过以上4个阶段8个步骤，才完成一个循环过程。下一个循环再按PDCA的循环过程进行。每循环一次，工作质量应提高一步，质量管理工作水平随之逐步提高。

二、工程质量管理原则

对水暖工程施工而言，质量控制，就是为了确保合同、规范所规定的质量标准所采取的一系列检测、监控措施、手段和方法。在进行施工项目质量控制过程中，应遵循相关的管理原则。

（1）质量第一，用户至上。

（2）以人为核心。

（3）以预防为主。

（4）坚持质量标准、严格检查，一切用数据说话。

（5）贯彻科学、公正、守法的职业规范。

三、工程质量管理过程

任何工程项目都是由分项工程、分部工程和单位工程所组成的，而工程项目的建设，则通过一道道工序来完成。所以，施工项目的质量管理是从工序质量到分项工程质量、分部工程质量、单位工程质量的系统控制过程；也是一个由对投入原材料的质量控制开始，直到完成工程质量检验为止的全过程的系统控制过程。

四、工程质量管理阶段

水暖工程施工可把施工项目质量管理分为事前控制、事中控制和事后控制三个阶段，以加强对施工项目质量管理，明确各施工阶段管理的重点。如图11-1所示。

1. 事前控制

事前控制是指对施工前准备阶段进行的质量控制。它是指在各工程对象正式施工活动开始前，对各项准备工作及影响质量的各因素和有关方面进行的质量控制。

（1）施工技术准备工作的质量控制应符合下列要求：

1）组织施工图纸审核及技术交底。

2）核实资料。核实和补充对现场调查及收集的技术资料，应确保可靠性、准确性和完整性。

3）审查施工组织设计或施工方案。重点审查施工方法与机械选择、施工顺序、进度安排及平面布置等是否能保证组织连续施工，审查所采取的质量保证措施。

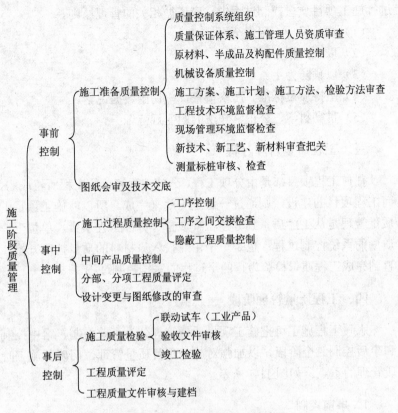

图 11-1 施工阶段质量管理的阶段

4）建立保证工程质量的必要试验设施。

（2）现场准备工作的质量控制应符合下列要求：

1）场地平整度和压实程度是否满足施工质量要求。

2）测量数据及水准点的埋设是否满足施工要求。

3）施工道路的布置及路况质量是否满足运输要求。

4）水、电、热及通讯等的供应设施是否满足施工要求。

（3）材料设备供应工作的质量控制应符合下列要求：

1）材料设备供应程序与供应方式是否能保证施工顺利进行。

2）所供应的材料设备的质量是否符合国家有关法规、标准及合同规定的质量要求。设备应具有产品详细说明书及附图；进场的材料应检查验收（验规格、数量、品种、质量）做到合格证、化验单与材料实际质量相符。

2. 事中控制

事中控制是指对施工过程中进行的所有与施工有关方面的质量控制，也包括对施工过程中的中间产品的质量控制。

事中控制的策略是：全面控制施工过程，重点控制工序质量。其具体措施是：工序交接有检查；质量预控有对策；施工项目有方案；技术措施有交底；图纸会审有记录；配制材料有试验；隐蔽工程有验收；计量器具校正有复核；设计变更有手续；钢筋代换有制度；质量处理有复查；成品保护有措施；行使质控否决；质量文件有档案（凡是与质量有关的技术文件，如水准、坐标位置，测量、放线记录，沉降、变形观测记录，图纸会审记录，材料合格证明，试验报告，施工记录，隐蔽工程记录，设计变更记录，调试、试压运行记录，试车运转记录，竣工图等都要编目建档）。

3. 事后控制

事后控制是指对通过施工过程所完成的具有独立功能和使用价值的最终产品及有关方面的质量进行控制。其具体工作内容如下：

（1）组织联动试车。

（2）准备竣工验收资料，组织自检和初步验收。

（3）按规定的质量评定标准和办法，对完成的分项、分部工程，单位工程进行质量评定。

（4）组织竣工验收，其标准是：

1）按设计文件规定的内容和合同规定的内容完成施工，质量达到国家质量标准，能满足生产和使用的要求。

2）主要生产工艺设备已安装配套，联动负荷试车合格，形成设计生产能力。

3）交工验收的建筑物要窗明、地净、水通、灯亮、气来、采暖通风设备运转正常。

4）交工验收的工程内净外洁，施工中的残余物料运离现场，灰坑填平，临时建（构）筑物拆除，2m 以内地坪整洁。

5）技术档案资料齐全。

4．水暖工程质量控制要点

（1）在土建主体结构施工时，安装施工员必须密切配合土建做好预留洞、预埋件、预埋管的工作。

（2）检查各给水、排水、供热、采暖系统的管道和配件、水箱、水池等是否渗漏；各仪表、仪器及附件必须完好；运行设备经试运行都很正常，管道和配件、附件无渗漏；卫生器具完好无损坏，阀门及附件启闭灵活，无损坏渗漏。

（3）主要设备进场应做开箱检查，审核进场设备以及主要材料的产品合格证、质保证以及塑料给水管及配件的准用证，对于不合格产品严禁进入工地和投入使用。

（4）做好给水、排水、供热、采暖系统的各种隐蔽工程的检测、验收工作。

五、工程质量检查

工程质量检查是指按国家标准、规程，采用一定测试手段，对工程质量进行全面检查、验收。质量检查，可避免不合格的原材料、部件进入工程中，中间工序检验可及时发现质量问题，采取补救或返工措施。

1．工程质量检查的依据

（1）工程设计图纸、设计变更通知单和有关设计文件。

（2）《建筑工程施工质量验收统一标准》（GB 50300—2001）。

（3）《建筑给水排水及采暖工程施工质量验收规范》（GB 50242—2002）。

（4）国家及地方有关的施工规范、规程、工艺标准。

（5）原材料、成品、配件及设备的质量检验标准。

2．工程质量检查的方式

工程质量检查是一项专业性、技术性、群众性的工作，通常实行以专业检查为主，专业检查与群众性自检、互检、交接检相结合的检查方式。

（1）自检：是指施工过程中，操作人员按施工图、规范、标准、交底的质量要求进行检查，并填写自检记录单。

（2）互检：是指施工过程中，在自检的基础上，由班组长组织，对施工操作小组安装的项目，按交底的工程质量要求进行检查，并填写互检记录。

（3）交接检：是指施工过程中，由两个班组从事上下工序施工，由工长、班组长及质量检查人员对上道工序的工程质量所进行的检查。交接检只发生在有交接关系的工序之间。

（4）专职质量检查：是由专职质量检查人员对工程进行分期、分阶段的检查、测试与验收。

3．工程质量检查内容

（1）外形检查：对分部分项工程外形规格的检查。

（2）物理性能检查：对原材料、管材、设备及容器等的承压、耐温、绝缘、防腐等性能的检查。

（3）化学性能检查：对钢材、水泥、沥青及各种防腐和保温等原材料化学成分的分析检查。

（4）使用功能的检查：如检查是否达到使用方便、功能齐全等要求。

（5）施工过程中检验：主要是隐蔽工程的检验，分项分部工程的检验。

（6）交工验收的检验：工程验收先是施工单位自检，然后施工、监理和建设单位共同进行竣工验收，最后质量检查站验收，验收后将验收资料存入档案。

六、工程质量问题分类与处理

1. 工程质量问题的分类

水暖工程质量问题一般分为工程质量缺陷、工程质量通病、工程质量事故。

(1) 工程质量缺陷是指工程达不到技术标准要求的技术指标的现象。

(2) 工程质量通病是指各类影响工程结构、使用功能和外形观感的常见性质量损伤，犹如"多发病"一样，故称为质量通病。

(3) 工程质量事故是指在工程建设过程中或交付使用后，对工程结构安全、使用功能和外形观感影响较大，损失较大的质量损伤。

2. 工程质量问题处理

(1) 工程质量问题处理的基本要求：

1) 处理应达到安全可靠，不留隐患，满足生产、使用要求，施工方便，经济合理的目的。

2) 重视消除事故的原因。

3) 注意综合治理。

4) 正确确定处理范围。

5) 正确选择处理时间和方法。

6) 加强事故处理的检查验收工作。

7) 认真复查事故的实际情况。

8) 确保事故处理期的安全。

(2) 质量问题分析处理的程序：施工项目质量问题分析、处理的程序，一般可按图 11-2 所示进行。

事故发生后，应及时组织调查处理。调查的主要目的，是要确定事故的范围、性质、影响和原因等，通过调查为事故的分析与处理提供依据，一定要力求全面、准确、客观。调查结果，要整理撰写成事故调查报告，其内容包括：

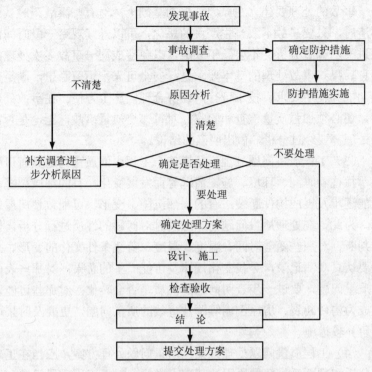

图 11-2 质量问题分析、处理程序

1）工程概况，重点介绍事故有关部分的工程情况。

2）事故情况，事故发生时间、性质、现状及发展变化的情况。

3）是否需要采取临时应急防护措施。

4）事故调查中的数据、资料。

5）事故原因的初步判断。

6）事故涉及人员与主要责任者的情况等。

事故的原因分析，要建立在事故情况调查的基础上，避免情况不明就主观分析判断事故的原因。尤其是有些事故，其原因错综复杂，往往涉及勘察、设计、施工、材质、使用管理等几方面，只有对调查提供的数据、资料进行详细分析后，才能去伪存真，找到造成事故的主要原因。

事故的处理要建立在原因分析的基础上，对有些事故一时认识不清时，只要事故不致产生严重的恶化，可以继续观察一段时间，做进一步调查分析，不要急于求成，以免造成同一事故多次处理的不良后果。事故处理的基本要求是：安全可靠，不留隐患，满足建筑功能和使用要求，技术可行，经济合理，施工方便。在事故处理中，还必须加强质量检查和验收。对每一个质量事故，无论是否需要处理都要经过分析，做出明确的结论。

（3）工程质量问题处理应急措施：工程中的质量问题具有可变性，往往随时间、环境、施工情况等而发展变化，有的细微裂缝，可能逐步发展成构件断裂；有的局部沉降、变形，可能致使房屋倒塌。为此，在处理质量问题前，应及时对问题的性质进行分析，做出判断，对那些随着时间、温度、湿度、荷载条件变化的变形、裂缝要认真观测记录，寻找变化规律及可能产生的恶果；对那些表面的质量问题，要进一步查明问题的性质是否会转化；对那些可能发展成为构件断裂、房屋倒塌等恶性事故的质量问题，更要及时采取应急补救措施。

（4）工程质量问题处理方案：质量问题处理方案，应当在正确地分析和判断质量问题原因的基础上进行。对于工程质量问题，通常可以根据质量问题的情况，做出以下四类不同性质的处理方案：修补处理、返工处理、限制使用、不做处理。

可以不做处理的情况一般有以下几种：

1）不影响结构安全和使用要求者。

2）有些不严重的质量问题，经过后续工序可以弥补的，可通过后续的抹灰、喷涂或刷白等工序弥补；可以不对该缺陷进行专门处理。

3）出现的质量问题，经复核验算，仍能满足设计要求者。

（5）工程质量问题性质的确定：质量缺陷性质的确定，是最终确定缺陷问题处理办法的首要工作和根本依据。一般通过下列方法来确定缺陷的性质：

1）了解和检查。

2）检测与试验。

3）专门调研。

（6）工程质量问题处理决策的辅助方法：

1）试验验证。

2）定期观测。

3）专家论证。

（7）工程质量问题处理的鉴定验收：质量问题处理是否达到预期的目的，是否留有隐患，需要通过检查验收来做出结论。事故处理质量检查验收，必须严格按施工验收规范中有关规定进行；必要时，还要通过实测、实量、荷载试验、取样试压、仪表检测等方法来获取可靠的数据。这样，才可能对事故做出明确的处理结论。

事故处理结论的内容有以下几种：

1）事故已排除，可以继续施工。

2）隐患已经消除，结构安全可靠。

3）经修补处理后，完全满足使用要求。

4）基本满足使用要求，但附有限制条件，如限制使用荷载，限制使用条件等。

5）对耐久性影响的结论。

6）对建筑外观影响的结论。

7）对事故责任的结论等。

另外，对一时难以做出结论的事故，还应进一步提出观测检查的要求。事故处理后，还必须提交完整的事故处理报告，其主要内容包括：事故调查的原始资料、测试数据；事故原因的分析、论证；事故处理的依据；事故处理方案、方法及技术措施；检查验收记录；事故无须处理的论证；事故处理结论等。

附录　技能鉴定习题集

1. 常用的温度测量仪表有玻璃管温度计、压力式温度计、热电阻温度计和（　　）温度计。

A. 热电偶　　B. 指针式温度计　　C. 电子温度计　　D. 压差流量计

2. 离心水泵的出口阀不能（　　）。

A. 调节流量　　B. 调节扬程　　C. 防止水倒流　　D. 调节压力

3. 热水采暖系统中，在管道的高位点应设置（　　）。

A. 逆止阀　　B. 排气阀　　C. 排液阀　　D. 截止阀

4. 阀门长期关闭，由于锈蚀不能开启，开启此类阀门可采用（　　），使阀杆与盖母（或法兰压盖）之间产生微量间隙。

A. 振打方法　　B. 扳手或管钳转动手轮　　C. 加热　　D. 采用专用工具

5. 塑料管在仓库内堆放时，仓库内温度不宜超过（　　）℃。

A. 50　　　　B. 40　　　　C. 35　　　　D. 30

6. 在工作压力为 0.5MPa 的工业用水管道上应选用（　　）作为切断阀。

A. 截止阀　　B. 闸阀　　C. 蝶阀　　D. 球阀

7. 在室内排水管道上应每隔两层设检查口，但两检查口的最长距离不得超过（　　）m。

A. 5　　B. 10　　C. 15　　D. 20

8. 一般成人用洗手盆的安装高度是（　　）mm。

A. 700　　　B. 800　　　C. 900　　　D. 1 000

9. 生活给水引入管与污水排出管外壁的水平距离不得小于（　　）m。

A. 0.4　　B. 0.6　　C. 0.8　　D. 1.0

10. 聚丙烯管（PP-R 管）采用（　　）连接方式连接。

A. 胶粘　　B. 法兰　　C. 螺纹　　D. 热熔

11. 燃气系统气密性试验，试验压力为 3kPa，观测 5min，若实际压力降不超过（　），则认为室内燃气系统试验合格。

A．0.2MPa　　　B．0.3MPa　　　C．0.4MPa　　　D．0.5MPa

12．（　）用于安装和拆卸直径较大的螺纹连接的钢管和管件。

A．活动式管钳　　B．扳手　　C．链钳　　D．割刀

13．铰板面与管子轴线不垂直或管子断面不正及管壁薄厚不均，以及两手用力不同等因素宜造成（　）。

A．细丝螺纹　　B．断丝缺扣　　C．螺纹裂纹　　D．螺纹不正

14．锅炉省煤器安装前应进行水压试验，试验压力为（　）。

A．1.5P　　　B．1.1P　　　C．1.25P+0.5MPa　　　D．1.25P

15．有热伸长管道的吊架、吊杆应（　）。

A．向热膨胀的正方向偏移　　　B．向热膨胀的反方向偏移

C．垂直安装　　　D．任何方向都行

16．下列叙述错误的是（　）。

A．供水干管明装于采暖房间一般需要保温

B．铸铁管或大口径钢管上的阀门，应设有专用的阀门支架，不得用管道承受阀体重量

C．"墙不做架"，指管道穿越墙体时，不能用墙体作活动支架

D．阀门应安装在操作、维护和检修最方便的地方，严禁埋于地下

17．消防系统报警阀应逐个进行渗漏试验。试验压力应为额定工作压力的（　）倍，试验时间应为5min。

A．1　　　B．2　　　C．3　　　D．4

18．锅炉机械炉排安装完毕后应做冷态运转试验。炉排冷运转连续不小于（　）。

A．8h　　　B．16h　　　C．24h　　　D．48h

19．压力表表盘刻度极限值应大于或等于工作压力的（　）倍。

A．1　　　B．1.1　　　C．1.2　　　D．1.5

20．手动弯管器适用于煨制（　）规格的管道。

A．*DN*10～20mm　B．*DN*10～25mm　C．*DN*15～25mm　D．*DN*20～25mm

21．建筑平面图、剖面图一般比例为（　）。

A．1∶50、1∶100　　　　　B．1∶1500、1∶1 000

C. 1 : 10、1 : 20   D. 1 : 1、1 : 10

22. 压强的单位是（   ）。

A. N   B. N/m^2 或 Pa   C. N/m^2 D. Pa

23. 室内给水系统中可用（   ）。

A. 有缝钢管   B. 冷镀锌钢管   C. 热浸镀锌钢管

24. 无缝钢管规格用（   ）。

A. 公称直径 DN 符号表示   B. 用管外径乘壁厚表示

C. 用管内径表示   D. 用管外径表示

25. 常用钢锯安装锯条时应使齿尖的方向（   ）。

A. 朝后   B. 朝前   C. 均可   D. 根据具体情况确定

26. 管钳规格 300mm 适用于夹持丝扣管件拆装最大外径（   ）。

A. 40mm   B. 60mm   C. 25mm   D. 50mm

27. 在给水管路上，具有严格方向性，不能在管路上安反的阀门是（   ）。

A. 闸阀   B. 截止阀   C. 球阀   D. 蝶阀

28. 114 型手工套丝板适用于套制公称直径为（   ）的管件。

A. 15～50mm   B. 65～100mm   C. 80～120mm   D. >120mm

29. 弯制钢管为公称直径 80mm 的 90°弯头 10 个，宜选用何类弯管器（   ）。

A. 手动弯管器   B. 油压弯管器

C. 电动弯管机   D. 中频电热弯管机

30、冷煨钢管公称直径 DN80mm 的 90°弯头，其弯曲半径为（   ）。

A. 3 DN B. 3.5 DN C. 4 DN D. 5 DN

31. 室内给水管与排水管平行敷设时，两管间的水平净距不得小于（   ）。

A. 1.0m   B. 0.8m   C. 1.5 m   D. 0.5m

32.室内给水管道与排水管道平行敷设时,两管最小水平净距不得小于（   ）。

A. 0.2m   B. 0.5 m   C. 1.0m   D. 1.5m

33. 室内给水管与排水管交叉敷设时，给水管在上，排水管在下，垂直净距不小于（   ）m。

A. 0.10   B. 0.15   C. 0.3   D. 0.4

34. 地下室外墙或地下构筑物有管道穿过时，而有严格防水要求，必须采用（   ）。

A. 刚性套管　　B. 防水套管　　C. 柔性防水套管　　D. 塑料波纹套管

35. 管道穿过伸缩缝、沉降缝敷设时，应采用下列措施（　　）。

A. 刚性套管　　B. 柔性连接　　C. 方形补偿器　　D. 塑料套管

36. 室内给水管与其他管共架敷设时，给水管应在（　　）下面。

A. 热水管道　　B. 排水管道　　C. 冷冻管道　　D. 中水管道

37. 给水管外壁防结露时，可采用（　　）。

A. 包岩棉管壳　　B. 石棉管壳　　C. 缠聚乙烯泡沫　　D. 玻璃丝布

38. 给水引入管进入室内，其底部宜用（　　）连接，以利于系统试压及冲洗时排水。

A. 弯头　　B. 三通　　C. 四通　　D. 管箍

39. 连接大便器的排水管管径（　　）mm。

A. 32　　B. 50　　C. 25　　D. 100

40. 热水采暖管道滑动支架安装位置应从承面中心向热位移（　　）。

A. 正方向位移值的 1/2　　　B. 反方向位移值的 2 倍

C. 反方向位移值的 1/2　　　D. 正方向位移值的 2 倍

41. 复合管的热水采暖系统，其试验压力应为（　　）。

A. 系统顶点工作压力加 0.2MPa，但不小于 0.4MPa

B. 工作压力加 0.2MPa

C. 工作压力加 0.2MPa，但不小于 0.4MPa

D. 工作压力加 0.3MPa

42. 热水采暖系统中膨胀水箱上的不连接阀门的管道是（　　）。

A. 膨胀管　　B. 排污管　　C. 溢流管　　D. 循环管

43. 采暖系统干管敷设时，应具有不小于（　　）的坡度，供水干管的坡向应利于排气，回水干管的坡向应利于排水。

A. 0.001　　B. 0.002　　C. 0.003　　D. 0.004

44. 采暖系统试压合格后，应分段对系统进行冲洗，冲洗顺序一般为（　　）。

A. 先主干管、后支管　　　　B. 先低处、后高处

C. 先支管、后干管　　　　　D. 先高处、后低处

45. 建筑物内首层地面定为相对标高为零点，用（　　）表示。

A. 0.000　　B. +0.000　　C. ±0.000　　D. −0.000

46. 室内给水排水系统轴测图的绘制一般采用（　　）表示。

A. 正面斜等轴测投影法　　　　　B. 正轴测投影法

C. 水平斜轴测法　　　　　　　　D. 斜轴测投影法

47. 流体在单位时间内通过某一过流断面的体积，其单位为（　　）。

A. m^3/s 或 L/s　　B. kg/s 或 T/h　　C. m^2/s 或 L/S　　D. m^3/h 或 T/h

48. 沿程损失来源于（　　）。

A. 介质的黏滞性　　　B. 边界条件　　　C. 膨胀性

49. 散热器组对后，以及整组出厂的散热器在安装之前应做水压试验。试
验压力如设计无要求时应为工作压力的（　　）倍，但不小于（　　）MPa。

A. 1.2，0.4　　　B. 1.5，0.4　　　C. 1.2，0.6　　　D. 1.5，0.6

50. 球墨铸铁管接口属于（　　）。

A. 承插式刚性接口　　B. 柔性接口　　C. 脆性接口　　D. 塑性接口

51. 铝塑复合管耐温范围在（　　）。

A. −40～110℃　　　　　　B. −20～200℃

C. −40～100℃　　　　　　D. −20～110℃

52. 闸阀代号，用汉语拼音字母（　　）。

A. Z　　　　B. J　　　　C. S　　　　D. T

53. 阀门安装前，应做强度和严密性试验。试验应在每批（同牌号、同型
号、同规格）数量中抽查（　　）。

A. 50%　　　B. 20%　　　C. 10%，且不少于 1 个　　D. 10%

54. 阀门的强度试验压力为公称压力（　　）。

A. 2 倍　　　B. 1.5 倍　　　C. 1.2 倍　　　　D. 1.1 倍

55. 室内热水采暖管道不可采用（　　）管材。

A. 有缝钢管　　B. 镀锌钢管　　C. 铝塑复合管　　D. PP-R 管

56. 煨制焊接钢管时，焊缝位置应置于侧面（　　）处。

A. 90°角　　B. 60°角　　C. 45°角　　　D. 30°角

57. 钢管管口焊接时，其管壁厚度（　　）mm，需要坡口。

A. 3　　B. ≥5　　C. ≥6　　D. ≥7

58. 输送冷、热水管道，其丝扣连接填料应选用（　　）。

A. 油麻和铅油　　　　　B. 聚四氟乙烯生料带

C．铅油和石棉绳　　　　D．黄粉和甘油

59．家用高位燃气表距离地面不宜小于（　　）m，低位表距地面净距不宜小于（　　）m。

A．1.4，0.2　　B．1.4，0.1　　C．1.6，0.2　　D．1.6，0.1

60．燃气地上引入管与建筑物外墙净距为（　　）mm。

A．80～100　　B．100～120　　C．120～140　　D．140～160

61．室内燃气管道输送湿燃气时，坡度不小于（　　），必要时燃气管道设排污管。

A．0.002　　B．0.003　　C．0.005　　D．0.01

62．室内给水管道系统试验压力为工作压力的（　　），但不得小于0.6MPa。

A．1.5倍　　B．1.25倍　　C．1.15倍　　D．1.1倍

63．钢制给水立管安装垂直度每米允许偏差（　　）。

A．≤8mm　　B．3mm　　C．2mm　　D．1mm

64．安装螺翼式水表，表前与截门应有不小于（　　）水表接口直径的直管段。

A．8倍　　B．4倍　　C．6倍　　D．3倍

65．箱式消火栓的安装，其栓口中心距地面为（　　）m。

A．1.20　　B．1.10　　C．1.00　　D．0.90

66．敞口水箱满水试验静置（　　）观察，不渗不漏为合格。

A．1h　　B．12h　　C．24h　　D．48h

67．安装卧式离心式水泵，水泵和电动机两轴向间隙可用（　　）测出精确值。

A．塞尺　　B．水平尺　　C．百分表　　D．直尺

68．水泵吸水管路与水泵进口需要变径相连接时，应采用（　　）管件相接。

A．同心变径短管　　　　B．下平上斜变径短管

C．上平下斜变径短管　　D．都可以

69．水泵进、出水管路上安装（　　）管件有利于减震。

A．法兰盘　　B．弹性接头　　C．活接头　　D．阀门

70．雨水悬吊管长度大于（　　）m时，应安装检查口或带法兰盘的三通，其间距离不大于（　　）m。

A．15，20　　B．15，25　　C．20，20　　D．20，25

71. 热水采暖干管变径处，应采用（　）管件连接。

A. 上斜下平偏心管件　　　　　B. 同心变径管件

C. 上平下斜偏心管件　　　　　D. 都可以

72. 太阳能集热器布置在屋面，为便于维修和管理，距屋面檐口距离应在1.5m 以上，集热器之间应留有（　）m 的距离。

A. 0.1～0.3　　B. 0.2～0.3　　C. 0.1～0.5　　D. 0.2～0.5

73. 隐蔽工程在隐蔽前应经（　），方可进行。

A. 建设单位、监理单位参加验收后　　B. 施工单位自己验收

C. 专业质检站　　　　　　　　　　　D. 监理单位、施工单位验收

74. 组织施工的原则是（　）。

A. 连续性、均衡性和比例性　　　B. 先地下、后地上

C. 先土建、后设备安装　　　　　D. 先室内、后室外

75. 工程质量检查的方式应当（　）。

A. 以专业检查方式

B. 专业检查为主，结合群众性自检，互检、交接检相结合

C. 以群众性检查为主

D. 群众不能参与工程质量检查

76. 以大气压强为零点起算的压强值称为（　）。

A. 绝对压强　　B. 真空压强　　　C. 相对压强　　D. 大气压力

77. 金属材料在载荷作用下抵抗塑性变形和破坏的能力称为（　）。

A. 韧性　　B. 硬度　　C. 强度　　　D. 刚度

78. 室内给水计算管段设计秒流量，是以（　）确定。

A. 卫生器具当量数　　　　　B. 估算流量

C. 当量秒流量　　　　　　　D. 卫生器具个数

79. 地漏应装在地面最低处，地面应有不小于（　）的坡度坡向地漏，算子顶面应比地面低（　）mm。

A. 0.01，3～5　　B. 0.02，5～10　　C. 0.01，5～10　　D. 0.02，3～5

80. 太阳能管道全部安装完毕，应进行通水试验，试验压力为其工作压力的（　）倍，以不泄漏为合格。

A. 1.2　　　B. 1.3　　　C. 1.4　　　D. 1.5

81. 燃气引入管距外墙（ ）m 范围内不准有接头，弯曲段只能用弯头，不得有钢制焊接弯头。

A. 0.8　　B. 1　　C. 1.2　　D. 1.5

82. 普通室内消火栓系统中相邻两消火栓间距不应大于（ ）m。

A. 20　B. 30　C. 40　D. 50

83. 当室内消火栓超过（ ）个，且室外为环状管网时，室内消防给水管道至少有两条进水管与室外管网连接。

A. 5　　B. 10　　C. 15　　D. 20

84. 室内污（废）水排出管自建筑外墙面至排水检查井中心的距离不宜小于（ ）m。

A. 1.0　　B. 2.0　　C. 3.0　　D. 5.0

85. 室内卫生器具排水管与横支管宜用（ ）连接。

A. 正三通　　B. 斜三通　　C. 顺水三通　　D. 直通

86. 排水横管与立管宜采用（ ）连接。

A. 90°正三通　　B. 90°斜三通　　C. 90°弯头　　D. 45°弯头

87. 室内排水塑料管材横管纵横方向弯曲允许偏差（ ）。

A. 每 1 m 长 1 mm　　　　B. 每 1 m 长 3 mm

C. 每 1 m 长 1.5 mm　　　D. 每 1 m 长 1.0 mm

88. 卫生器安装应等室内（ ）进行。

A. 土建结构完成后　　　　B. 管道系统未安装之前

C. 室内装修基本完成之后　　D. 室内防水完成之前

89. 室内采暖管道的有缝钢管连接，其管径 $DN \geqslant 80mm$，施工现场可采用（ ）。

A. 手工电弧焊　　B. 手工氩弧焊　　C. 气焊　　D. 机械焊接

90. 民用建筑冬季室内计算温度宜采用（ ）。

A. 不低于 10℃　B. 不低于 15℃　C. 16～20℃　D. 不低于 25℃

91. 考虑到组装方便，粗柱形铸铁散热器的组装片数不宜超过（ ）片。

A. 10　　B. 15　　C. 20　　D. 25

92. 游标卡尺、尺框上游标为"0"刻度线与尺身的"0"对齐，此时量爪之间距离为（ ）。

A．0.01　　　B．0.1　　　C．0　　　D．1

93．锉刀的规格用锉刀（　　）表示。

A．厚度　　　B．宽度　　　C．长度　　　D．精度

94．锉削的表面不可用手擦摸，以免锉刀（　　）。

A．打滑　　B．生锈　　C．破坏加工表面　　D．损坏锉削表面

95．用钢板尺测量工件，在读数时，视线必须跟钢尺的尺面（　　）。

A．相水平　　B．倾斜成一角度　　C．相垂直　　D．相交

96．结 422 焊条适用于焊接（　　）。

A．较重要结构　　B．普低钢　　C．低碳钢　　D．铸铁

97．水泵串联工作的特点是每台泵的（　　）相同。

A．扬程　　B．流量　　C．轴功率　　D．额定功率

98．水泵流量单位是（　　）。

A．牛顿/米^3　　B．米^3/小时　　C．公斤/米^3　　D．公斤/小时

99．千分尺是属于（　　）。

A．万能量具　　B．标准量具　　C．专用工具　　D．计量工具

100．外螺纹的大径用（　　）表示。

A．粗实线　　B．细实线　　C．虚线　　D．点划线

参考答案

1. A；2. C；3. B；4. A；5. B；6. B；7. B；8. B；9. D；10. D；
11. A；12. C；13. D；14. C；15. B；16. A；17. B；18. A；
19. D；20. C；21. A；22. B；23. C；24. B；25. B；26. A；
27. B；28. A；29. B、C；30. C；31. D；32. B；33. B；34. C；
35. B；36. A；37. C；38. B；39. D；40. C；41. A；42. B；
43. B；44. A；45. C；46. A；47. A；48. A；49. D；50. B；
51. A；52. A；53. C；54. B；55. B；56. C；57. B；58. A、
B；59. B；60. B；61. B；62. A；63. B；64. A；65. B；66. C；
67. C；68. C；69. B；70. A；71. C；72. D；73. A；74. A；
75. B；76. C；77. C；78. A；79. C；80. D；81. B；82. D；
83. B；84. C；85. B；86. B；87. C；88. C；89. A；90. C；
91. C；92. C；93. C；94. A；95. C；96. C；97. B；98. B；
99. A；100. A

主要参考文献

[1] 田会杰. 水暖工. 北京：中国环境科学出版社，2003.

[2] 高会芳. 水暖工程施工员培训教材. 北京：中国建材工业出版社，2011.

[3] 蔡中辉. 看图学水泥工程施工. 北京：化学工业出版社，2010.

[4] 吴耀伟. 暖通施工技术. 北京：中国建筑工业出版社，2005.

[5] 杨磊. 水暖工长速查. 北京：化学工业出版社，2010.

[6] 夏喜英. 锅炉与锅炉房设备. 哈尔滨：哈尔滨工业大学出版社，2001.